Christian Schwarz und Stefan Stein

Quantitative Verrechnungspreise

Christian Schwarz und Stefan Stein

Quantitative Verrechnungspreise

Wertschöpfung im Unternehmen verstehen, Verrechnungspreise aktiv gestalten und benchmarken

WILEY

1. Auflage 2018

Bibliografische Information der Deutschen Nationalbibliothek

Die Deutsche Nationalbibliothek verzeichnet diese Publikation in der Deutschen Nationalbibliografie; detaillierte bibliografische Daten sind im Internet über <http://dnb.d-nb.de> abrufbar.

Umschlaggestaltung und Illustrationen: connections E&O GmbH

Coverabbildung: Torge Stoffers Graphik-Design, Leipzig

Satz: Isolde Kommer, Großerlach

Druck und Bindung: CPI Group (UK) Ltd, Croydon, CR0 4YY

ISBN: 978-3-527-50948-5

C9783527509485_270526

Bevollmächtigte des Herstellers gemäß EU- Produktsicherheitsverordnung ist die Wiley- VCH GmbH, Boschstr. 12, 69469 Weinheim, Deutschland, E- Mail: Product_Safety@wiley.com.

Vorwort

Was sind Verrechnungspreise? Wie bestimme ich sie? Diese Fragen stellen sich immer mehr Steuerberater, Controller und Entscheider, insbesondere in mittelständischen Unternehmen und dezentralen Konzernstrukturen. Das vorliegende Buch bietet einen praxisorientierten und leicht zugänglichen Leitfaden zur Beantwortung dieser Fragen.

Verrechnungspreise werden oft als betriebswirtschaftliches Bindeglied zwischen den Wertschöpfungsstufen im Unternehmen bezeichnet und stellen die Wertansätze bei der innerbetrieblichen Liefer- und Leistungsverrechnung dar. Diese Wertansätze sind wegen ihrer zentralen Funktion bei der Ressourcenallokation und Erfolgsermittlung nicht nur für die Geschäftsleitung und das Controlling von Bedeutung, sondern auch für die steuerliche Compliance. Denn Verrechnungspreise verteilen Gesamtgewinne über die verschiedenen Wertschöpfungsstufen und somit auch das Steuersubstrat über Ländergrenzen hinweg.

Verrechnungspreise sind gleichzeitig ein Instrument zur Steuergestaltung in multinationalen Unternehmensgruppen, die Tochterunternehmen oder Betriebsstätten in mindestens einem weiteren Staat neben dem Ansässigkeitsstaat des Mutterunternehmens haben. Seit jedoch die G20/OECD-Staaten im Rahmen ihrer Initiative zur Vermeidung einer Aushöhlung steuerlicher Bemessungsgrundlagen und Gewinnverlagerungen (kurz BEPS-Initiative) aggressiven Steuergestaltungen prominent den Kampf angesagt haben, gewinnen Verrechnungspreise weiter an Bedeutung in den Steuerabteilungen multinationaler Unternehmensgruppen.

Nicht zuletzt durch die zunehmende Transparenz im internationalen Steuerrecht (beispielsweise im Rahmen des Country-by-Country-Reporting) rücken Verrechnungspreise auch auf die Agenda der Geschäftsführung und des operativen Managements. Auch wenn mittelständische Unternehmen nicht im Fokus der BEPS-Initiative stehen, ist zu erwarten, dass auch diese von der Neuausrichtung internationaler Verrechnungspreis- und Betriebsstättenregelungen betroffen sind und in steuerlichen Betriebsprüfungen entsprechend intensiv geprüft werden.

In Abgrenzung zu gängigen Fachbüchern zu Verrechnungspreisen werden die rechtlichen Anforderungen und die praktische Umsetzung steuerlicher Verrechnungspreise im Rahmen des vorliegenden Buchs eng verknüpft mit der Wertschöpfung in multinationalen Unternehmensgruppen erläutert. Ziel ist es, einen praxisnahen und leicht verständlichen Leitfaden mit zahlreichen betriebswirtschaftlichen Konzepten zur strukturierten Analyse und Bestimmung von Verrechnungspreisen zu liefern. Es wird bewusst auf eine dezidierte Darstellung der rechtlichen Anforderungen und der ergangenen Rechtsprechung verzichtet. Zentrale Literaturquellen werden am Ende des Buchs angeführt. Des Weiteren werden Finanztransaktionen und Restrukturierungen aufgrund des Fokus auf die funktionale Wertschöpfung nicht explizit diskutiert.

Auslöser für die Entstehung dieses Buches war die rasche Veränderung des globalen Verrechnungspreisumfelds und die steigende Bedeutung eines fundierten Verständnisses über die eigene Wertschöpfung für die Bestimmung fremdüblicher Verrechnungspreise. Verbunden mit der Herausforderung in der Praxis, dass Verrechnungspreise meist durch das Zusammenwirken verschiedener Abteilungen einer multinationalen Unternehmensgruppe geplant, gesetzt, überwacht und dokumentiert werden, verfolgt das vorliegende Buch vier Kernziele, die auf der folgenden Doppelseite dargestellt werden. Die Beschreibung der Kernziele wird um eine kurze Inhaltsangabe der einzelnen Kapitel ergänzt, die als Kompass für die Navigation durch die Kapitel dienen soll.

1 Wertschöpfung und Werttreiber im Unternehmen verstehen

Steuerliche Verrechnungspreise sind eng verwoben mit der Art und Weise, wie ein Unternehmen Werte schafft. Ein gutes Verständnis über die eigene Wertschöpfung und die dahinter stehenden Werttreiber ist daher auch ein fundamentaler Baustein für die Ermittlung fremdüblicher Verrechnungspreise.

In Kapitel 1 werden die zentralen Bausteine einer typisierten Wertschöpfungskette erläutert und in Kapitel 2 werden fundierte betriebswirtschaftliche Konzepte zur Analyse der Wertschöpfung und Werttreiber geliefert. Diese bilden auch den roten Faden des vorliegenden Buchs und werden insbesondere in Kapitel 3 eingehend aus Verrechnungspreissicht analysiert.

2 Verrechnungspreise ermitteln

Die Umsetzung des Fremdvergleichsgrundsatzes erfordert in der Praxis ein Verständnis der rechtlichen Rahmenbedingungen und einen gut bestückten Werkzeugkasten mit betriebswirtschaftlichen Konzepten, die letztlich auf die Bestimmung von Wertschöpfungsbeiträgen abzielen.

In Kapitel 2 wird eine Roadmap erarbeitet, die einen praxisnahen Prozess von der Analyse der ökonomischen Rahmenbedingung über die Bestimmung fremdüblicher Verrechnungspreise bis hin zu deren Dokumentation beschreibt. Daran anknüpfend wird in Kapitel 3 für jedes Glied der funktionalen Wertschöpfungskette die Umsetzung der Roadmap beispielhaft dargestellt.

3 Referenzwerte benchmarken

Der Vergleich der funktionalen Wertschöpfungsbeiträge des eigenen Unternehmens mit Referenzwerten vergleichbarer Unternehmen mittels Renditekennziffern ist sowohl aus Sicht der Unternehmenssteuerung als auch aus der Perspektive des Steuerrechts von elementarer Bedeutung.

Kapitel 3 stellt für jedes Glied der funktionalen Wertschöpfungskette wichtige Referenzwerte dar, die als Indikator für die Bandbreite fremdüblicher Renditekennziffern herangezogen werden können.

4 Verrechnungspreisprozesse managen

Wie erstelle ich eine verwertbare Dokumentation und welche gesetzlichen Anforderungen sind zu beachten? Diese Frage kommt in der Praxis sehr häufig auf, wenn im Kontext einer steuerlichen Betriebsprüfung eine Verrechnungspreisdokumentation erstellt werden muss.

Kapitel 4 gibt detaillierte Angaben zu den Dokumentationsanforderungen und deren Umsetzung in der Praxis. Die Dokumentation ist jedoch nur eine von vielen Facetten eines umfassenden Verrechnungspreisprozesses zur Einhaltung der steuerlichen Compliance, den es stetig zu überwachen und zu managen gilt.

Adressaten des Buchs

Aufgrund der veränderten regulatorischen Rahmenbedingungen für Verrechnungspreise werden die Steuerabteilungen multinationaler Unternehmensgruppen ebenso wie deren steuerliche Berater mit zunehmend anspruchsvolleren betriebswirtschaftlichen und quantitativen Fragestellungen konfrontiert. Ein breites Repertoire an Analysemethoden und ein fundiertes Wissen hinsichtlich der Anwendung betriebswirtschaftlicher Konzepte und Modelle auf die konkreten Verrechnungspreissachverhalte im eigenen Unternehmen werden das Anforderungsprofil von Verrechnungspreisexperten zunehmend prägen.

In der Praxis sind aber nicht nur die Steuerabteilungen, sondern oftmals auch andere Abteilungen in multinationalen Unternehmensgruppen an der Bestimmung und Dokumentation von Verrechnungspreisen beteiligt. Für die Umsetzung und Steuerung robuster Verrechnungspreissysteme in der täglichen Praxis ist daher eine disziplinübergreifende Zusammenarbeit verschiedener Abteilungen notwendig. Das Gelingen einer solchen Zusammenarbeit setzt jedoch voraus, dass die involvierten Abteilungen ein einheitliches Verständnis für die steuerlichen Anforderungen an Verrechnungspreise haben und Transparenz in Bezug auf die konzerninternen Prozesse sowie die konzeptuelle Vorgehensweise besteht.

Insbesondere mit der Controllingabteilung gibt es beim Thema Verrechnungspreise große Überschneidungen, was für die multinationalen Unternehmensgruppen gleichermaßen »Segen und Fluch« bedeuten kann. Einerseits befassen sich die Controlling- und Steuerabteilungen mit ein und derselben Materie und können sich gegenseitig bei der Entwicklung eines optimalen Verrechnungspreissystems befruchten. Andererseits verfolgen die Controllingabteilungen mit betriebswirtschaftlichen Verrechnungspreisen zum Teil andere Ziele als die Steuerabteilungen mit steuerlichen Verrechnungspreisen.

Verharren die jeweiligen Abteilungen in ihrem »Silodenken«, können effektive und gesetzeskonforme Verrechnungspreisstrukturen infolge der zunehmenden Dichte regulatorischer Rahmenbedingungen nur schwer umgesetzt und gelebt werden.

Vor diesem Hintergrund ist es erstrebenswert, möglichst viele gemeinsame Ziele zu suchen und dafür einheitliche Verrechnungspreisstrukturen zu etablieren. Beispielsweise sind die monetäre Anreizsetzung und die individuelle Erfolgsmessung der verschiedenen Abteilungen und juristisch selbstständigen Einheiten einer multinationalen Unternehmensgruppe ein wichtiges Element der Konzernsteuerung. Hierzu müssen quantitative Zielvorgaben definiert werden, an deren Erreichungsgrad die Verantwortlichen gemessen werden. Zur Herleitung belastbarer Zielvorgaben können im Rahmen eines Benchmarks Referenzwerte für zentrale Steuerungskennzahlen (etwa Profitabilität oder Rentabilität) ermittelt werden. Diese Benchmarks sind häufig auch ein elementarer Baustein der steuerlichen Verrechnungspreisanalyse bei sogenannten Routineunternehmen, da diese Referenzwerte oftmals erst eine Überprüfung der unternehmensinternen Transaktionen durch Drittdaten und damit die Umsetzung des Fremdvergleichsgrundsatzes ermöglichen.

Bei der Umsetzung der steuerlichen Vorgaben sowohl im Rahmen der Bestimmung fremdüblicher Verrechnungspreise als auch der nachgelagerten Verrechnungspreisdokumentation sind oftmals zahlreiche Personen aus verschiedenen Abteilungen sowie externe Berater involviert. Das jeweilige Hintergrundwissen und das konkrete Aufgabenspektrum der einzelnen Akteure unterscheidet sich daher regelmäßig. Für jede der folgenden Gruppen von Akteuren werden exemplarische Aufgabenstellungen formuliert und dargestellt, wie das vorliegende Buch zur praktischen Unterstützung herangezogen werden kann.

Controllingabteilung

- Sie sollen die Steuerabteilung bei der Bestimmung von Verrechnungspreisen unterstützen. Sie wissen aber nicht exakt, wie Sie diese Aufgabe angehen sollen. Kapitel 2 leitet Sie Schritt für Schritt durch einen praxiserprobten Verrechnungspreisprozess.
- Sie sind damit beauftragt, die Vertriebsfunktion auf eine Ziel-EBIT-Marge auszusteuern. Ihnen ist unklar, wie hoch die EBIT-Marge sein soll. Als Referenz können Sie auf die Bandbreite an Vergleichswerten in Kapitel 3 zurückgreifen.
- Zur Vorbereitung auf eine Betriebsprüfung sollen Sie die Steuerabteilung bei der Erstellung einer Verrechnungspreisdokumentation unterstützen. Welche Punkte bei der Verrechnungspreisdokumentation zu beachten sind, können Sie Kapitel 4 entnehmen.

Steuerabteilung

- Als Steuerabteilung werden Sie zunehmend mit Verrechnungspreisfragen konfrontiert. Sie haben einen Überblick über die Vorgaben des Steuerrechts, jedoch möchten Sie verstärkt betriebswirtschaftliche Analysen heranziehen. In Kapitel 2 finden Sie betriebswirtschaftliche Konzepte für die weitergehenden Analysen.
- Sie analysieren die erzielten Margen für verschiedene Transaktionsgruppen und möchten eine Indikation für Referenzwerte. In Kapitel 3 finden Sie für die verschiedenen Glieder der Wertschöpfungskette entsprechende Fremdvergleichswerte.
- Die steuerlichen Betriebsprüfer wollen von Ihnen erläutert haben, welche Risiken ein Tochterunternehmen tatsächlich trägt und ob dies konsistent zur Darstellung in der Verrechnungspreisdokumentation ist. Typische Ausgestaltungen für verschiedene Unternehmenstypen finden Sie in Kapitel 3.

Entscheidungsträger

- Als Geschäftsführung sind Sie durch die öffentliche Berichterstattung über Verrechnungspreise für das Thema sensibilisiert worden. Da Sie kein Steuerexperte sind, möchten Sie sich rasch einen Überblick über diesen Themenkomplex machen. Das Buch informiert Sie anschaulich aufbereitet über die zentralen Aspekte steuerlicher Verrechnungspreise.
- Sie wollen das Thema Verrechnungspreise zukünftig aktiv gestalten. Die Antwort auf die Frage nach den verrechnungspreisbezogenen Compliance-Anforderungen und geeigneten Prozessen des Managements von Verrechnungspreisen gibt Kapitel 4.
- Sie nehmen an einer Betriebsprüfung teil und sollen die Wertschöpfung innerhalb Ihrer multinationalen Unternehmensgruppe erläutern. Welche Aspekte hierbei aus Verrechnungspreissicht von besonderer Relevanz sind, können Sie Kapitel 2 und Kapitel 3 entnehmen.

1 Wertschöpfung verstehen
2 Verrechnungs-preise setzen
3 Referenzwerte benchmarken
4 Verrechnungs-preisprozesse managen

Inhaltsverzeichnis

»In particular, it is important to understand how value is generated by the group as a whole, the interdependencies of the functions performed by the associated enterprises with the rest of the group, and the contribution that the associated enterprises make to that value creation.«

OECD, Textziffer 1.51, Verrechnungspreisleitlinien 2017

1 Wertschöpfung verstehen

Dimensionen der Wertschöpfung

Die betriebliche Wertschöpfung ist heutzutage durch einen hohen Grad an grenzüberschreitender Arbeitsteilung geprägt. Diese Arbeitsteilung und eine damit verbundene Spezialisierung ermöglicht es Unternehmen, Leistungen effizienter, verlässlicher und letztendlich auch kostengünstiger zu erbringen. Sie schafft allerdings auch Abhängigkeiten innerhalb einer multinationalen Unternehmensgruppe sowie gegenüber anderen an der Wertschöpfung beteiligten Unternehmen. Denn: Eine hohe Integration unternehmerischer Abläufe setzt eine hohe Qualität und Zuverlässigkeit der individuellen Leistungserbringung voraus und erfordert eine zunehmende Steuerung der Liefer- und Leistungsflüsse.

Im Gegensatz zur oftmals globalisierten Wertschöpfung ist die Besteuerung weiterhin stark national geprägt. Die Unterschiede der nationalen Steuerrechtssysteme können durch multinationale Unternehmensgruppen bei globalen Wertschöpfungsketten zur Steuerplanung und Senkung der effektiven Steuerlast ausgenutzt werden. Im Rahmen der Entwicklung und Umsetzung der BEPS-Initiative ist die Fairness der Gewinnverteilung zwischen den Ansässigkeitsstaaten der einzelnen Gesellschaften einer multinationalen Unternehmensgruppe zunehmend in den Mittelpunkt des internationalen Steuerrechts gerückt. Das übergeordnete Ziel besteht darin, den Gesamtgewinn verursachungsgerecht entsprechend der individuellen Wertschöpfungsbeiträge auf die einzelnen Gesellschaften einer multinationalen Unternehmensgruppe zu verteilen, um so aggressiven Steuerplanungsmodellen entgegenzuwirken.

Dies führt in der Konsequenz dazu, dass vermehrt betriebswirtschaftliche Überlegungen und Konzepte, wie beispielsweise die Analyse von Wertschöpfungsketten, der zugrunde liegenden Geschäftsmodelle oder der Verantwortlichkeiten innerhalb unternehmerischer Prozesse verstärkt im Fokus der steuerlichen Betrachtung stehen. In der praktischen Umsetzung bedeutet dies, dass neben der steuerrechtlichen Würdigung auch ein tiefgreifendes Verständnis über die eigene Wertschöpfungskette wichtig für die Bestimmung steuerlicher Verrechnungspreise ist.

Die mit der Leistungserbringung verknüpfte Wertschöpfung ist sehr individuell und wird durch verschiedene interne und externe Faktoren beeinflusst. Wertschöpfungskettenanalysen erfordern häufig einen weitergehenden Ressourceneinsatz, schaffen gleichzeitig aber auch einen großen Nutzen für die Steuerung des eigenen Unternehmens, der weit über die bloße Ermittlung fremdüblicher Verrechnungspreise hinausgeht. Diese Potenziale und Synergien gilt es aus Unternehmenssicht in Zukunft verstärkt zu nutzen.

Die unternehmerische Wertschöpfung kann aus verschiedenen Blickwinkeln betrachtet und analysiert werden, wobei die folgenden vier Dimensionen grenzüberschreitender Wertschöpfungsketten besonders relevant sind:

- funktionale Wertschöpfung,
- geografische Wertschöpfung,
- organisatorische Wertschöpfung und
- werttreiberorientierte Wertschöpfung.

Jede einzelne dieser Dimensionen gibt zusätzliche Einblicke und wichtige Informationen hinsichtlich der Art und Weise der Wertschöpfung innerhalb einer multinationalen Unternehmensgruppe. In der Verrechnungspreispraxis bietet es sich üblicherweise an, in einem ersten Schritt die funktionale Wertschöpfung von der Forschung und Entwicklung bis hin zum Vertrieb der eigenen Produkte und Dienstleistungen zu analysieren. Die funktionale Wertschöpfung ist dann um die weiteren Dimensionen der Wertschöpfung zu ergänzen. Dies geschieht beispielsweise dadurch, dass für jede Funktion weitergehende Informationen hinsichtlich der involvierten Landesgesellschaften, deren Verantwortungs- und Entscheidungskompetenzen sowie deren wichtigsten Werttreibern, etwa in Form immaterieller Werte, erhoben und in die Analyse einbezogen werden.

Funktionale Wertschöpfung

Wertschöpfung durch die Ausübung unterschiedlicher betrieblicher Funktionen (zum Beispiel Forschung und Entwicklung, Einkauf, Produktion, Vertrieb) innerhalb einer multinationalen Unternehmensgruppe

Geografische Wertschöpfung

Wertschöpfung entsprechend der geografischen Herkunft von Wertschöpfungsbeiträgen, wodurch die Besonderheiten der Landesgesellschaften sowie der ökonomischen Rahmenbedingungen (zum Beispiel Lohnkostenniveau, Kaufkraft) transparent werden

Organisatorische Wertschöpfung

Wertschöpfung durch die Übernahmen von Verantwortlichkeiten hinsichtlich der Planung und Risikosteuerung bezogen auf einzelne Funktionen der funktionalen Wertschöpfungskette

Werttreiberorientierte Wertschöpfung

Wertschöpfung aus dem Einsatz und der Nutzung geschäftsmodellspezifischer Werttreiber (insbesondere immaterielle Werte und ökonomische Rahmenbedingungen) bezogen auf einzelne Funktionen der funktionalen Wertschöpfungskette

Glieder der funktionalen Wertschöpfung

1

Kunde

Kunden(-gruppen) bilden den Mittelpunkt des unternehmerischen Handelns.

2

Innovation

Innovation durch Forschung und Entwicklung ist der Antriebsmotor vieler Unternehmen und ermöglicht eine Differenzierung gegenüber Wettbewerbern.

3

Einkauf

Der Einkauf bildet die Schnittstelle zum Beschaffungsmarkt mit dem Ziel, eine fristgerechte und kosteneffiziente Beschaffung von Produktionsfaktoren in der erforderlichen Qualität sicherzustellen.

4

Logistik

Die Logistik plant, steuert und koordiniert die Güterflüsse von der Beschaffung beim Lieferanten bis hin zur Auslieferung an die Kunden.

5

Produktion

Die Produktion ist das Herzstück zahlreicher Geschäftsmodelle und dient der Herstellung, Bearbeitung oder Montage von Produkten.

6

Marketing

Marketing plant und steuert die Kommunikation des Nutzenversprechens an die Kunden (-gruppen) mit dem Ziel, durch strukturierte Maßnahmen den Absatz zu erhöhen.

7

Vertrieb

Der Vertrieb bildet die absatzseitige Schnittstelle zu den Kunden(-gruppen) mit dem Ziel, diesen Produkte und Dienstleistungen anzubieten und zu verkaufen.

8

After-Sales

Das After-Sales-Geschäft umfasst alle zusätzlichen Dienstleistungs-, Produkt- und Ersatzteilangebote für die Kunden(-gruppen) im Anschluss an den Produkt- oder Dienstleistungsbezug.

9

Dienstleistungen

(Hilfs-)Dienstleistungen unterstützen systematisch die Hauptaktivitäten der Wertschöpfung und werden in Unternehmensgruppen zur Nutzung von Synergien und Standortvorteilen in bestimmten Gesellschaften gebündelt.

1 Kunde

2 Innovation

3 Einkauf

4 Logistik

5 Produktion

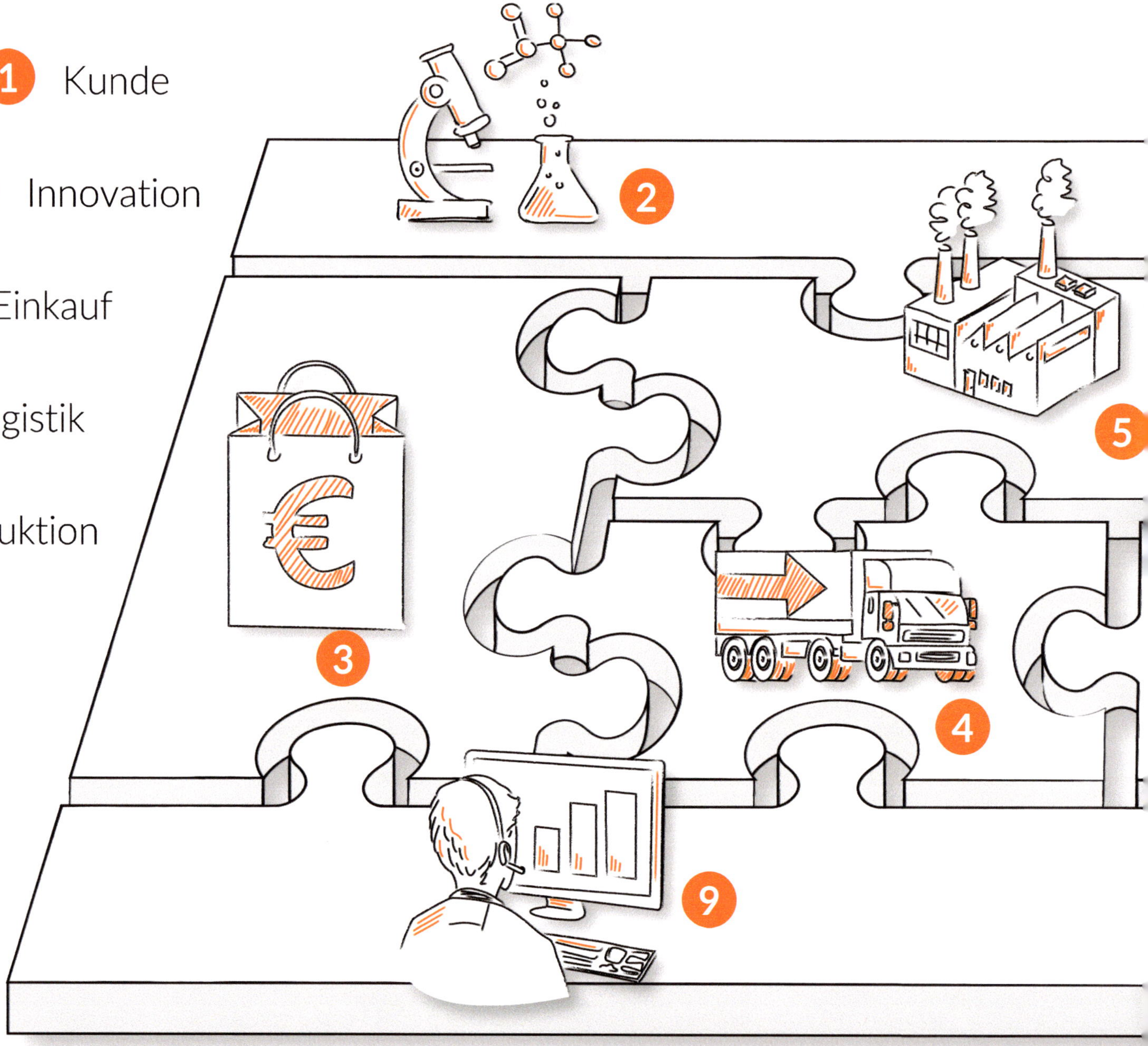

6 Marketing

7 Vertrieb

8 After-Sales

9 Dienstleistungen

1. Kunde

Kunden sind die Existenzgrundlage eines jeden Unternehmens. Dabei ist Kunde nicht gleich Kunde, sondern es können unterschiedliche Kundengruppen beworben und angedient werden. Eine Klassifizierung von Kundengruppen kann beispielsweise erfolgen nach:

- Regionen (etwa Unterschiede im Konsumverhalten, in den Kundenbedürfnissen oder der Kaufkraft)
- Marktsegmenten (etwa Luxusmarkt oder Konsumgütermarkt, Massenmarkt oder Nischenmarkt)
- Kundenumsätzen
- Kundenarten (etwa Privatkunden, Geschäftskunden, staatliche Einrichtungen und Behörden)

Ein fundiertes Wissen über die Kundengruppen ist wichtig für das Geschäftsmodell des eigenen Unternehmens. Erst dieses Wissen schafft die Basis für eine Ausrichtung oder Anpassung des Geschäftsmodells, der Liefer- und Wertschöpfungsketten sowie des Produkt- und Dienstleistungsangebots auf die spezifischen Anforderungen der Kundengruppen sowie Veränderungen in den Kundengruppen.

W-Fragen **als »Quick-Wins« für Verrechnungspreise**

- Wie unterscheiden sich zentrale Finanzkennzahlen (beispielsweise Umsatzvolumen, Profitabilität) in Bezug auf verschiedene Kundengruppen?
- Welche Risikomerkmale sind bezogen auf einzelne Kundengruppen prägend für die zugrunde liegenden Geschäftsmodelle?
- Welche Werttreiber sind für die Ansprache, Kaufüberzeugung und Bindung der jeweiligen Kundengruppen von besonderer Bedeutung?
- Welche Marketing- und Vertriebskanäle sind für die jeweiligen Kundengruppen besonders geeignet?

2. Innovation

Innovation beschreibt die planvolle und systematische Suche nach neuen Erkenntnissen und deren erstmalige praktische Umsetzung bis zur Verwertungsreife im Rahmen der Forschung und Entwicklung. Sie ist das Rückgrat vieler Unternehmen und schafft die Grundlage für deren nachhaltigen Fortbestand. Denn innovative Technologien sowie neuartige Produkt- und Dienstleistungsangebote sind geeignet, die Bedürfnisse bestimmter Kunden(-gruppen) zu erfüllen, und bilden ein klares Abgrenzungsmerkmal gegenüber Wettbewerbern.

Je nach Geschäftsmodell unterscheidet sich der Umfang und die Strukturierung von Innovationstätigkeiten sowie deren jeweiligen Ausprägungen. Eine Strukturierung der Innovationstätigkeit erfolgt in der Praxis häufig finanzierungs- und institutionenbezogen nach der funktionalen Ausübung und der Finanzierung der Forschungs- und Entwicklungstätigkeit (siehe auch Kapitel 3):

- *Eigenentwicklung*: Definition und Ausübung der Innovationstätigkeit auf eigene Rechnung und Gefahr des Unternehmens unter Verwendung eigener Personal- und Sachressourcen
- *Auftragsentwicklung*: Umsetzung eines (Dienstleistungs-)Auftrags, eine Innovationstätigkeit auf Rechnung und Gefahr eines Dritten durchzuführen
- *Gemeinschaftsentwicklung*: Zusammenschluss mehrerer Unternehmen mit gleichgerichteten Interessen zu einem Forschungspool, um eine Innovationstätigkeit auf gemeinsame Rechnung und Gefahr auszuführen

W-Fragen **als »Quick-Wins« für Verrechnungspreise**

- Welche Bedeutung hat Innovation für das eigene Geschäftsmodell?
- Welche Formen der Innovation werden im eigenen Unternehmen ausgeführt? Neuentwicklung oder Weiterentwicklung? Verbesserung oder Anpassung (kundenbezogene Technologieadaption) bestehender Technologien?
- Wie sind die Innovationsprozesse strukturiert und wie werden Entscheidungen getroffen?
- Welche Aufgaben und Verantwortlichkeiten übernehmen die einzelnen Landesgesellschaften einer multinationalen Unternehmensgruppe?

3. Einkauf

Ausgangspunkt des Einkaufs sind die strategischen Überlegungen hinsichtlich der eigenen Wertschöpfungstiefe und der grundlegenden Make-or-Buy-Entscheidung. Der Einkauf bildet die Schnittstelle zum Beschaffungsmarkt für Güter und Leistungen und verknüpft die Bedürfnisse des eigenen Unternehmens mit den Fähigkeiten der Lieferanten. Die Einkaufsfunktion agiert unter der Zielvorgabe der Kostenvermeidung, die wie folgt weiter präzisiert werden kann:

- *Reduktion der Beschaffungskosten*: Durch spezifisches Einkaufs-Knowhow, die Nutzung von Skaleneffekten oder die Bündelung von Einkaufsmacht können die Kosten für Produktionsfaktoren gesenkt und ein positiver Wertbeitrag für die Unternehmensgruppe generiert werden.
- *Qualitätssicherung:* Der Einkauf ist zusammen mit der Beschaffungslogistik verantwortlich für den Bezug von Produktionsfaktoren entsprechend der definierten Qualitätsanforderungen. Dies erfordert eine stetige Überprüfung der Qualitätsstandards bei den Lieferanten und Qualitätskontrollen beim Waren- und Leistungseingang, wodurch Zusatzkosten etwa durch Verzögerungen im Produktionsablauf, Ausschuss oder verspätete Lieferungen verhindert werden.
- *Gewährleistung der Verfügbarkeit:* Durch die Sicherstellung der zeitlichen und räumlichen Verfügbarkeit von Produktionsfaktoren werden die Voraussetzungen für eine optimale Ressourcenallokation und einen reibungslosen Produktionsablauf geschaffen.

W-Fragen **als »Quick-Wins« für Verrechnungspreise**

- Wie hoch ist der Abhängigkeitsgrad der eigenen Wertschöpfung von Lieferanten sowie deren Rohstoffen und Vorprodukten?
- Welche Potenziale zur Kostenminderung können in der eigenen Branche im Rahmen des Produkteinkaufs durch welche Maßnahmen realisiert werden?
- Welche Aufgaben und Verantwortlichkeiten übernehmen die einzelnen Landesgesellschaften der multinationalen Unternehmensgruppe im Einkauf?
- Welche Risiken ergeben sich aus kurz-, mittel- und langfristigen Lieferengpässen für die eigene Wertschöpfung?

4. Logistik

Die Logistik verfolgt das Ziel, die benötigten oder bestellten Produktionsfaktoren in der erforderlichen Menge an einem bestimmten Ort zur Verfügung zu stellen. Das Aufgabenspektrum umfasst dabei die Organisation und Steuerung der gesamten Lieferkette vom Beschaffungsmarkt bis hin zur Auslieferung an die Kunden, weshalb organisatorisch die Logistikfunktion in folgende Teilbereiche untergliedert werden kann:

- *Beschaffungslogistik:* Beförderung von Produktionsfaktoren und Handelswaren ausgehend vom Beschaffungsmarkt sowie Management des Lagerbestands
- *Produktionslogistik*: Güterfluss vom Beschaffungslager in den Produktionsprozess und von (halb-)fertigen Produkten aus dem Produktionsprozess ins Absatzlager
- *Absatzlogistik:* Güterfluss vom Produktionsstandort unmittelbar oder mittelbar über regionale Auslieferungslager an die Kunden
- *Entsorgungslogistik:* Sammlung, Trennung, Lagerung und Transport von Wert- und Abfallstoffen aus dem betrieblichen Wertschöpfungsprozess

Abhängig vom Tätigkeitsspektrum kann zwischen der operativen Logistik und der strategisch-taktischen Koordination und Optimierung arbeitsteiliger Lieferketten im Rahmen des Supply Chain Management unterschieden werden (siehe auch Kapitel 3). Letztere ist wichtiger Bestandteil des internen Wertschöpfungsnetzwerks, da sie für die ressourceneffiziente Bereitstellung von Rohstoffen und Produkten verantwortlich ist und dazu beiträgt, die Lager- und Transportkosten zu minimieren und die Auslieferung an Kunden zu beschleunigen.

W-Fragen als »Quick-Wins« für Verrechnungspreise

- Wie arbeitsteilig ist die eigene Wertschöpfung und welche logistischen Optimierungsmöglichkeiten werden ausgenutzt?
- Welche Aufgaben und Verantwortlichkeiten übernehmen die einzelnen Landesgesellschaften der multinationalen Unternehmensgruppe?
- Welche logistischen Risiken sind für die multinationale Unternehmensgruppe relevant und wer steuert diese Risiken durch entsprechende Maßnahmen?

5. Produktion

Die Produktion ist in (traditionellen) Geschäftsmodellen das Herz der betrieblichen Wertschöpfung und befasst sich mit dem Prozess der Leistungserstellung. Diese Leistungserstellung umfasst in Produktionsunternehmen klassischerweise die physische Transformation diverser Produktionsfaktoren in Fertigprodukte. Aufgrund des hohen Einsatzes an Produktionsfaktoren verursacht der Prozess der Leistungserstellung erhebliche Kosten, welche fixer und variabler Natur sein können und das Risikoprofil der multinationalen Unternehmensgruppe maßgeblich prägen.

Die Produktion ist prozessual eng verwoben mit vorgelagerten Funktionen wie dem Einkauf und der Beschaffungslogistik sowie nachgelagerten Funktionen wie der Absatzlogistik und dem Vertrieb. Die Produktionsfunktion selbst kann in Abhängigkeit vom Grad der Transformation und der Verwendung von Produktionsfaktoren wie folgt unterteilt werden:

- *Herstellung:* Schaffung eines neuen, vorher nicht vorhandenen Produkts durch den Einsatz und die Transformation verschiedener Produktionsfaktoren
- *Bearbeitung:* Stoffliche Veränderung oder Verbesserung eines bestehenden Produkts, ohne dass dabei das bestehende Produkt im Produktionsprozess untergeht
- *Montage:* Zusammenstellen oder Umbau von vorgefertigten Einzelteilen zu einem komplexeren Produkt ohne oder nur mit minimaler Veränderung der Einzelteile

W-Fragen **als »Quick-Wins« für Verrechnungspreise**

- Welche Bedeutung hat die Produktion für die eigene Wertschöpfung und wie einzigartig sind die eigenen Produkte?
- Welche Landesgesellschaften sind für die Produktionsplanung, welche für den Produktionsprozess und welche für die Qualitätssicherung verantwortlich?
- Welche kurz-, mittel- und langfristigen Produktionsrisiken sind besonders relevant und wer ergreift welche Maßnahmen zur Steuerung dieser Risiken?
- Welche immateriellen Werte (zum Beispiel Technologien, Knowhow, Prozesse) kommen zum Einsatz und wer hat diese entwickelt?

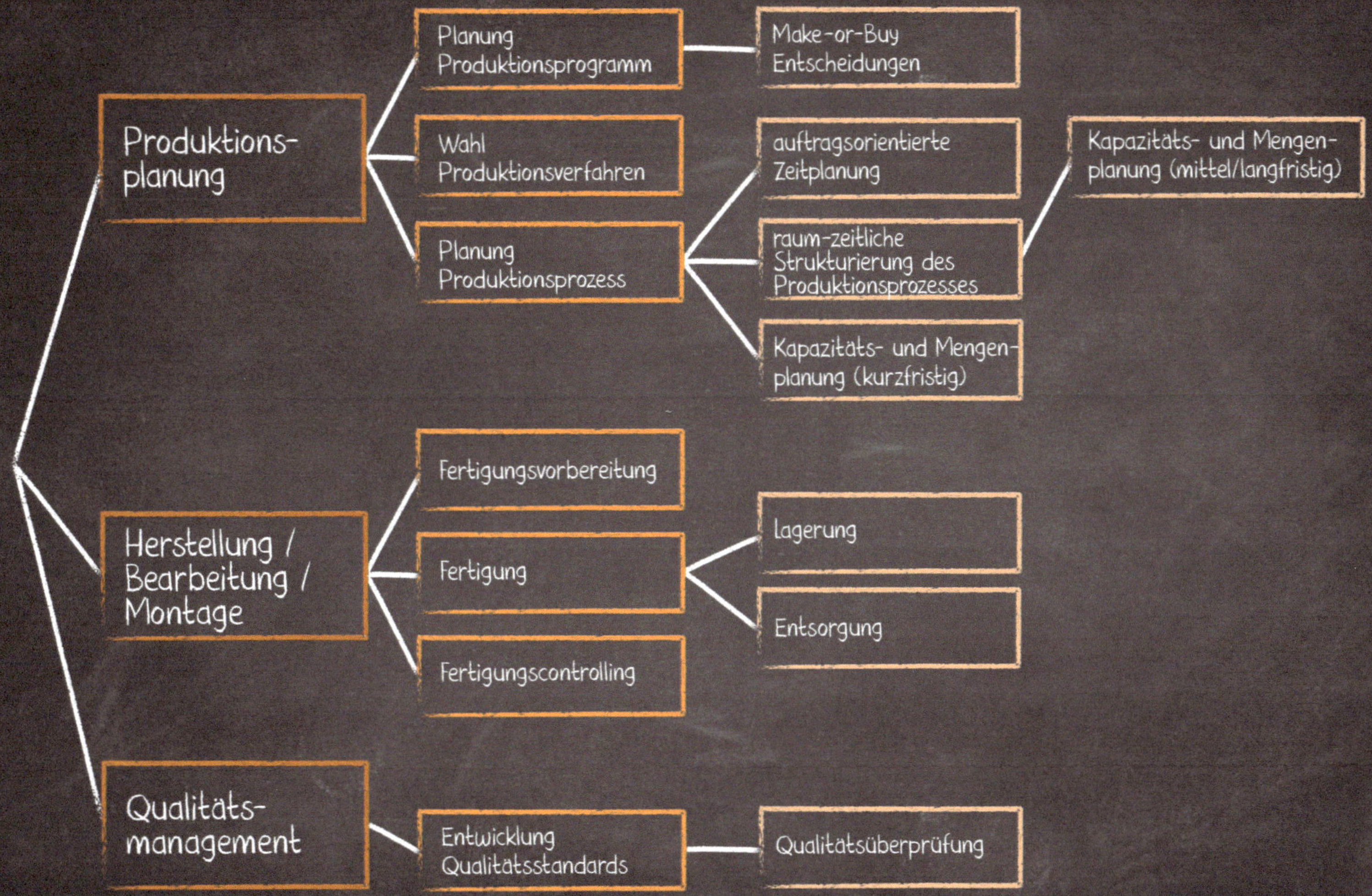

Produktions-planung
Planung Produktionsprogramm
Make-or-Buy Entscheidungen
Wahl Produktionsverfahren
Planung Produktionsprozess
auftragsorientierte Zeitplanung
raum-zeitliche Strukturierung des Produktionsprozesses
Kapazitäts- und Mengen-planung (mittel/langfristig)
Kapazitäts- und Mengen-planung (kurzfristig)
Herstellung / Bearbeitung / Montage
Fertigungsvorbereitung
Fertigung
Lagerung
Entsorgung
Fertigungscontrolling
Qualitäts-management
Entwicklung Qualitätsstandards
Qualitätsüberprüfung

6. Marketing

1 Markt- und Kundenanalyse

Erfolgreiche Marketing-Strategien setzen ein gutes Verständnis der Märkte und Kunden(-gruppen) voraus, um die eigenen Produkte entsprechend platzieren und vermarkten zu können. Hierzu müssen insbesondere die individuellen Bedürfnisse, das Kauf- und Nachfrageverhalten, die Kaufkraft und die Wettbewerbssituation analysiert werden.

Verrechnungspreis-»Quick-Wins«

- Welche Bedeutung hat Marketing für das eigene Geschäftsmodell?
- Wer plant, steuert und überwacht die Marketingmaßnahmen?
- Welche besonderen immateriellen Werte (Konzepte, Knowhow) kommen zum Einsatz und wer hat diese entwickelt?

2 Marketingstrategie

Marketingstrategien rücken das Nutzenversprechen für die Kunden in das Zentrum der Betrachtung und geben eine Antwort auf die Bedürfnisse der Kunden(-gruppen). Sie sind unter Berücksichtigung (regionaler) Unterschiede auf die Kunden- und Marktbedürfnisse zuzuschneiden. Marketing-Strategien sind richtungsweisend für eine klare Abgrenzung der eigenen Leistungen und Geschäftsmodelle gegenüber Wettbewerbern und sollen die Kaufentscheidung von Kunden positiv beeinflussen.

3 Kundenansprache

Aufbauend auf der Marketing-Strategie müssen konkrete Maßnahmen zur Erreichung der strategischen Ziele identifiziert und geplant werden.
Dies bedeutet insbesondere, dass die eigenen Leistungen und die Marke am Markt positioniert, die Marketing- und Verkaufswege erschlossen und Kundengruppen durch geeignete Marketingkampagnen angesprochen werden müssen. Kundengruppen sollen auf den Nutzen der Leistungen aufmerksam gemacht und in ihrer Kaufentscheidung positiv beeinflusst werden.

4 Kaufüberzeugung

Die geplanten Marketingmaßnahmen müssen operativ umgesetzt werden und potenzielle Kunden(-gruppen) zum Kauf anregen. Konkret geht es darum, die geplanten Maßnahmen strukturiert zum richtigen Zeitpunkt im Markt zu platzieren.

5 Monitoring

Nach der Implementierung von Marketingmaßnahmen muss deren Erfolgsgrad mittels (Kunden-)Daten überwacht und gemessen werden. Ziel ist ein Verständnis darüber, ob die strategischen Marketingziele durch die umgesetzten Maßnahmen erreicht wurden. Sind Verbesserungspotenziale identifiziert, muss das Marketingprogramm entsprechend der Kundenbedürfnisse justiert werden.

7. Vertrieb

Vergleichbar mit dem Einkauf auf der Beschaffungsseite ist der Vertrieb die Schnittstelle zu den Kunden(-gruppen). Ziel des Vertriebs ist es, die eigenen Produkte oder Dienstleistungen zu optimalen Konditionen zu verkaufen und Kunden nachhaltig zu binden. Hinsichtlich des Aufgabenprofils der Vertriebsfunktion gibt es Überlappungen mit den Aufgaben des Marketing. Die Abgrenzung zwischen den Funktionsbereichen ist mitunter fließend und wird durch die organisatorische Eingliederung innerhalb der multinationalen Unternehmensgruppe beeinflusst. Häufig fokussiert der Vertrieb stärker auf kundenorientierte Maßnahmen, wohingegen das Marketing eher produktorientierte Maßnahmen im Blick hat.

Zum Aufgabenprofil des Vertriebs gehört insbesondere die Erschließung von Absatzkanälen, die Absatzplanung, die Preissetzung, der Vertragsabschluss und die Auftragsabwicklung, die Rechnungsstellung und Zahlungskontrolle sowie der Aufbau und die Pflege der Kundenbeziehungen. Abhängigkeit vom Umfang dieser Aufgaben, von der Verfügungsmacht über die vertriebenen Produkte und dem Einsatz vertriebsspezifischer immaterieller Werte können verschiedene Vertriebsformen unterschieden werden (siehe auch Kapitel 3):

- *Eigenhändler* im Rahmen des Direktvertriebs
- *Vertragshändler* im Rahmen des indirekten Vertriebs
- *Vertriebsgesellschaft* im Rahmen des indirekten Vertriebs
- *Handelsvertreter/Kommissionär*

W-Fragen **als »Quick-Wins« für Verrechnungspreise**

- Wie stark ist der Produktverkauf durch die Fertigkeiten des Vertriebs im Vergleich zu den Produkteigenschaften geprägt?
- Welches Aufgabenprofil haben die Landesgesellschaften der multinationalen Unternehmensgruppe und wie autark können diese ihre Vertriebstätigkeit bestimmen?
- Welche kurz-, mittel- und langfristigen Vertriebsrisiken sind besonders relevant und wer ergreift welche Maßnahmen zur Steuerung dieser Risiken?
- Welche immateriellen Werte (zum Beispiel Marke, Kundenstamm) kommen zum Einsatz und wer hat diese aufgebaut?

8. After-Sales

After-Sales umfasst das Angebot an Produkten und Ersatzteilen sowie Dienstleistungen gegenüber Kunden im Anschluss an das Verkaufsgeschäft. Das Produkt- und Dienstleistungsangebot dient insbesondere dazu,

- die Funktionsfähigkeit eines Produktes erstmalig herzustellen (Montage, Inbetriebnahme),
- die Funktionsfähigkeit eines Produktes zu erhalten (Wartung, Reparatur, Updates),
- Kunden hinsichtlich der Produkteigenschaften und -anwendungsmöglichkeiten zu beraten und zu schulen, und
- die Kundenzufriedenheit zu erhöhen (Garantieleistungen, Beschwerde-Management).

Das After-Sales-Geschäft ist oftmals ein margenstarker Geschäftsbereich und ermöglicht es multinationalen Unternehmensgruppen gleichzeitig, regelmäßig mit Kunden in Kontakt zu treten, sie zu Wiederholungs- und Zusatzkäufen anzuregen und die Kundenzufriedenheit zu erhöhen. Durch ein umfassendes Spektrum an After-Sales-Angeboten können entscheidende Wettbewerbsvorteile gegenüber Konkurrenten (Unique Selling Proposition) erreicht und Kunden dauerhaft an das eigene Unternehmen gebunden werden. Die vergleichsweise hohen Margen im After-Sales-Geschäft ermöglichen es multinationalen Unternehmensgruppen darüber hinaus, im Rahmen einer integrierten Betrachtung mit dem Hauptgeschäft strategische Preisdifferenzierungen vorzunehmen.

W-Fragen **als »Quick-Wins« für Verrechnungspreise**

- Welche Produkte und Dienstleistungen werden im Rahmen des After-Sales-Geschäfts erbracht und wie hoch ist deren Anteil an den Gesamtumsätzen?
- Wie stark verwoben sind Haupt- und After-Sales-Geschäft im eigenen Geschäftsmodell und welche Auswirkung hat diese Verbundbetrachtung auf die Preissetzung des Hauptgeschäfts?
- Welche Landesgesellschaften strukturieren und überwachen das Geschäftsmodell für das After-Sales-Geschäft?

9. Dienstleistungen

Innerhalb multinationaler Unternehmensgruppen kommt der Zentralisierung von internen (Hilfs-)Dienstleistungen große Bedeutung zu. Einerseits können durch die Spezialisierung Kostenvorteile (Economies of Scale) und Verbundvorteile (Economies of Scope) realisiert werden. Andererseits können Standortvorteile, beispielsweise aufgrund der Verfügbarkeit von qualifizierten Mitarbeitern oder aufgrund eines kosteneffizienten Lohnniveaus, genutzt werden. Die dadurch realisierten Vorteile können sowohl der multinationalen Unternehmensgruppe als Ganzes als auch einzelnen Landesgesellschaften zugute kommen. Die Bündelung von internen Dienstleistungen erfolgt in der Praxis meist in

- Shared Service Centern oder
- übergeordneten Gesellschaften (beispielsweise Management-Holdings).

Shared Service Center erbringen meist unterstützende Dienstleistungen in den Bereichen Finanz-, Steuer- und Rechnungswesen, Personalwirtschaft (HR) und Informationstechnologie (IT). Übergeordnete Gesellschaften haben in der Regel ein umfassenderes Leistungsspektrum und erbringen neben den genannten unterstützenden Dienstleistungen oftmals auch Management-Dienstleistungen.

W-Fragen als »Quick-Wins« für Verrechnungspreise

- Welche Kosten sind im Zusammenhang mit einer Dienstleistung entstanden?
- Welche Landesgesellschaften haben einen Nutzen aus der Dienstleistung?
- Wie werden die entstandenen Kosten für die erbrachten Dienstleistungen verursachungsgerecht auf die Landesgesellschaften verteilt?
- Wie hoch ist das zu berücksichtigende Gewinnelement?
- Wie ist der konkrete Nutzen der Dienstleistung und die Verrechnung der Höhe nach in der Verrechnungspreisdokumentation erfasst?

Transparenz durch BEPS
Steuergesetze
Compliance
OECD
Guidelines
(IT-) Prozesse
TP Policy
Standards

2 *Verrechnungspreise setzen*

Der Liefer- und Leistungsaustausch zwischen den Landesgesellschaften einer multinationalen Unternehmensgruppe ist ein entscheidender Faktor des internationalen Handels. Dieser unternehmensinterne Handel umfasst schätzungsweise 30 bis 40 Prozent des weltweiten Handelsvolumens. Bezogen auf den Handel zwischen Industriestaaten liegt der relative Anteil sogar noch erheblich höher: bei circa 60 bis 70 Prozent. Bei einem weltweiten Handelsvolumen im Jahr 2016 von etwa 16 Billionen US-Dollar ergibt sich ein weltweites Verrechnungspreisvolumen von rund 6 Billionen US-Dollar pro Jahr. Neben der gesamtwirtschaftlichen Bedeutung von Verrechnungspreisen für den weltweiten Handel und das Steueraufkommen der Staaten sind für die unternehmerische Sphäre vor allem die Anknüpfungspunkte an das Controlling und die Steuern von hoher Relevanz. Seit die G20/OECD-Staaten im Rahmen ihrer BEPS-Initiative einen umfangreichen Maßnahmenkatalog gegen aggressive Steuergestaltungen beschlossen haben, stehen auch Verrechnungspreise im prominenten Fokus der öffentlichen Diskussion. Die OECD schätzt, dass durch aggressive Steuergestaltungen pro Jahr 100 bis 240 Milliarden US-Dollar an potenziellen Steuereinnahmen weltweit verloren gehen. Als ein Vehikel zur Reduktion der effektiven Steuerlast multinationaler Unternehmensgruppen werden dabei unter anderem Verrechnungspreise gesehen.

Die Umsetzung der BEPS-Initiative im nationalen Recht sowie im Abkommensrecht geht mit einer deutlichen Steigerung der Komplexität und Rechtsunsicherheit einher und erhöht das Doppelbesteuerungsrisiko. Die Empfehlungen aus der BEPS-Initiative bleiben an zahlreichen Stellen abstrakt und müssen im Rahmen der praktischen Anwendung erst mit Leben gefüllt werden, beispielsweise durch die Anwendung geeigneter betriebswirtschaftlicher Konzepte und Modelle. Gleichzeitig erhöht sich die Transparenz in Bezug auf Steuerpositionen und -gestaltungen multinationaler Unternehmensgruppen, insbesondere durch die Implementierung des Country-by-Country-Reporting (kurz CbCR) und einer globalen Stammdokumentation (englisch Master File). Es ist zu vermuten, dass die Finanzverwaltungen weltweit selektiv die zusätzlichen Informationen zur Begründung von Verrechnungspreiskorrekturen nutzen werden.

Vor allem immaterielle Werte, die im Rahmen der Digitalisierung weiter an Bedeutung gewinnen werden, werden zunehmend wichtiger für die Verrechnungspreispraxis. Aber auch aus der Perspektive des Controllings spielen Verrechnungspreise zur betriebswirtschaftlichen Unternehmenssteuerung eine wichtige Rolle. Die veränderten Rahmenbedingungen erfordern daher mehr denn je eine zunehmend engere Verzahnung und Abstimmung zwischen den Controlling- und Steuerabteilungen.

Die OECD geht implizit von jährlichen Steuerkorrekturen im Kontext von BEPS in Höhe von rund 2 Prozent des weltweiten Handelsvolumens und bezogen auf das Verrechnungspreisvolumen von rund 5 Prozent aus!

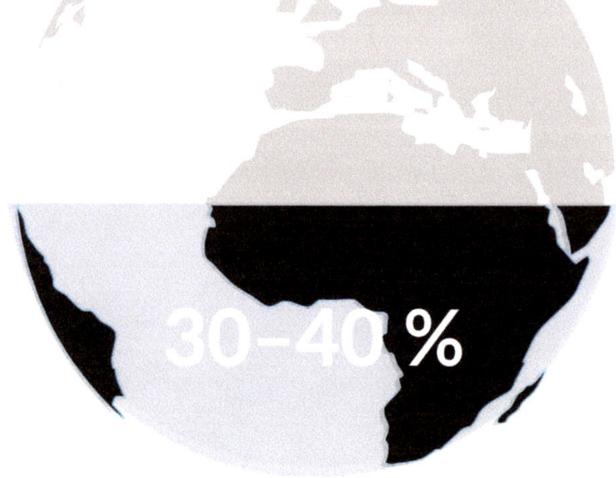

2.1 Grundlagen der Verrechnungspreise

Ein erster Blick auf Verrechnungspreise

1 Mehr als nur Compliance

Häufig wird das Potenzial steuerlicher Verrechnungspreisanalysen für die Führung und Steuerung des eigenen Unternehmens unterschätzt. Denn im Rahmen dieser Analysen werden die Kernprozesse im Unternehmen von der Forschung und Entwicklung bis hin zum Vertrieb der eigenen Produkte und Dienstleistungen an Kunden sowie der exogenen Rahmenbedingungen in regelmäßigen Abständen unter die Lupe genommen. Diese Analysen liefern wertvolle Informationen über das eigene Geschäftsmodell und die zugrunde liegenden Werttreiber.

2 Betriebswirtschaftliche Konzepte

Die internationalen Empfehlungen der OECD sowie die Hinweise in den nationalen Gesetzen und Verwaltungsanweisungen definieren die Rahmenbedingungen für die Verrechnungspreisanalyse. Deren konkrete Umsetzung in der Praxis erfordert meist jedoch ein breites Portfolio an betriebswirtschaftlichen Konzepten, die in Abhängigkeit der spezifischen Rahmenbedingungen des jeweiligen Einzelfalls ausgewählt und angewendet werden müssen.

Bestenfalls knüpfen Verrechnungspreisanalysen an die im Unternehmen bereits etablierten betriebswirtschaftlichen Konzepte an und nutzen die extrahierten Daten und Informationen für die steuerliche Analyse. Sind betriebswirtschaftliche Konzepte hingegen noch nicht etabliert, können die im Rahmen von Verrechnungspreisanalysen eingesetzten betriebswirtschaftlichen Konzepte und extrahierten Daten auch für die Unternehmenssteuerung zielführend verwendet werden. In beiden Fällen wird das Vertrauen der Betriebsprüfung in die extrahierten Daten gestärkt und das Risiko steuerlicher Anpassungen reduziert.

3 Ungenutzte Potenziale heben

Ein Ziel der betriebswirtschaftlichen Optimierung ist insbesondere die Hebung ungenutzter Potenziale. In Bezug auf Verrechnungspreise bleiben oftmals jedoch erhebliche Potenziale für die nicht-steuerliche Sphäre ungenutzt, wenn die Verrechnungspreisanalysen nach ihrer Erstellung in Aktenschränken verstauben und lediglich für steuerliche Betriebsprüfungen wieder herangezogen werden.

Gerade die umfassenden Informationen über die gesamte Wertschöpfungskette sind aber auch für strategische und operative Entscheidungsträger von Interesse. Es gibt eine große Schnittmenge zwischen den verrechnungspreisbezogenen Analysen und der wertbasierten Unternehmenssteuerung, die beispielsweise zur Überprüfung und Anpassung des Geschäftsmodells und der Unternehmensstrategie mit herangezogen werden können.

4 Hohe Eintrittsbarriere, großer Nutzen

Die Nutzung dieser Potenziale ist oftmals mit einer hohen Eintrittsbarriere verbunden. Erforderliche Budgets für die betriebswirtschaftlichen Analysen stehen häufig nicht in erforderlichem Umfang zur Verfügung, da eine disziplinenübergreifende Betrachtungsweise fehlt. Dabei wird aufgrund des durch die Budgetierung bewirkten »Silodenkens« unterschätzt, wie hoch Synergien und Potenziale fundierter Verrechnungspreisanalysen für die multinationale Unternehmensgruppe als Ganzes sein können.

Wie sollen knappe Ressourcen allokiert und die Wertschöpfung quantifiziert werden?

Geschäftsmodelle sind vielfältig und richten sich an den Bedürfnissen und Anforderungen der relevanten Märkte und Kundengruppen aus. Die eigene betriebliche Leistungserstellung einer Landesgesellschaft innerhalb der Unternehmensgruppe ist dabei nur ein Stein im Mosaik eines weitreichenden Wertschöpfungsnetzwerks. Innerhalb dieses Wertschöpfungsnetzwerks müssen Make-or-Buy-Entscheidungen dahingehend getroffen werden, welche Leistungen selbst erbracht oder hergestellt werden und welcher Teil der Wertschöpfung ausgelagert und von Dritten bezogen werden soll.

Innerhalb der funktionalen Wertschöpfungskette der multinationalen Unternehmensgruppe tragen oftmals verschiedene Landesgesellschaften zur Wertschöpfung bei. Eine enge Vernetzung zwischen den betrieblichen Funktionen ist für eine optimale Leistungserstellung meist essentiell. Um die Vorteile einer global vernetzten Welt für die eigene Wertschöpfung nutzen beziehungsweise den Anforderungen der Kunden entsprechen zu können, werden die betrieblichen Funktionen in verschiedenen Landesgesellschaften ausgeübt. Die Koordination und Steuerung (Controlling) der betrieblichen Aktivitäten über diverse Stufen der Wertschöpfung und über Ländergrenzen hinweg erfordert eine Messung und Überwachung der Kostenstruktur (Input-Perspektive) und der Wertschöpfungsbeiträge (Output-Perspektive) der einzelnen Landesgesellschaften und Funktionen.

Eine zentrale Rolle für die Unternehmenssteuerung übernehmen hierbei Verrechnungspreise. Diese liefern die Wertansätze für innerhalb einer multinationalen Unternehmensgruppe erstellte Leistungen und sind damit das betriebswirtschaftliche Bindeglied zwischen den Wertschöpfungsstufen. Im Gegensatz zum Marktpreis als Ergebnis des Zusammenwirkens von Angebot und Nachfrage auf dem Wettbewerbsmarkt ist der Verrechnungspreis das Ergebnis einer zweckorientierten Leistungsbewertung innerhalb eines Unternehmens, beziehungsweise innerhalb einer multinationalen Unternehmensgruppe. Anders ausgedrückt füllen Verrechnungspreise das Vakuum, das innerhalb der Unternehmensgruppe aufgrund des fehlenden Marktmechanismus besteht, durch die Einführung und Simulation eines fiktiven Marktmechanismus.

Erst diese Leistungsverrechnung ermöglicht es, die Ressourcenallokation innerhalb der Unternehmensgruppe zu optimieren, die Wertschöpfung und funktionalen Ergebnisbeiträge zu ermitteln und für das lokale Management und andere Verantwortliche optimale Anreize zu setzen. Zusätzlich zu dieser betriebswirtschaftlichen Sichtweise zu Verrechnungspreisen sind die steuerlichen Möglichkeiten und Restriktionen zu berücksichtigen. Verrechnungspreise unterliegen einer starken steuerlichen Regulierung und werden aufgrund der oftmals hohen Materialität regelmäßig als Schwerpunktthema in Betriebsprüfungen aufgegriffen. In der praktischen Anwendung stellen sich die verantwortlichen Personen dann oftmals die Frage, wie Verrechnungspreise konkret ermittelt werden, um den unterschiedlichen Zielvorstellungen innerhalb eines Unternehmens gerecht zu werden.

ZIELKONFLIKT
ZIEL
LOESUNG
NUTZEN
PRIORISIERUNG

Ziel eines Verrechnungspreissystems ist es, die verschiedenen unternehmensinternen Anforderungen an Verrechnungspreise bestmöglich zu vereinen und die jeweiligen Stärken der unterschiedlichen Sichtweisen nutzbar zu machen. Daher bietet es sich zu Beginn der Analysen an, eine Bewertung und Priorisierung der verschiedenen Ziele vorzunehmen.

Ziele setzen heißt den richtigen Fokus finden. Die Fokussierung ermöglicht es, über eine längere Periode hinweg ein Ziel zu verfolgen, ohne dabei vom eingeschlagenen Weg abzuweichen. Auch bei Verrechnungspreisen sind kurz-, mittel- und langfristige Ziele sowie die Ziele der Steuer- und Controllingabteilung zu definieren und bei der Verrechnungspreisbestimmung zu berücksichtigen.

Betriebliche Entscheidungen sind komplex. Es existieren vielfältige Ziele und Anforderungen, die Einfluss auf die Entscheidungsfindung haben. Aufgrund von Wechselwirkungen und Zielerreichungskonflikten zwischen den einzelnen Zielen ist es selten möglich, alle gewünschten Ziele gleichermaßen zu verfolgen und zu erreichen. Regelmäßig steht der Wunsch nach Steuerplanung in einem Zielkonflikt zur Minimierung von Besteuerungsrisiken.

Ohne Ziele erreichen wir nichts. Zu viele Ziele aber können ebenfalls dazu führen, dass wir die Kernziele aus den Augen verlieren und das gewünschte Ergebnis nicht erreichen.
Die Lösung heißt Ziel-Priorisierung!
Durch eine Gewichtung und Bewertung von Zielen kann eine konsistente, individuelle Zielhierarchie bestimmt werden. So kann sichergestellt werden, dass das Ergebnis der Verrechnungspreisplanung im Einklang mit den individuellen Entscheidungspräferenzen steht.

Perspektiven auf Verrechnungspreise

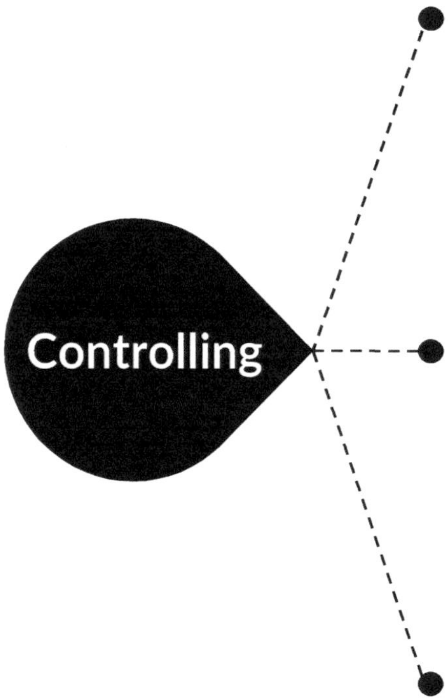

Lenkungs- und Koordinationsfunktion

Durch die Schaffung eines internen Marktes können knappe Produktionsfaktoren über Angebot und Nachfrage einer optimalen Allokation zugeführt werden (Lenkpreise). Vergleichbar den Verhältnissen am Wettbewerbsmarkt signalisieren Verrechnungspreise die Kosten beziehungsweise den Nutzen einer Leistung und übernehmen insofern eine Lenkungs- und Koordinationsfunktion. Durch Vorgaben des Managements zur Ermittlung von Verrechnungspreisen (zum Beispiel Grenzkostenverrechnung, Verhandlungs- oder Marktpreise) kann das Verhalten der Landesgesellschaften und Teilbereiche im Sinne des Gesamtunternehmens koordiniert beziehungsweise gelenkt werden.

Erfolgsermittlungsfunktion

Die monetäre Verrechnung interner Leistungen schafft die Möglichkeit einer Aufgliederung des Gesamtergebnisses in Teilergebnisse. So ergibt sich aus dem Verrechnungspreis ein Erlös beim Leistenden und gleichzeitig eine Kostenposition beim Empfänger. Bei der Umsetzung der Erfolgsermittlungsfunktion ist darauf zu achten, dass Erfolgskomponenten, die charakteristisch für die ausgeübten Funktionen und Verantwortlichkeiten sind, definiert und entsprechend berücksichtigt werden. Auf dieser Grundlage können Beurteilungs- und Zielgrößen zur Leistungsmessung und -kontrolle (Performance Measurement) definiert und implementiert werden. Zwischen der Erfolgsermittlungsfunktion und der Lenkungs- und Koordinationsfunktion besteht häufig ein Zielerreichungskonflikt.

Anreiz- und Motivationsfunktion

Durch die Aufteilung des Gesamtergebnisses in Teilergebnisse und die Einführung erfolgsabhängiger Vergütungssysteme kann eine Motivationssteigerung bei den Landesgesellschaften und Teilbereichen erzielt werden. Dies schafft Anreize zur Maximierung der dezentral verantworteten Ergebnisse und trägt gleichzeitig zur Maximierung des Gesamterfolgs der Unternehmensgruppe bei. Zwischen der Anreiz- und Motivationsfunktion und der Lenkungs- und Koordinationsfunktion besteht häufig ein Zielerreichungskonflikt.

Verrechnungspreise sind keine »exakte« Wissenschaft, sodass unter dem Fremdvergleichsgrundsatz regelmäßig eine Bandbreite vergleichbarer Fremdvergleichswerte existiert. Welcher konkrete Wertansatz innerhalb einer Bandbreite gewählt wird, steht grundsätzlich in der Dispositionsfreiheit des Unternehmens und schafft Raum für Steuerplanungen.

Ziel der Steuerplanung ist die Senkung der effektiven Steuerlast der Unternehmensgruppe, indem Gewinne durch eine aktive Gestaltung von Verrechnungspreisen in Ländern mit vorteilhaften Steuerregimen anfallen.

Steuerplanung

Reduzierung von Besteuerungsrisiken

Aufgrund des Potenzials für Gewinnverlagerungen im Rahmen der Steuerplanung stehen Verrechnungspreise zunehmend im Fokus steuerlicher Betriebsprüfungen. Betriebsprüfer weltweit streben eine verursachungsgerechte Aufteilung der Gruppengewinne an und gehen entschieden gegen Steuergestaltungen zur Reduzierung des nationalen Besteuerungssubstrats vor. Die Korrektur von Verrechnungspreisen durch Betriebsprüfungen kann bei hohen Transaktionsvolumen zu einer signifikanten Doppelbesteuerung führen, wenn die Finanzverwaltungen der Ansässigkeitsstaaten die Einkünfte infolge der einseitigen Korrektur unterschiedlich aufteilen.

Durch den Ansatz ausgewogener Verrechnungspreise unter Beachtung des Fremdvergleichsgrundsatzes und der Erstellung einer sachgerechten Verrechnungspreisdokumentation können Besteuerungsrisiken reduziert werden.

Steuern

Fremdvergleichsgrundsatz

Innerhalb multinationaler Unternehmensgruppen fehlt es aufgrund gesellschaftsrechtlicher Verflechtungen an dem aus Angebot und Nachfrage resultierenden Interessensausgleichsmechanismus des Wettbewerbsmarkts. Dies schafft Raum für Steuerplanungen mittels Verrechnungspreisen, indem der gruppeninternen Leistungsverrechnung Preise zugrunde gelegt werden, die zu höheren Gewinnen in Ländern mit vorteilhaften Steuerregimen führen.

Zur Sicherstellung einer verursachungsgerechten Verteilung von Gewinnen an alle an der Wertschöpfung beteiligten Landesgesellschaften einer Unternehmensgruppe müssen Verrechnungspreise aus steuerlicher Sicht dem Fremdvergleichsgrundsatz (englisch Arm‘s Length Principle) genügen. Der Fremdvergleichsgrundsatz wirkt ergebnisorientiert und vergleicht die Verrechnungspreise beziehungsweise die erzielten Margen mit hinreichend vergleichbaren Referenzwerten unverbundener Unternehmen (Fremdvergleichswert) als Soll-Größe. Durch den Fremdvergleichsgrundsatz soll letztlich eine Gleichbehandlung von gruppeninternen Transaktionen und Markttransaktionen sichergestellt und Wettbewerbsverzerrungen infolge nicht fremdvergleichskonformer Preise entgegengewirkt werden.

Überblick: Steuerrechtliche Rahmenbedingungen

Nationale Korrekturvorschriften

Multinationale Unternehmen sind bei der zivilrechtlichen Bestimmung von Verrechnungspreisen grundsätzlich frei. Allerdings sind Verrechnungspreise beziehungsweise die daraus resultierenden Margen für steuerliche Zwecke hinsichtlich ihrer Fremdüblichkeit zu überprüfen. Hierfür ist eine Bandbreite an Fremdvergleichswerten zu bestimmen, die im Falle nur eingeschränkt vergleichbarer Referenzwerte sachgerecht einzuengen ist. In der Praxis erfolgt dies meist durch Ausschluss von 25 Prozent der größten und 25 Prozent der kleinsten Werte im Wege der Interquartilsbandbreitenbetrachtung.

Liegt ein zivilrechtlich vereinbarter Verrechnungspreis zwischen Landesgesellschaften einer multinationalen Unternehmensgruppe außerhalb dieser Bandbreite von Fremdvergleichswerten und können bestehende Abweichungen nicht glaubhaft gemacht werden, sind die Finanzbehörden zur Einkünftekorrektur berechtigt. Als Korrekturvorschriften kommen im deutschen Steuerrecht zunächst die verdeckte Gewinnausschüttung oder die verdeckte Einlage zur Anwendung. Subsidiär dazu ist eine Einkünfteberichtigung nach § 1 Außensteuergesetz vorzunehmen, falls diese zu einem weitergehenden Korrekturpotenzial zugunsten des deutschen Steueraufkommens führt und die Geschäftsparteien sich nahe stehend sind. Von einem Nahestehen ist insbesondere auszugehen, wenn eine wesentliche Beteiligung von mindestens 25 Prozent zwischen zwei Landesgesellschaften besteht oder eine Obergesellschaft unmittelbar oder mittelbar an beiden Landesgesellschaften wesentlich beteiligt ist.

Dokumentationsvorschriften

Finanzbehörden haben aufgrund des allgemeinen Amtsermittlungsgrundsatzes im Falle einer Verrechnungspreisanpassung grundsätzlich die Beweislast. Sie sind jedoch prinzipiell nicht befugt, Sachverhaltsermittlungen mit eigenen Prüfern im Ausland anzustellen. Deshalb verpflichtet das Gesetz multinationale Unternehmensgruppen zu erhöhten Mitwirkungspflichten bei der steuerlichen Sachverhaltsaufklärung. Zentraler Baustein dieser erweiterten Mitwirkungspflichten ist die Erstellung einer Verrechnungspreisdokumentation über die gruppeninternen Geschäftsbeziehungen, die der Betriebsprüfung auf Anfrage vorzulegen ist.

Die Aufzeichnungspflicht umfasst im Rahmen des Local File die Darstellung der multinationalen Unternehmensgruppe und der gruppeninternen Geschäftsvorfälle im Rahmen einer Sachverhaltsdokumentation sowie die Darstellung der Einhaltung des Fremdvergleichsgrundsatzes im Rahmen der Angemessenheitsdokumentation. Für Unternehmensgruppen muss in Deutschland ab einem Umsatz von mehr als 100 Millionen Euro der deutschen Landesgesellschaften zusätzlich ein Master File erstellt werden, das einen Überblick über die weltweite Geschäftstätigkeit und die angewandten Grundsätze der Verrechnungspreisbestimmung gibt.

Abkommensrechtlicher Korrekturrahmen

Doppelbesteuerungsabkommen regeln die Gewinnaufteilung aus grenzüberschreitenden Geschäftsbeziehungen von Gesellschaften multinationaler Unternehmensgruppen zwischen den Vertragsstaaten (siehe hierzu auch Artikel 9 OECD-Musterabkommen). Die entsprechende Regelung setzt den Fremdvergleichsgrundsatz international um und ermächtigt die Vertragsstaaten zu Gewinnkorrekturen auf Grundlage nationaler Normen im Falle eines Verstoßes gegen den Fremdvergleichsgrundsatz. Gleichzeitig werden überschießende Korrekturen durch die Vertragsstaaten dadurch verhindert, dass Verrechnungspreiskorrekturen nur auf den Fremdvergleichspreis möglich sind (Schrankenwirkung).

Aktuell sind Tendenzen hinsichtlich einer Ausweitung des Fremdvergleichsgrundsatzes auf das Verhalten der Transaktionsparteien zu beobachten. Ziel dieser Bestrebungen ist es, nicht nur das Ergebnis einer Geschäftsbeziehung unter Fremdvergleichsgesichtspunkten zu würdigen, sondern auch zu hinterfragen, ob eine gruppeninterne Geschäftsbeziehung zwischen fremden Dritten bereits dem Grunde nach zustande gekommen wären. Der Bundesfinanzhof hat in diesem Kontext in drei Urteilen die Schrankenwirkung der Doppelbesteuerungsabkommen nochmals prominent herausgestellt: Anders als bei nationalen Korrekturnormen dürfen beim abkommensrechtlichen Fremdvergleich nur solche Bedingungen Gegenstand einer Gewinnkorrektur sein, die sich auf die Angemessenheit der Höhe nach auswirken. Nicht vom abkommensrechtlichen Fremdvergleich gedeckt seien hingegen solche Korrekturen, die sich auf die Fremdüblichkeit dem Grunde nach (Üblichkeit, Ernsthaftigkeit) beziehen, siehe hierzu BFH-Urteile vom 11.10.2012, I R 75/11; 17.12.2014 , I R 23/13; 24.6.2015, I R 29/14.

Vermeidung der Doppelbesteuerung

Aufgrund der durch die BEPS-Initiative der OECD ausgelösten Neuregelungen ist die Wahrnehmung, aber auch die Komplexität und Rechtsunsicherheit im internationalen Steuerrecht gestiegen. Es ist zu erwarten, dass es auch vermehrt zu Verrechnungspreiskorrekturen kommen wird. Auf nationaler Ebene besteht in Deutschland die Möglichkeit, bei ungerechtfertigten Korrekturen zunächst Einspruch gegen die geänderten Steuerbescheide einzulegen und im Anschluss gegebenenfalls Klage zu erheben. Die Beseitigung der Doppelbesteuerung setzt beim gerichtlichen Rechtsweg voraus, dass das multinationale Unternehmen mit seiner Klage vor Gericht erfolgreich ist.

Alternativ können multinationale Unternehmen auf Abkommensebene Verfahren zur Beseitigung der Doppelbesteuerung einleiten. Der Vorteil besteht darin, dass die Beseitigung der Doppelbesteuerung nicht davon abhängt, dass der ursprüngliche Verrechnungspreis »richtig« war. Vielmehr verständigen sich die Vertragsstaaten untereinander über den »richtigen« Verrechnungspreis und beseitigen damit die eingetretene Doppelbesteuerung. Hierzu existieren grundsätzlich die folgenden vier Verfahren:

- freiwillige Gegenkorrektur durch den anderen Vertragsstaat
- Verständigungsverfahren
- Schiedsverfahren
- Vorabverständigungsverfahren

Die Verrechnungspreis-Roadmap ist ein praxisnaher und anwenderfreundlicher Leitfaden für die Ermittlung fremdüblicher Verrechnungspreise und bietet ein breites Repertoire an steuerlichen und betriebswirtschaftlichen Konzepten.

2.2 Verrechnungspreis-Roadmap

Verrechnungspreis-Roadmap

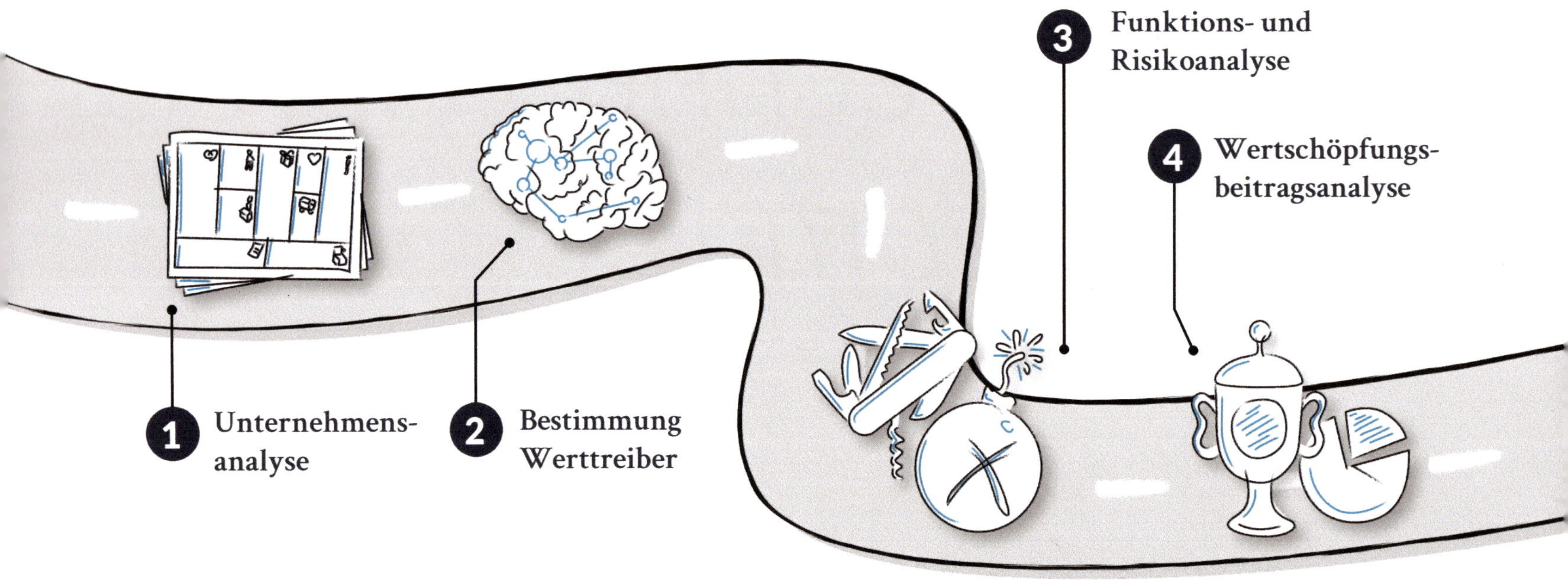

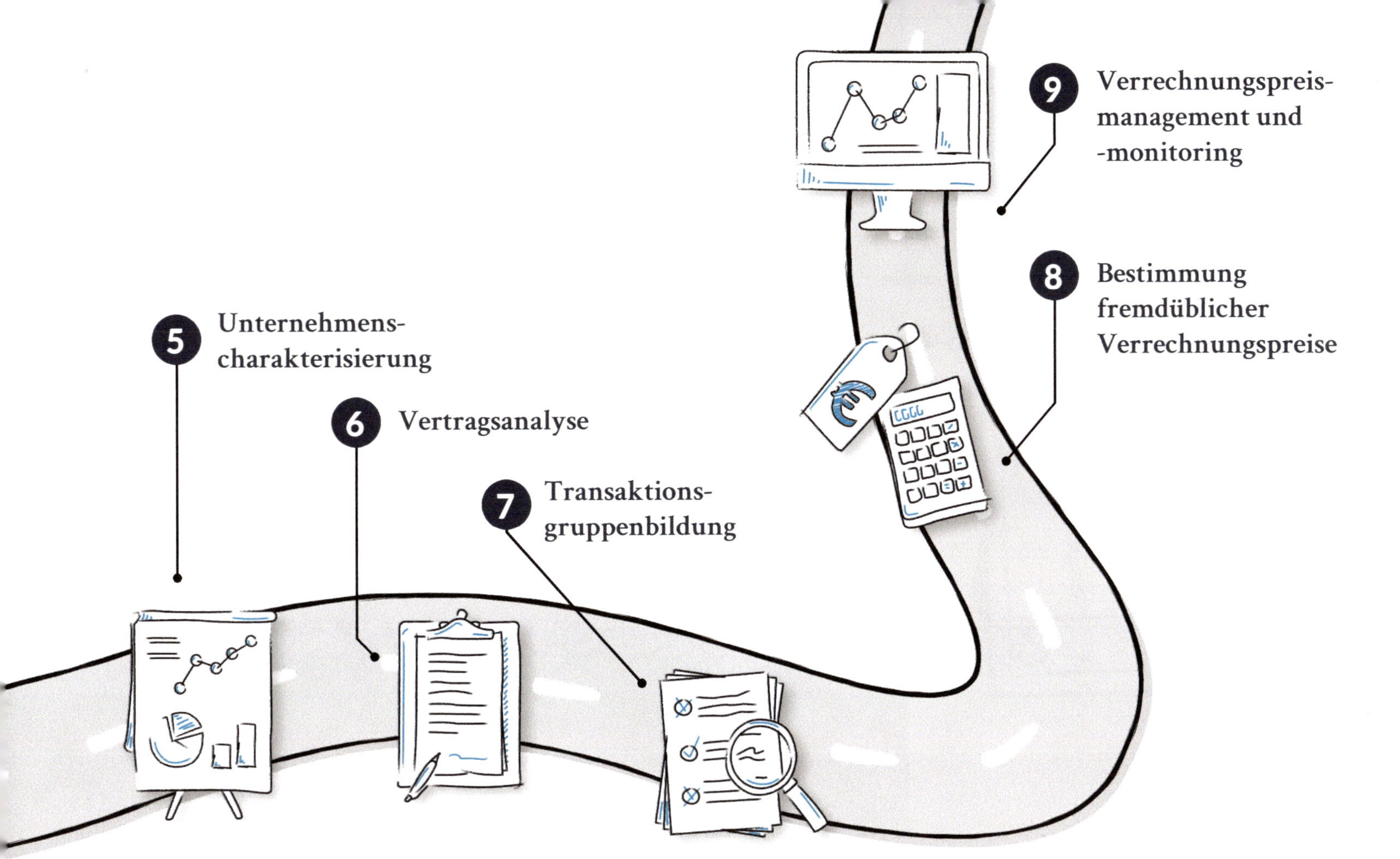

5 Unternehmens-charakterisierung
6 Vertragsanalyse
7 Transaktions-gruppenbildung
8 Bestimmung fremdüblicher Verrechnungspreise
9 Verrechnungspreis-management und -monitoring

1

Was ist das eigene Geschäftsmodell?

Welches sind die Rahmenbedingungen für das Geschäftsmodell?

Grundlage für die Ermittlung fremdüblicher Verrechnungspreise ist ein gutes Verständnis für die Art und Weise, wie das eigene Unternehmen funktioniert. Im Rahmen der Unternehmensanalyse sollen daher die relevanten Geschäftsmodelle identifiziert und unter Berücksichtigung der ökonomischen und unternehmensspezifischen Rahmenbedingungen hinsichtlich ihrer Stärken und Schwächen analysiert werden.

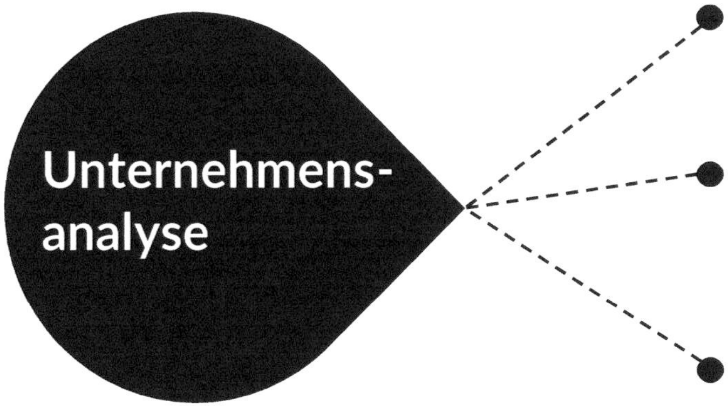

- **Geschäftsmodelle** beschreiben die grundlegenden betriebswirtschaftlichen Zusammenhänge der Geschäftstätigkeit eines Unternehmens.
- **Ökonomische Rahmenbedingungen** definieren die marktbezogenen, global makro-ökonomischen und regulatorischen Leitplanken, die von Unternehmen in der Regel nicht beeinflusst werden können, aber auf das eigene Geschäftsmodell einwirken.
- **Unternehmensspezifische Rahmenbedingungen** beschreiben die selbst beeinflussbaren Faktoren im Unternehmen, die sich positiv oder negativ auf das eigene Geschäftsmodell auswirken können.

Geschäftsmodell

Geschäftsmodelle beantworten die Frage nach den Triebfedern des eigenen Geschäfts. Dabei sind folgende Fragestellungen zu adressieren und zu beantworten:

- Welchen konkreten Nutzen haben Kunden und die an der Wertschöpfung beteiligten Partner eines multinationalen Unternehmens aus der Geschäftstätigkeit?
- Wie schafft das multinationale Unternehmen einen Mehrwert und wie macht es diesen den Kunden zugänglich?
- Auf welche Art und Weise verdient das multinationale Unternehmen mit seiner Geschäftstätigkeit Geld?

Ein klares Verständnis des eigenen Geschäftsmodells ist essentiell, um die eigenen Stärken weiter auszubauen, Schwächen zu reduzieren und auf Veränderungen im wirtschaftlichen Umfeld nachhaltig reagieren zu können. So kann das eigene Profil gestärkt und eine gezielte Abgrenzung gegenüber Wettbewerbern erreicht werden.

Das Wissen über das eigene Geschäftsmodell (zentrale Faktoren der Wertschöpfung, exogene ökonomische und regulatorische Einflussfaktoren und wesentliche Werttreiber) ist auch für die Verrechnungspreisanalyse von elementarer Bedeutung, da Verrechnungspreise auf eine verursachungsgerechte Aufteilung des Gesamtgewinns der multinationalen Unternehmensgruppe zielen. Eine verursachungsgerechte Aufteilung bedeutet, dass Gewinne zwischen den Landesgesellschaften vergleichbar den Marktprozessen entsprechend der Wertschöpfungsbeiträge einzelner Landesgesellschaften aufgeteilt werden.

Aber auch bei Veränderungen bestehender Geschäftsmodelle (etwa durch die Digitalisierung) und der Etablierung neuer Geschäftsmodelle sollten Verrechnungspreise stets im Auge behalten werden, um unerwünschte Besteuerungsfolgen frühzeitig zu identifizieren und diesen entgegenwirken zu können.

Eine etablierte und empfehlenswerte Methode zur Identifikation und Analyse der wichtigsten Schlüsselfaktoren von Geschäftsmodellen ist die Verwendung von Business Model Canvas. Business Model Canvas unterstützt multinationale Unternehmensgruppen bei der Entwicklung, Überarbeitung und Anpassung von Geschäftsmodellen. Durch die Schematisierung zentraler Schlüsselfaktoren von Geschäftsmodellen in neun Feldern, die Einbeziehung der Ergebnisse von Analysen des ökonomischen Umfelds und SWOT-Analysen können Erfolgsfaktoren und Risikofelder des eigenen Geschäftsmodells und deren Wechselwirkungen transparent gemacht werden. Nachstehend ist ein Business Model Canvas mit den neun Schlüsselfaktoren für die Analyse von Geschäftsmodellen dargestellt, die nebenstehend kurz näher beschrieben werden.

Schlüsselpartner	Je nach Geschäftsmodell können strategische Partnerschaften von Bedeutung sein, um die Effektivität des Unternehmens zu steigern und Risiken auf mehrere Schultern zu verteilen.	Welche Partner sind von strategischer Bedeutung?
Schlüsselaktivitäten	Um ein Produkt herzustellen oder eine Leistung zu erbringen, sind bestimmte Schlüsselaktivitäten notwendig.	Welches sind die wichtigsten Aktivitäten für das Geschäftsmodell?
Nutzenversprechen	Jede Leistung verfolgt einen Zweck und muss mit einem bestimmten Nutzenversprechen verbunden sein: Neuer, besser, günstiger oder einfach nutzerfreundlicher sind typische Attribute eines Nutzenversprechens.	Welchen Nutzen haben Kunden, wenn sie das Produkt oder die Leistung beziehen?
Kundenbeziehung	Der Aufbau und die Pflege der Kundenbeziehungen ist wichtig für die Bindung von Kunden an das eigene Unternehmen und die Generierung von Nach- und Folgekäufen. Die Art und Weise der Kundenansprache sowie die Pflege bestehender Kundenbeziehungen muss auf das Marktumfeld und die Kundengruppen abgestimmt sein.	Wie können relevante Kunden gewonnen und gebunden werden?
Kundenarten	Der Verkauf von Leistungen erfordert die Ansprache bestimmter Kunden (-gruppen), etwa die Masse, eine Nische, verschiedene Kundensegmente.	Welches ist die Kundenzielgruppe?
Schlüsselressourcen	Die Leistungserbringung ist an Schlüsselressourcen (etwa Produktionskapazitäten, Personal, Rohstoffe) gebunden, deren Verfügbarkeit und Qualität den Erfolg maßgeblich bestimmen.	Welche Ressourcen sind unverzichtbar?
Vertriebs- und Kommunikationskanäle	Die angebotenen Produkte und Leistungen müssen auf geeignete Weise beworben und vermarktet sowie über geeignete Kanäle dem Kunden zugänglich gemacht werden.	Wie erfahren Kunden von Leistungen oder Produkten des Unternehmens und wie gelangen diese zum Kunden?
Kosten	Jeder Leistungserbringung stehen (Opportunitäts-)Kosten gegenüber, weshalb es gilt, diese kosteneffizient zu erbringen.	Welches sind die wichtigsten Kostenblöcke für das Geschäftsmodell?
Einnahmequellen	Die Wege, Geld zu verdienen, sind vielfältig. Einnahmequellen können beispielsweise einmalig oder laufend zu Geldzuflüssen führen. So binden etwa Abonnements Kunden für eine längere Zeit an eine Leistung, allerdings zu günstigeren Konditionen als bei einer Einmalzahlung.	Was sind geeignete Einnahmenmodelle?

Business Model Canvas

Die Entwickler von Business Model Canvas, *Alexander Osterwalder* und *Yves Pigneur*, unterscheiden Geschäftsmodelle nach ihren Epizentren. Von jedem der neun Schlüsselfaktoren kann die treibende Kraft (Epizentrum) für das eigene Geschäftsmodell ausgehen und die Art und Weise der Wertschöpfung beeinflussen. Diese Epizentren beeinflussen die anderen Schlüsselfaktoren, die sich oftmals ausgehend vom Epizentrum entwickeln. Im Folgenden werden exemplarisch vier besonders relevante Geschäftsmodelltypen für die Verrechnungspreisanalyse anhand ihrer Wertschöpfungs-Epizentren skizziert.

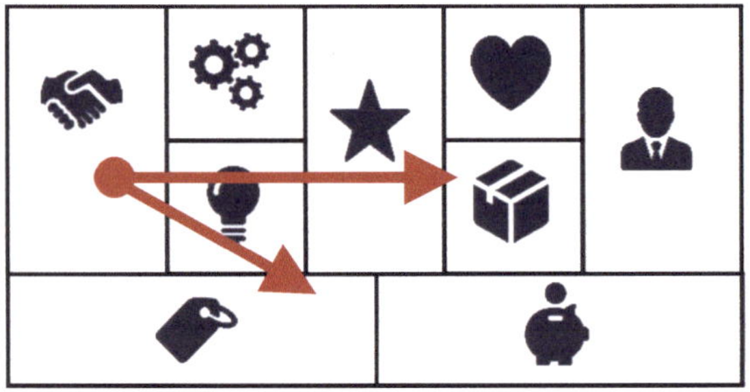

»Ressourcen-basierende« Geschäftsmodelle

... sind dadurch gekennzeichnet, dass das Epizentrum der Wertschöpfung in der eigenen Technologie, der besonderen Infrastruktur oder bestehenden Partnerschaften des Unternehmens liegt. Haupttreiber des Erfolgs sind also durch das Unternehmen selbst oder im Netzwerk geschaffene immaterielle Werte, deren Ursprung in der Produktion oder der Erbringung von Dienstleistungen liegt. Um diese Werttreiber herum müssen das Nutzenversprechen für bestimmte Kunden (-gruppen) entwickelt, geeignete Absatzkanäle erschlossen und geeignete Einnahmequellen bestimmt werden.

»Kunden-basierende« Geschäftsmodelle

... sind dadurch gekennzeichnet, dass das Epizentrum der Wertschöpfung bei den Kunden als zentrale Werttreiber liegt. Kunden können zentrale Werttreiber sein, wenn ihre Daten wie beispielsweise bei Plattform-Technologien oder ihre individuellen Bedürfnisse und Wünsche bei der Produkt- und Leistungserstellung (beispielsweise »Product Customizing«) zentrales Element des Geschäftsmodells sind. Damit einhergehend sind diese Geschäftsmodelle häufig durch einen erleichterten Zugang zu und höheren Komfort bei der Beschaffung von Produkten und Dienstleistungen für die Kunden gekennzeichnet.

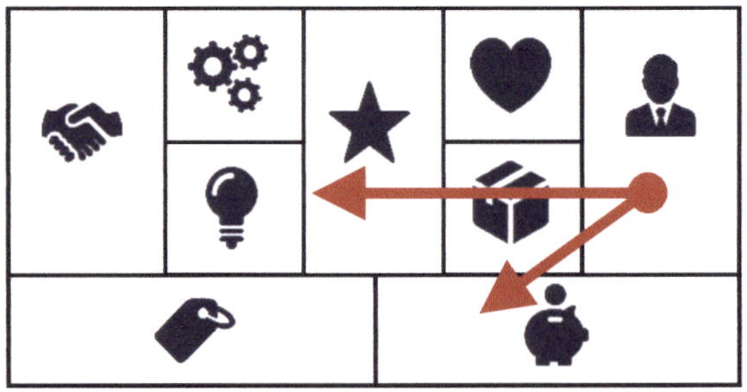

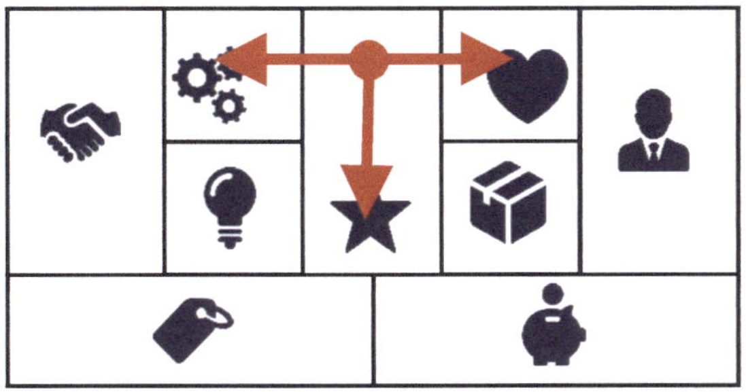

»Angebots-basierende« Geschäftsmodelle

... sind durch neue und innovative Nutzenversprechen charakterisiert, die die vor- und nachgelagerten Bausteine eines Geschäftsmodells beeinflussen. Bezogen auf ein konkretes Nutzenversprechen (beispielsweise kürzere Lieferzeiten, höhere Qualität, weitergehendes Anwendungsspektrum oder besseres Image) müssen die Technologien und Infrastrukturen adjustiert und die Vertriebskanäle entsprechend ausgerichtet werden. Primär geht es darum, das eigene Geschäftsmodell durch ein einzigartiges Nutzenversprechen gegenüber den Geschäftsmodellen von Wettbewerbern abzugrenzen.

»Finanz-basierende« Geschäftsmodelle

... richten ihre Wertschöpfung anhand finanzieller Parameter (preis-, umsatz- und kostenspezifische Kriterien) aus, um darauf basierend die anderen Schlüsselfaktoren des Geschäftsmodells zu entwickeln. Die Quelle des Erfolgs dieser Geschäftsmodelle liegt in der Differenzierung gegenüber Wettbewerbern beispielsweise durch besondere Preismerkmale (etwa Luxus- oder Discount-Segment) oder besondere Finanzierungsmodelle (etwa Kauf, Lizenz, Leasing).

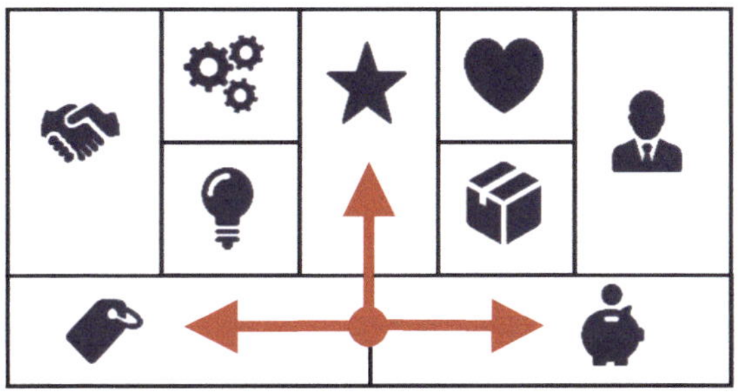

Ökonomische Rahmenbedingungen

Ökonomische und regulatorische Rahmenbedingungen setzen wichtige Leitplanken, innerhalb derer multinationale Unternehmensgruppen ihr Geschäftsmodell umsetzen und ausführen müssen. Sie sind eine zentrale Einflussgröße für den unternehmerischen Erfolg oder Misserfolg. Da diese exogenen Faktoren in der Regel nicht durch die Unternehmensgruppe beeinflusst werden können, müssen deren Implikationen für das jeweiligen Geschäftsmodell berücksichtigt werden. Ziel ist es, die positiven exogenen Faktoren (wie günstiges Lohnniveau, geringer Wettbewerb, hohe Kaufkraft der Kunden) für sich zu nutzen und gleichzeitig die damit verbundenen Risiken zu managen. Andererseits sind die negativen exogenen Faktoren bestmöglich zu meiden beziehungsweise deren nachteilige Auswirkungen auf das eigene Geschäftsmodell zu minimieren.

Die ökonomischen und regulatorischen Rahmenbedingungen können global analysiert werden. Aufgrund ihrer unterschiedlichen Ausprägungen in Abhängigkeit der jeweiligen Regionen, Länder, Märkte oder Branchen werden diese in der Regel jedoch auch auf einer geringeren Abstraktionsebene analysiert. So waren zum Beispiel von der Weltwirtschaftskrise nicht alle Regionen gleichermaßen stark betroffen und haben sich unterschiedlich schnell wieder erholt. Gleichzeitig reagierten zyklische Branchen (etwa Automobil, Maschinenbau) stärker auf die Abkühlung der Weltwirtschaft als weniger zyklische Branchen. Diese Beispiele veranschaulichen die Notwendigkeit einer Analyse der ökonomischen und regulatorischen Rahmenbedingungen sowohl ganzheitlich mit Blick auf globale Entwicklungen als auch hinsichtlich der Besonderheiten auf einer geringeren Abstraktionsebene entsprechend der relevanten Cluster für die multinationale Unternehmensgruppe (beispielsweise Regionen, Länder, Märkte, Branchen).

Aus den gewonnenen Erkenntnissen über die Implikationen der ökonomischen und regulatorischen Rahmenbedingungen der Vergangenheit sowie deren erwarteten Einfluss auf das eigene Geschäftsmodell in der Zukunft können sich Indizien sowohl für eine Anpassung des Geschäftsmodells als auch für die interne Liefer- und Leistungsverrechnung mittels Verrechnungspreisen ergeben. Im Rahmen der Verrechnungspreisanalyse liefern diese auch Aufschluss zu Fragen, warum zum Beispiel hohe Wachstumsraten erzielt oder Verluste erwirtschaftet wurden. Aus der Analyse exogener Faktoren können des Weiteren wichtige Erkenntnisse für die Planung von Verrechnungspreisen gewonnen werden, denn diese zeigen wichtige Parameter zur Umsetzung einer wertschöpfungsgerechten Vergütung der einzelnen Landesgesellschaften einer multinationalen Unternehmensgruppe im Rahmen gruppeninterner Transaktionen auf.

Die Übersicht auf der nächsten Seite enthält eine nicht abschließende Beschreibung wichtiger exogener Faktoren und damit verbundener Risiken. Diese sind dahingehend zu analysieren, ob und falls ja, in welchem Umfang sie das eigene Geschäftsmodell und die interne Liefer- und Leistungsverrechnung beeinflussen. Um die Auswirkungen exogener Faktoren auf unterschiedlichen Ebenen erörtern zu können, ist es empfehlenswert, diese Analyse sowohl für die multinationale Unternehmensgruppe als Ganzes als auch für die einzelnen Landesgesellschaften durchzuführen.

Exogene Faktoren	Beschreibung	Risiken	− Einfluss auf Geschäftsmodell* +
Globale Wirtschaftslage	In Abhängigkeit der Phase des Konjunkturzyklus der Weltwirtschaft (Erholung, Prosperität, Rezession, Depression) können sich die Ertrags- und Wachstumsaussichten unterscheiden.	▪ geopolitische Krisen ▪ Abkühlung des globalen Wachstums	3 2 1 0 1 2 3
Regionale Wirtschaftslage	Die Konjunkturzyklen verlaufen weltweit nicht synchron. Daher sind die ökonomischen Aussichten regionenspezifisch zu analysieren.	▪ Verminderung des Exports oder der Binnennachfrage für die Region ▪ Rückgang der Kaufkraft	3 2 1 0 1 2 3
Marktform	Die Möglichkeit zur Realisation von Preis- und Mengenprämien wird durch die Anzahl der Marktteilnehmer (etwa Monopol, Monoposon, Oligopol, Oligopson) determiniert.	▪ Reduktion von Preis- und Mengenprämien durch Änderung der Marktstruktur	3 2 1 0 1 2 3
Wettbewerber	Eng mit der Anzahl der Wettbewerber verbunden ist auch die relative Bedeutung von Wettbewerbern auf dem jeweiligen Markt und deren Innovationskraft.	▪ Preis- oder Mengenrisiko durch Substitutionen	3 2 1 0 1 2 3
Markteintritts-barriere	Markteintrittsbarrieren hindern Konkurrenten am Markteintritt und können etwa technologischer, finanzieller oder politischer Natur sein.	▪ Neue Wettbewerber durch Wegfall von Markteintrittsbarrieren etwa durch neue (digitale) Technologien	3 2 1 0 1 2 3
Zugang zu Produktions-faktoren	Zugang zu erforderlichen Produktionsfaktoren (Mitarbeiter, Rohstoffe, Kapital) zu günstigen Konditionen kann in globalen Wertschöpfungsketten ein entscheidender Wettbewerbsvorteil sein.	▪ Kostenrisiko durch Anstieg der Bezugspreise ▪ Produktionsunterbrechungen durch fehlende Produktionsfaktoren	3 2 1 0 1 2 3
Kaufkraft	Die Kaufkraft ist ein determinierender Faktor für die Produkte und deren Preise. Abhängigkeit von der regionalen Kaufkraft können Anpassungen am Produkt-mix, den Produkten selbst oder der Preisdifferenzierung erforderlich sein.	▪ Rückgang der Kaufkraft und der Nachfrage nach Produkten und Leistungen des Unternehmens	3 2 1 0 1 2 3
Kaufverhalten und Kunden-wünsche	Das Kaufverhalten von Kunden sowie deren individuelle Bedürfnisse können regionalen Unterschieden unterworfen sein und sich im Zeitverlauf verändern.	▪ Nachfragerückgang aufgrund von Änderung des Kaufverhaltens und der Kundenwünsche	3 2 1 0 1 2 3
Regulatorische Rahmen-bedingungen	Das regulatorische Umfeld setzt die rechtlichen Grenzen, innerhalb derer multinationale Unternehmensgruppen in den verschiedenen Regionen ihre Geschäftstätigkeit ausüben.	▪ Umsatz- oder Gewinnminderungen durch die Einführung nachteiliger Gesetze oder Regularien ▪ Investitionsrisiken infolge von Rechtsunsicherheiten	3 2 1 0 1 2 3
Stabilität des geografischen Umfelds	Das politische und gesellschaftliche Umfeld ist ein zentraler Faktor für Investitionen in einer Region. Mangelnde Stabilität kann nachteilige Effekte für das eigene Geschäftsmodell haben.	▪ Sinkende Umsätze und Margen durch nachteilige politische oder gesellschaftliche Veränderungen	3 2 1 0 1 2 3

* Ein positiver Einfluss wird grün, ein negativer Einfluss rot und das jeweilige Ausmaß durch eine Zahlenskala von eins (geringer Einfluss) bis drei (hoher Einfluss) dargestellt. Für exogene Faktoren, die sich nicht auf das eigene Geschäftsmodell auswirken, sieht die Skala eine gelbe Null vor.

Unternehmensspezifische SWOT-Analyse

Neben den exogenen ökonomischen und rechtlichen Rahmenbedingungen sind auch fundierte Informationen über die multinationale Unternehmensgruppe und deren Landesgesellschaften sowie deren Einfluss auf die verfolgten Geschäftsmodelle ein wichtiger Baustein der Verrechnungspreisanalyse. Hierfür sind

- allgemeine Informationen (zum Beispiel Stellung in der Wertschöpfungskette, Portfolio eigener Produkte und Dienstleistungen, wichtige Märkte)
- finanzielle Kennzahlen (zum Beispiel Gewinn, Profitabilität, Auslastung)
- individuelle Stärken und Schwächen bezogen auf das Geschäftsmodell und die eigenen Wertschöpfungsbeiträge sowie
- Potenziale (Chancen) und Anfälligkeiten (Risiken) des Geschäftsmodells und der eigenen Wertschöpfungsbeiträge aus Veränderungen der ökomischen und regulatorischen Rahmenbedingungen

zu analysieren.

In der betriebswirtschaftlichen Praxis hat sich die SWOT-Analyse (englisches Akronym für Strengths, Weaknesses, Opportunities, Threats) für eine umfassende Unternehmensanalyse unter Berücksichtigung interner und externer Faktoren etabliert. Diese Methodik ist einfach in ihrer Anwendung und adressiert vier grundsätzliche Fragestellungen: Die ersten beiden fokussieren auf eine Analyse der unternehmensinternen Stärken und Schwächen. Die weiteren Fragenstellungen fokussieren auf eine Analyse der Chancen und Risiken für das eigene Unternehmen aus den ökonomischen Rahmenbedingungen.

Die SWOT-Analyse bietet zunächst die Möglichkeit einer klaren Trennung bei der Analyse interner und externer Faktoren, wobei für die externen Faktoren (Chancen und Risiken) auf die Erkenntnisse der Analyse der ökonomischen und regulatorischen Rahmenbedingungen zurückgegriffen werden kann. In einem zweiten Schritt sind die Wechselwirkungen zwischen internen und externen Faktoren wie nachstehend skizziert zu analysieren und deren Auswirkungen und Konsequenzen für das eigene Geschäftsmodell (Business Model Canvas) zu erörtern.

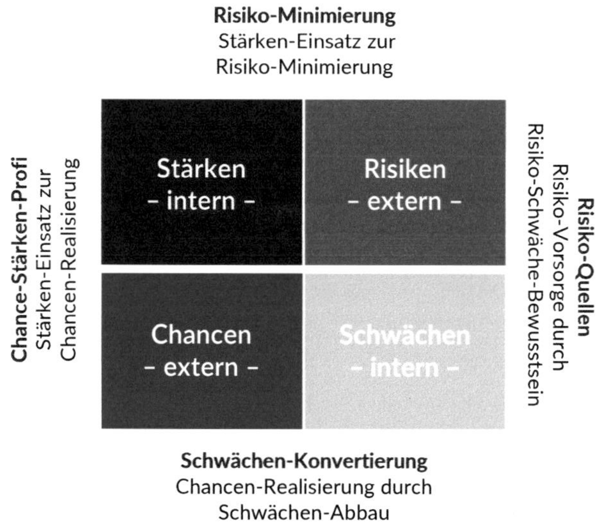

Nachstehend sind exemplarisch verrechnungspreisrelevante Themenkomplexe aufgelistet, die zur Analyse der internen Stärken und Schwächen einer multinationalen Unternehmensgruppe und deren Landesgesellschaften herangezogen werden können.

Interne Faktoren	Beschreibung	Risiken	– Einfluss auf Geschäftsmodell* +
Einzigartigkeit und Schutz von Technologien	Technologien können ein wichtiger Faktor für den nachhaltigen unternehmerischen Erfolg sein. Allerdings hängt deren Werthaltigkeit von der Einzigartigkeit und Komplexität der Technologie, der eigenen Innovationskraft sowie der Gefahr substitutiver oder disruptiver Technologien ab.	▪ Entwicklungs- und Vergütungsrisiko für selbst entwickelte Technologien ▪ Risiko des Verlusts von Marktanteilen durch Substitute	3 2 1 0 1 2 3
Zugang und Auslastung von Schlüsselressourcen	Engpässe in den Schlüsselressourcen (etwa Rohstoffe, Personal, Produktionskapazitäten) können zu Unterbrechungen im Betriebsablauf führen und Kosten verursachen. Andererseits verursachen Ressourcenüberschüsse Leerkosten und belasten das Betriebsergebnis.	▪ Risiko der Verfügbarkeit von Schlüsselressourcen ▪ Risiko von Produktionsengpässen ▪ Auslastungs- und Kostenrisiko	3 2 1 0 1 2 3
Qualitätsmanagement und Kosteneffizienz	Kosten und Qualität stehen in einem Spannungsfeld zueinander. Es ist Aufgabe des strategischen Managements, eine möglichst optimale Balance zwischen hoher Qualität und geringen Kosten zu finden.	▪ Risiko der Erfüllung von Qualitätsanforderungen ▪ Kostenrisiko	3 2 1 0 1 2 3
Abhängigkeitsgrad	Eine Fokussierung auf einzelne Lieferanten oder Kunden kann einerseits effiziente Betriebsabläufe unterstützen. Allerdings erhöht sich damit die Abhängigkeit und das Risiko für das eigene Geschäftsmodell aufgrund einer geringen Diversifikation.	▪ Beschaffungsrisiko ▪ Kundenausfallrisiko	3 2 1 0 1 2 3
Produkt- und Dienstleistungsspektrum	Das Produkt- und Dienstleistungsspektrum ist ein Abgrenzungsmerkmal gegenüber Wettbewerbern (Unique Selling Proposition). Das Produkt- und Dienstleistungsspektrum ist regelmäßig dahingehend zu hinterfragen, ob neue Produkte und Dienstleistungen ergänzt und bestehende herausgenommen werden sollen.	▪ Absatzrisiko ▪ Leerkostenrisiko	3 2 1 0 1 2 3
Kundenbezogenheit der Produkte	Die Kundenbezogenheit von Produkten schafft die Grundlage für eine hohe Identifikation der Kunden mit einem Produkt oder einer Marke, allerdings sind damit oftmals auch höhere Kosten als bei der klassischen Massenproduktion verbunden.	▪ Kostenrisiko	3 2 1 0 1 2 3
Adäquanz von Vertriebskanälen	Vertriebskanäle orientieren sich an Kundenbedürfnissen und den Nutzenversprechen der Unternehmen. Durch Weiterentwicklungen von Geschäftsmodellen und technologische Neuerungen sind Vertriebskanäle regelmäßig hinsichtlich ihrer Adäquanz zu validieren.	▪ Absatzrisiko aus der Kundenansprache über gewählte Absatzkanäle ▪ Kostenrisiko aus der Erschließung neuer Absatzkanäle	3 2 1 0 1 2 3
Kundenverbundenheit und Attraktionskraft der Marke	Die Pflege bestehender Kundenbeziehungen und der nachhaltige Aufbau eines überzeugenden Markenimages sind essentiell für die Vereinnahmung (wiederkehrender) Umsatzströme und damit für den nachhaltigen Unternehmenserfolg.	▪ Risiko der Erosion des Kundenstamms und des Markenimages	3 2 1 0 1 2 3

* Ein positiver Einfluss wird grün, ein negativer Einfluss rot und das jeweilige Ausmaß durch eine Zahlenskala von eins (geringer Einfluss) bis drei (hoher Einfluss) dargestellt. Für Themenkomplexe, die sich nicht auf das eigene Geschäftsmodell auswirken, sieht die Skala eine gelbe Null vor.

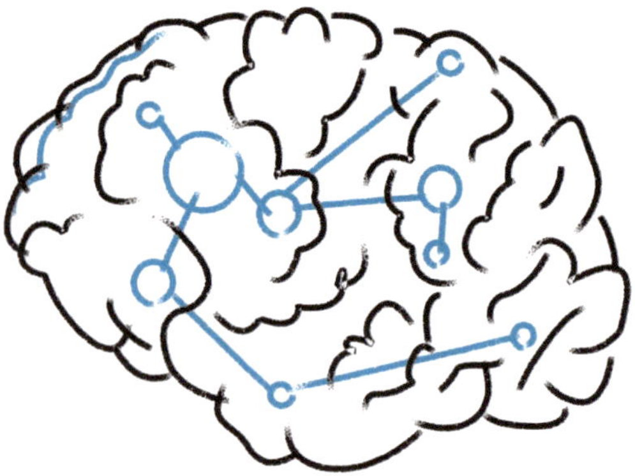

2

Was sind die Werttreiber für das eigene Geschäftsmodell?

Erfolgreiche Geschäftsmodelle sind die Grundlage für die Erzielung von Preis- und Mengenprämien sowie eine (kosten-)effiziente und zeitgerechte Leistungserstellung. Maßgeblich hierfür sind die geschäftsmodellspezifischen Werttreiber als Dreh- und Angelpunkt des betrieblichen Erfolgs.

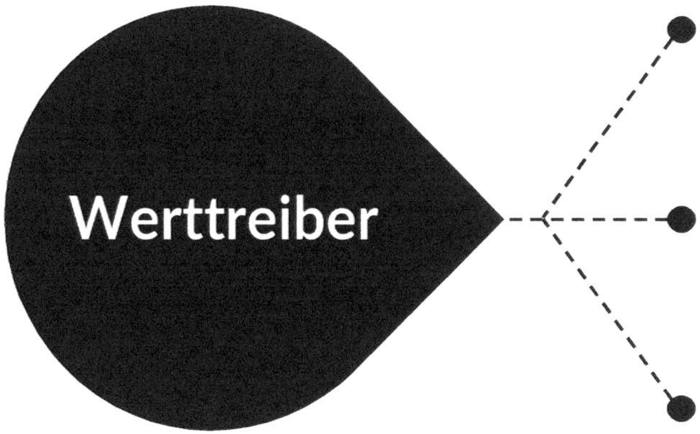

Immaterielle Werte sind nicht physische Werte, die im Eigentum oder unter der Kontrolle eines Unternehmens stehen wie Patente, Geschäftsgeheimnisse, Prozesse, Knowhow, Markenrechte, Kundenstamm, Marketingkonzepte.

Sonstige Wettbewerbsfaktoren sind nicht kontrollierbare Werttreiber in Form von exogenen Faktoren (wie Marktcharakteristika, Wettbewerbssituation, Kaufkraft, Lohnniveau) oder unternehmensspezifische Faktoren (wie eingespielte Belegschaft, Synergien, Effizienz, Marktnähe).

Materielle Vermögenswerte sind physische Werte, die ein zentrales Unterscheidungsmerkmal für das Geschäftsmodell sein können, zum Beispiel Immobilien in strategisch guter Lage.

Klassifikation von Werttreibern

Arten von Werttreibern

Die Differenzierung in immaterielle Werte, sonstige Wettbewerbsfaktoren und materielle Vermögenswerte ermöglicht eine erste Schematisierung der Werttreiber. Je nach Strukturierung des Geschäftsmodells können diese weiter aufgegliedert werden, beispielsweise in Bezug auf die Schlüsselfaktoren des Geschäftsmodells oder der funktionalen Wertschöpfungskette (siehe hierfür exemplarisch die nachstehende Tabelle). Neben der vollständigen Erfassung der zentralen Werttreiber sollte beim Grad der Detaillierung auch die Übersichtlichkeit und Komplexität der Darstellung im Auge behalten werden.

Ausprägung der Werttreiber im eigenen Geschäftsmodell

In einer zweiten Dimension können die einzelnen Werttreiber hinsichtlich ihrer Ausprägung und Relevanz im eigenen Geschäftsmodell analysiert werden, sowohl in Bezug auf die multinationale Unternehmensgruppe als Ganzes als auch für die einzelnen Landesgesellschaften:

1. Schwach: Der Werttreiber ist im Vergleich zum Branchendurchschnitt eher schwach ausgeprägt.
2. Durchschnittlich: Der Werttreiber entspricht dem Branchendurchschnitt.
3. Stark: Der Werttreiber ist überdurchschnittlich stark ausgeprägt.

	Immaterielle Werte		Sonstige Wettbewerbsfaktoren		Materielle Vermögenswerte	
Forschung und Entwicklung	▪ Geschäftsgeheimnisse ▪ Geschmacksmuster, Formeln, Rezepturen	1 2 3	▪ Innovationsbudgets ▪ Zugang zu qualifiziertem Personal	1 2 3	▪ Labore ▪ Spezielle Anlagen und Maschinen	1 2 3
Einkauf	▪ Lieferantenkontakte ▪ vorteilhafte Lieferantenverträge ▪ Zugang zu Beschaffungsmärkten	1 2 3	▪ Nähe zu Beschaffungsmärkten ▪ Economies of Scale	1 2 3	▪ Bestände an knappen Rohstoffen	1 2 3
Produktion	▪ Patente ▪ Produktionsprozesse ▪ produktionsspezifisches Knowhow	1 2 3	▪ Lohnniveau, Mitarbeiterzugang ▪ Eingespielte Belegschaft ▪ Betriebsklima ▪ Economies of Scale and Scope ▪ Finanzkraft ▪ Zugang zu (Fremd-)Kapital ▪ Compliance (Umwelt, Arbeitsschutz) ▪ hochwertige Qualitätssicherung	1 2 3	▪ Produktionsgebäude ▪ Produktionsanlagen	1 2 3
Marketing und Vertrieb	▪ Markenrechte ▪ Kundenstamm, Kundenlisten ▪ Marketingkonzepte ▪ Vertriebsrechte, Abnahmeverträge ▪ Logistikkonzepte, Vertriebsnetz ▪ Websites, Internet Domain-Namen, User Experience Konzepte	1 2 3	▪ Marktcharakteristika (Kaufkraft, Wettbewerber, Marktanteil) ▪ Standortvorteile, Marktnähe ▪ Geschäftsmodelle ▪ Diversifikation der Einnahmequellen ▪ Kundenimage und -zufriedenheit	1 2 3	▪ Immobilien in guter Lage ▪ Lagerhallen	1 2 3

Werthaltigkeit der Werttreiber innerhalb einer Branche

Zur weiteren Differenzierung können die Arten von Werttreibern zusätzlich zu ihrer Relevanz im eigenen Geschäftsmodell in einer weiteren Dimension hinsichtlich ihrer Werthaltigkeit innerhalb einer bestimmten Branche unterteilt werden:

- *Unterstützende Wettbewerbsfaktoren* für das eigene Geschäftsmodell, die allerdings leicht austauschbar sind und keinen Einfluss auf betriebliche Risiken haben.
- *Erforderliche Wettbewerbsfaktoren* zur Ausübung des Geschäftsmodells, die allerdings in der Branche standardmäßig eingesetzt werden und kein Unterscheidungsmerkmal aufweisen.
- *Relevante Wettbewerbsfaktoren* für die eigene Wertschöpfung, die auch in der Branche eingesetzt werden und eine gewisse Abgrenzung gegenüber Wettbewerbern erlauben. Konkurrenten stehen in Bezug auf diese Faktoren in einem Wettbewerb zueinander und möchten sich gegenseitig übertreffen.
- *Einzigartige Wettbewerbsfaktoren,* die bei Wettbewerbern nicht verfügbar sind und eine klare Abgrenzung gegenüber diesen ermöglichen.

Eine beispielhafte Auflistung und Kategorisierung von Werttreibern für jede Stufe der Wertschöpfungskette findet sich in den jeweiligen Funktionsabschnitten in Kapitel 3.

Gesamtbeurteilung der Bedeutung einzelner Werttreiber

Durch die Kombination der zwei dargestellten Dimensionen (Ausprägung der Werttreiber im eigenen Geschäftsmodell und Werthaltigkeit der Werttreiber innerhalb einer Branche) können die relevanten Werttreiber kategorisiert und strukturiert analysiert werden. Die folgende Kategorisierung der Werttreiber kann für die multinationale Unternehmensgruppe als Ganzes aber auch in Bezug auf betriebliche Funktionen oder Schlüsselfaktoren erfolgen, um im Rahmen der weiteren Analyseschritte gezielt Schwerpunkte setzen zu können:

- *Lowperformer:* Werttreiber, die zwar notwendiger Bestandteil von Geschäftsmodellen sind, allerdings nur geringe Wertschöpfungsbeiträge liefern.
- *Marketperformer:* Werttreiber, die ein Geschäftsmodell prägen, in der Bandbreite allerdings üblicherweise in der Branche zum Einsatz kommen.
- *Outperformer:* Werttreiber mit Alleinstellungsmerkmal für das eigene Geschäftsmodell, die eine klare Abgrenzung gegenüber Wettbewerbern ermöglichen.

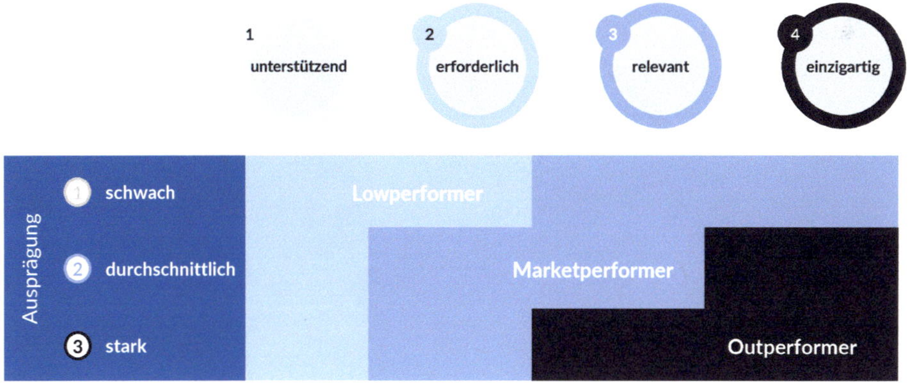

3

Welche Funktionen werden ausgeübt?

Welche Risiken sind zu managen?

Die Funktions- und Risikoanalyse ist neben der Analyse der Werttreiber die zweite wichtige Säule für die Bestimmung von Wertschöpfungsbeiträgen und fremdüblichen Verrechnungspreisen. Sie dient der Bestimmung der ausgeübten Tätigkeiten und Verantwortlichkeiten auf Ebene der einzelnen Landesgesellschaften und deren relativen Bedeutung hinsichtlich der transaktionsbezogenen Wertschöpfung der multinationalen Unternehmensgruppe.

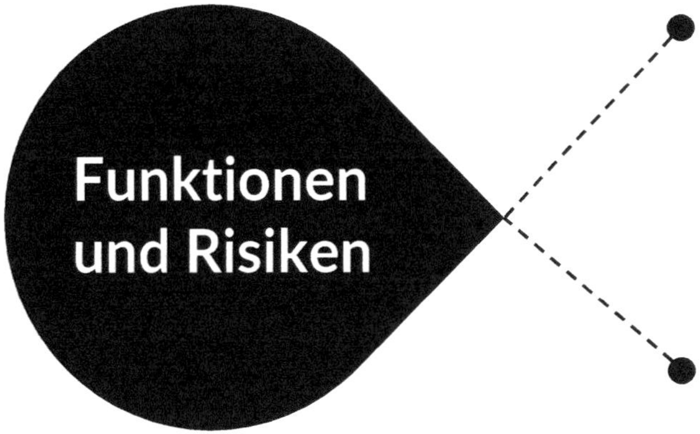

Funktionen beschreiben die ausgeübten Geschäftstätigkeiten und die von Mitarbeitern der Landesgesellschaften einer multinationalen Unternehmensgruppe übernommenen betrieblichen Aufgaben innerhalb der Wertschöpfungskette. Die Güte der eigenen Funktionsausübung ist eng verwoben mit den Verantwortlichkeiten sowie den Einflussnahmemöglichkeiten zur Ausgestaltung der Wertschöpfung.

Risiken sind dem unternehmerischen Handeln immanent und beschreiben die negativen Abweichungen der künftigen Geschäftsentwicklung gegenüber der Planung. Die Planung, Steuerung und Implementierung von Maßnahmen zur Reduzierung des negativen Einflusses von Risiken sind zentral für den nachhaltigen Unternehmenserfolg. Insofern erfolgt Wertschöpfung auch durch Risikomanagement und -minimierung.

Analyse der Funktionen

Funktionale Wertschöpfung

Im Rahmen einer Funktionsanalyse sind die funktionalen Wertschöpfungsbeiträge der einzelnen Landesgesellschaften einer multinationalen Unternehmensgruppe auf Basis der ausgeübten Tätigkeiten und eingebrachten Fähigkeiten zu bestimmen. Die Funktionsanalyse schafft die Grundlage dafür, dass die Ergebnisse der Geschäftsmodellanalyse weiter differenziert und auf die einzelnen Landesgesellschaften heruntergebrochen sowie deren relative Bedeutung bestimmt werden können. Als zentrale Parameter der funktionalen Wertschöpfungsbeiträge müssen die Funktionen und Verantwortlichkeiten der jeweiligen Landesgesellschaften detailliert beschrieben und deren Bedeutung für die transaktionsbezogene Wertschöpfung der multinationalen Unternehmensgruppe bestimmt werden.

Eine beispielhafte Auflistung und Kategorisierung von Funktionen für jede Stufe der Wertschöpfungskette findet sich in den jeweiligen Funktionsabschnitten in Kapitel 3.

Nachfolgend wird eine dreistufige Funktionsanalyse als erprobtes Verfahren in der Praxis dargestellt:

1. Analyse der Bedeutung der einzelnen Funktionen für die Wertschöpfung je Landesgesellschaft
2. Bestimmung der funktionalen Wertschöpfung je Landesgesellschaft durch Einbeziehung einer zweiten Dimension hinsichtlich der Verantwortlichkeiten und Einflussnahmemöglichkeiten zur Ausgestaltung der Wertschöpfung für jede einzelne Funktion
3. Konsolidierung der Ergebnisse aus den ersten beiden Analyseschritten für die einzelnen Landesgesellschaften in einer zusammenfassenden Übersicht

1 Bedeutung von Funktionen für die Wertschöpfung

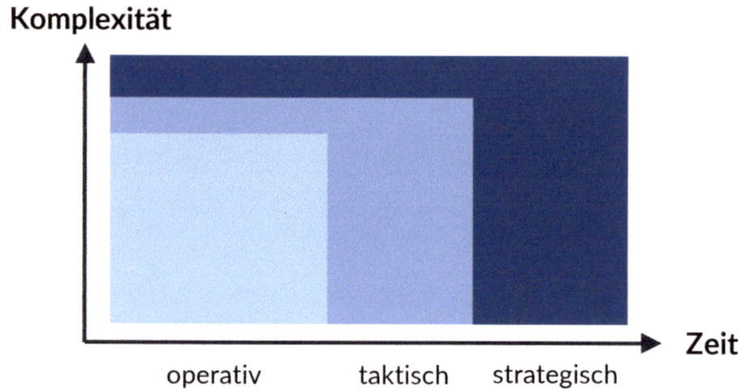

Die **Komplexität** wird durch die erforderliche Expertise und Qualifikation der Mitarbeiter zur Funktionsausübung getrieben und ist ein Indikator dafür, wie schwierig oder leicht eine Funktion übertragen werden kann. Gleichzeitig ist sie eine wichtige Determinante für den funktionalen Wertschöpfungsbeitrag.

Die **zeitliche Dimension** charakterisiert eine Funktion anhand ihres zeitlichen Wirkungsgrads, wobei grundsätzlich gilt, dass die Wertschöpfung mit zunehmender Fristigkeit steigt:

- *Kurzfristig-operative* Funktionen betreffen das Tagesgeschäft und setzen die taktische und strategische Planung operativ um.
- *Mittelfristig-taktische* Funktionen betreffen die periodenübergreifende Programm-, Kapazitäts- und Absatzplanung über einen Horizont von ein bis drei Jahren.
- *Langfristig-strategische* Funktionen betreffen die Weichenstellung für das Geschäftsmodell und haben einen langfristigen Horizont von mehr als drei Jahren.

2 Funktionale Wertschöpfung (Landesgesellschaft)

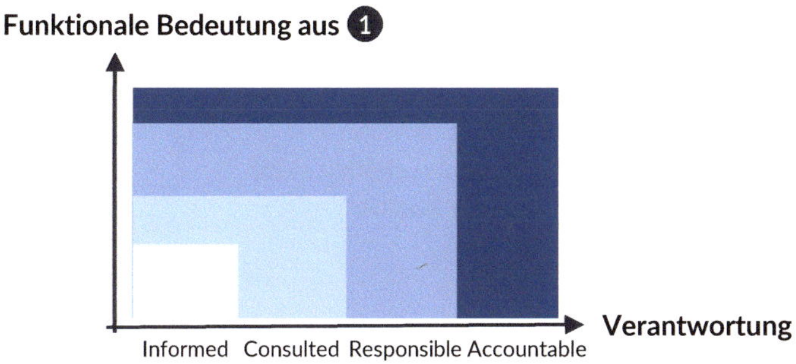

Teilen sich mehrere Landesgesellschaften die mit der Ausübung einer Funktion verbundenen Aufgaben und Verantwortlichkeiten, ist der individuelle Wertschöpfungsbeitrag zu bestimmen. Die **RACI-Methode** (englisches Akronym für **R**esponsible, **A**ccountable, **C**onsulted, **I**nformed) ist ein möglicher Ansatz zur Charakterisierung von Verantwortlichkeiten im Zusammenhang mit einer Funktion:

- *Responsible* sind Personen mit einer Durchführungsverantwortung für die operativen Aufgaben als Teil des Tagesgeschäfts.
- *Accountable* sind Personen mit einer Verantwortung für einen Teil der Geschäftstätigkeit, einschließlich der Kosten. Diese können operative Aufgaben unterbeauftragen, ohne dabei die Überwachung und Kontrolle der Ergebnisse zu delegieren.
- *Consulted* sind Personen mit wichtigen Informationen und Kenntnissen, die in beratender Funktion mitwirken.
- *Informed* sind Personen mit einem Informationsrecht über den Verlauf, beziehungsweise das Ergebnis einer betrieblichen Tätigkeit.

3 Zusammenfassung funktionale Wertschöpfung

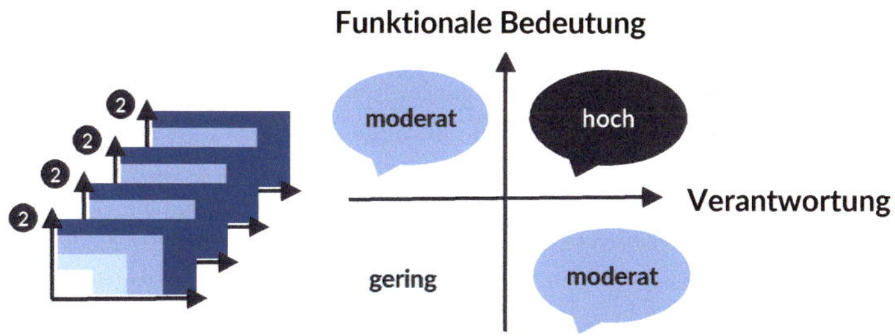

Abschließend sind die Ergebnisse der ersten beiden Analyseschritte der einzelnen Landesgesellschaften zu aggregieren. In Abhängigkeit von der Komplexität der gruppeninternen Wertschöpfung kann es sinnvoll sein, die Ergebnisse der Funktionsanalyse in einem höheren/niedrigeren Detaillierungsgrad darzustellen.

Eine Differenzierung der Funktionsanalyse kann beispielsweise in folgenden Dimensionen erfolgen:

- Transaktionsgruppen
- Wertschöpfungsstufen
- Geschäftsfelder
- Produktlinien
- Märkte

Für Verrechnungspreiszwecke bietet sich üblicherweise eine Zusammenfassung der funktionalen Wertschöpfungsbeiträge je Landesgesellschaft bezogen auf die einzelnen Transaktionsgruppen an.

Analyse der Risiken

Organisatorische Wertschöpfung durch Risikosteuerung

Die Zukunft ist unvorhersehbar und damit per Definition unsicher. Aus dieser Unsicherheit ergeben sich Chancen und Risiken für Unternehmen, da die zukünftige Realität auch von den besten Planwerten abweichen kann. Es gilt: Je größer die Unsicherheit, desto größer sind die möglichen positiven (Chancen) und negativen (Risiken) Abweichungen gegenüber den Erwartungswerten. Da Risiken häufig stärker bewertet werden als Chancen, steigt die Renditeerwartung mit zunehmender Risikostruktur. Durch die Ergreifung geeigneter Maßnahmen können die negativen Folgen von Risiken zum Teil reduziert werden. Aber auch die positive Entscheidung, Risiken einzugehen, ohne diese aktiv steuern zu können, kann einen positiven Wertschöpfungseffekt haben.

Eine beispielhafte Auflistung und Kategorisierung von Risikoarten für jede Stufe der Wertschöpfungskette findet sich in den jeweiligen Funktionsabschnitten in Kapitel 3.

Nachfolgend wird eine dreistufige Risikoanalyse nach dem »Risk-Control-Ansatz« der OECD als erprobtes Verfahren in der Praxis dargestellt:

1. Bestimmung der Materialität einzelner Risiken anhand der Höhe des erwarteten Verlustpotenzials aus einer unternehmerischen Tätigkeit
2. Beurteilung der Risikotragfähigkeit einzelner Landesgesellschaften in Abhängigkeit der Verantwortlichkeiten zur Risikosteuerung und Risikoprävention sowie den finanziellen Kapazitäten zur Übernahme von Risiken
3. Konsolidierung der Ergebnisse aus den ersten beiden Analyseschritten je Landesgesellschaft sowie gruppenübergreifende Betrachtung in einer zusammenfassenden Übersicht

1 Materialität von Risiken

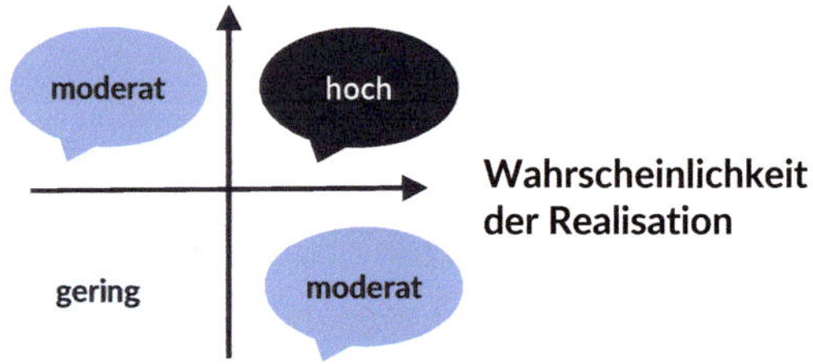

Absolutes Verlustrisiko als absoluter Wert der negativen Abweichung der zukünftigen Realität von den Erwartungswerten. Im Grundsatz gilt, je langfristiger die Risikodimension ist, umso materieller sind die Risiken und tiefgreifender die Maßnahmen zur Risikosteuerung und -vorsorge.

Wahrscheinlichkeit der Realisation eines Risikos als zweiter Parameter der Risikokategorisierung kann beispielsweise auf Basis von Experteninterviews wie folgt untergliedert werden:

- *unwahrscheinlich*: Wahrscheinlichkeit < 25 Prozent
- *eher unwahrscheinlich*: 25 Prozent ≤ Wahrscheinlichkeit < 50 Prozent
- *eher wahrscheinlich:* 50 Prozent ≤ Wahrscheinlichkeit < 75 Prozent
- *wahrscheinlich:* Wahrscheinlichkeit ≥ 75 Prozent

2 Beurteilung der Risikotragfähigkeit

Finanzielle Kapazitäten

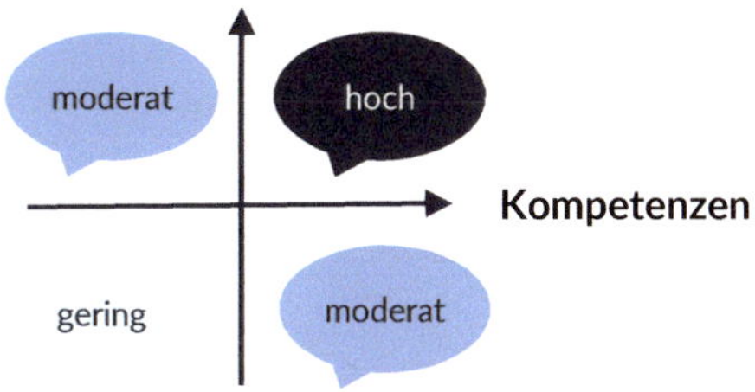

Finanzielle Kapazitäten zur Übernahme von Risiken sind Voraussetzung für die Zuordnung von Risiken. Marktteilnehmer würden auf die Risikotragfähigkeit nur vertrauen, wenn auch ausreichende finanzielle Ressourcen zur tatsächlichen Übernahme von Risiken bei der jeweiligen Landesgesellschaft vorhanden sind.

Kompetenzen zur Risikosteuerung und -vorsorge beurteilen sich nach persönlichen und intellektuellen Ressourcen sowie den entsprechenden Kompetenzen und Erfahrungen bestimmter Personen (-gruppen) zur Risikosteuerung und -vorsorge. Basis für die Risikosteuerung ist die Versorgung mit den erforderlichen Informationen. Zur Analyse der Verantwortlichkeiten im Zusammenhang mit der Risikosteuerung kann wiederum auf das RACI-Konzept zurückgegriffen werden.

3 Aggregiertes Risikoprofil

Risikomaterialität aus 1

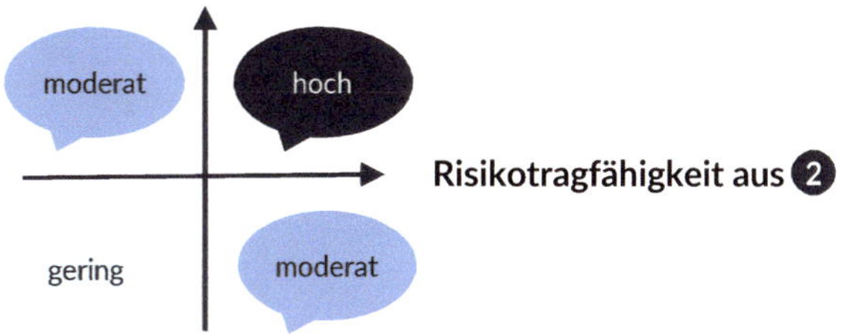

Abschließend sind die Ergebnisse der ersten beiden Analyseschritte (Risikomaterialität und -tragfähigkeit) für die einzelnen Landesgesellschaften zu aggregieren. So ergibt sich für jede Landesgesellschaft ein entsprechendes Koordinatensystem für die Risikozuordnung. In Abhängigkeit von der Komplexität der gruppeninternen Wertschöpfung kann es sinnvoll sein, die Ergebnisse in einem höheren oder niedrigeren Detaillierungsgrad darzustellen.

Eine Differenzierung der Risikoanalyse kann beispielsweise in folgenden Dimensionen erfolgen:

- Transaktionsgruppen
- Wertschöpfungsstufen
- Geschäftsfelder
- Produktlinien
- Märkte

Für Verrechnungspreiszwecke bietet sich üblicherweise eine Zusammenfassung der Risikoprofile der Landesgesellschaften bezogen auf die einzelnen Transaktionsgruppen an.

4

Wie hoch sind die einzelnen Wertschöpfungsbeiträge?

Die Wertschöpfungsbeitragsanalyse konsolidiert die Ergebnisse der Werttreiberanalyse sowie der Funktions- und Risikoanalyse und gewichtet diese entsprechend deren relativer Bedeutung für die Gesamtwertschöpfung. Auf dieser Grundlage kann der Beitrag der einzelnen Landesgesellschaften an der Gesamtwertschöpfung veranschaulicht werden.

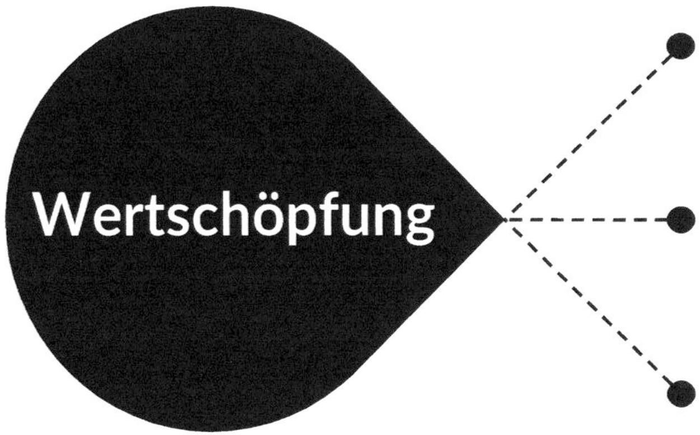

- **Werttreiberbasierte Wertschöpfung** beschreibt die Wertschöpfungsbeiträge der wesentlichen Werttreiber, insbesondere in Form von immateriellen Werten und sonstigen Wettbewerbsfaktoren.
- **Funktionale Wertschöpfung** beschreibt die Wertschöpfungsbeiträge aus der Ausübung von Geschäftstätigkeiten innerhalb betrieblicher Funktionen.
- **Organisatorische Wertschöpfung durch Risikominimierung** resultiert aus der Minimierung negativer Folgen aus Risiken für die eigene Wertschöpfung durch deren Management und Steuerung. Aber auch die positive Entscheidung, Risiken einzugehen, ohne diese aktiv steuern zu können, kann einen positiven Wertschöpfungseffekt haben.

Wertschöpfungsbeitragsanalyse

Die Aufteilung des Gesamtergebnisses aus einer Transaktion korrespondiert unter dem Fremdvergleichsgrundsatz mit den individuellen Wertschöpfungsbeiträgen der beteiligten Landesgesellschaften. Im Grundsatz gilt, je höher die funktionale, organisatorische und werttreiberorientierte Wertschöpfung einer Landesgesellschaft ist, desto höher soll auch ihr Anteil am Gesamtgewinn oder -verlust sein.

Abhängig vom jeweiligen Einzelfall kann es sich anbieten, im Rahmen einer Wertschöpfungsbeitragsanalyse die Ergebnisse der qualitativen Analysen der Werttreiber, Funktionen und Risiken (Wertschöpfungsfaktoren) zu konsolidieren und in quantitative Größen zu überführen. Durch eine Quantifizierung der qualitativen Analyseergebnisse kann die Gesamtwertschöpfung systematisch auf einzelne Landesgesellschaften heruntergebrochen und deren relativer Anteil an der Gesamtwertschöpfung bestimmt werden.

Zu beachten ist allerdings, dass zur Umsetzung einer Wertschöpfungsbeitragsanalyse oftmals subjektive Faktoren (etwa Einschätzungen des Managements) unerlässlich sind. Dies kann dazu führen, dass die Ergebnisse der Wertschöpfungsbeiträge durch subjektive Wahrnehmungen einzelner Personen verzerrt werden. Es ist daher empfehlenswert, das Risiko potenzieller Verzerrungen durch subjektive Einschätzungen dadurch zu reduzieren, dass mehrere Personen(-gruppen) befragt und, soweit möglich, Daten und interne Aufzeichnungen zur Objektivierung der Ergebnisse herangezogen werden.

Wertschöpfungsbeitragsanalysen bergen eine gewisse Komplexität, weshalb es in einfachen Wertschöpfungsketten mit klaren Unterschieden in den Wertschöpfungsbeiträgen sachgerecht sein kann, auf eine Wertschöpfungsbeitragsanalyse zu verzichten und die weiteren Schritte der Verrechnungspreisermittlung auf die Ergebnisse der Werttreiberanalyse sowie der Funktions- und Risikoanalyse zu stützen.

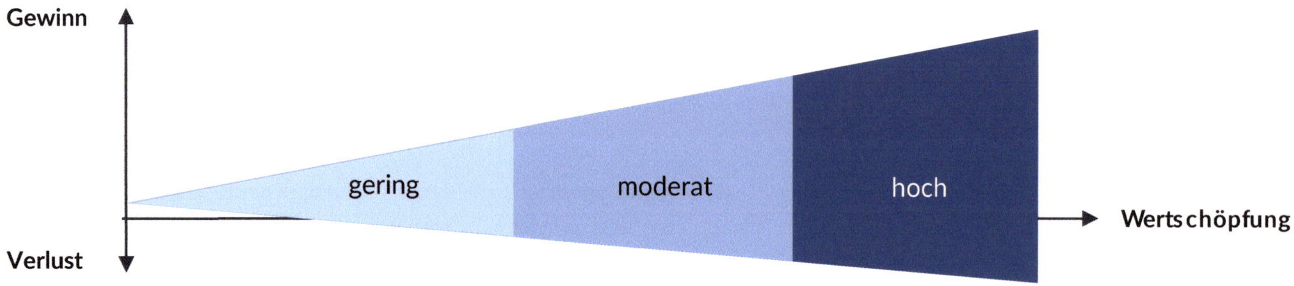

... mittels Scoring Modell

Im Rahmen einer Wertschöpfungsbeitragsanalyse lässt sich der relative Anteil einer Landesgesellschaft an der Gesamtwertschöpfung beispielsweise mittels einer dreistufigen Analyse bestimmen. Hierzu ist auf jeder Analysestufe mittels Scoring die relative Bedeutung der jeweiligen Einflussparameter zu quantifizieren. Durch eine multiplikative Verknüpfung aller drei Analysestufen kann für jede Landesgesellschaft ein Score ermittelt werden, der im Verhältnis zum Gesamt-Score aller Landesgesellschaften einer multinationalen Unternehmensgruppe den relativen Wertschöpfungsbeitrag approximativ beschreibt:

a Bestimmung der relativen Bedeutung der drei Wertschöpfungsfaktoren (Werttreiber, Funktionen, Risiken) in Bezug auf die Wertschöpfung insgesamt. Für jeden Wertschöpfungsfaktor ist ein Prozentsatz als Maß der relativen Bedeutung zu bestimmen. In Summe müssen die Prozentsätze aller drei Wertschöpfungsfaktoren 100 Prozent ergeben.

b Für jeden Wertschöpfungsfaktor sind Untergruppen entsprechend der vorgenommenen Kategorisierung bei der Analyse der Werttreiber sowie der Funktions- und Risikoanalyse zu bilden. Ihrer Wertigkeit entsprechend kann jede Untergruppe mittels eines Zahlenwertes gewichtet werden, im Beispiel zwischen (1) und (3).

c Für die jeweiligen Untergruppen der Wertschöpfungsfaktoren oder weitergehenden Untergruppierungen (etwa auf Ebene einzelner Vermögenswerte, Funktionen oder Risiken) können die individuellen Beiträge der Landesgesellschaften beispielsweise mittels einer Skala von sehr gering (1) bis sehr stark (5) dargestellt werden.

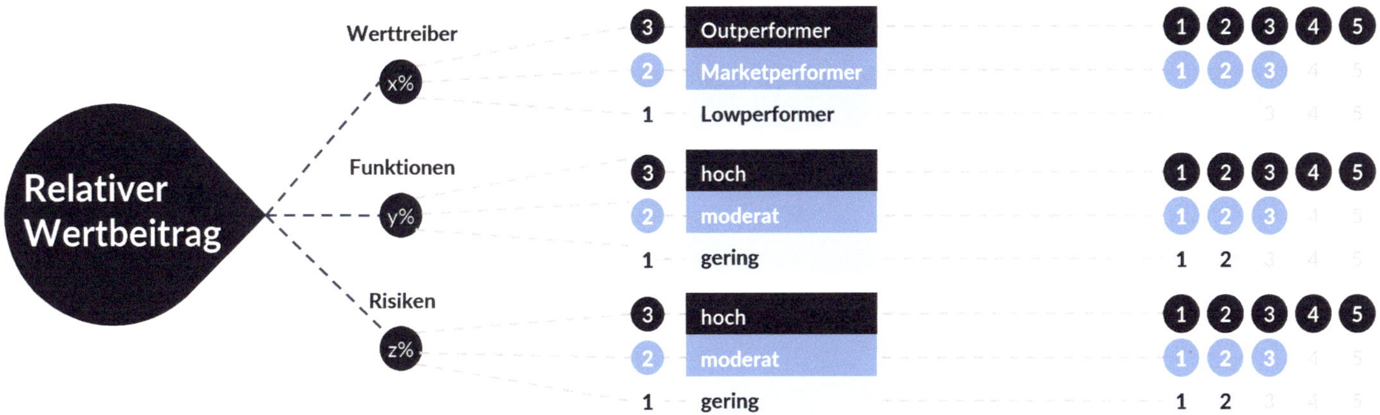

5

Wozu dient eine Unternehmens-charakterisierung?

Wie erfolgt deren Umsetzung in der Praxis?

Zur Bestimmung fremdüblicher Verrechnungspreise sind in Deutschland drei typisierte Unternehmenskategorien in Abhängigkeit der Wertschöpfungsbeiträge zu unterscheiden. Diese Unternehmenscharakterisierung beeinflusst die Höhe der Gewinnverteilung und die Wahl der Methoden zur Überprüfung der verrechneten Preise. Zugleich führt diese »Silobetrachtung« zur Komplexitätsreduktion bei der Bestimmung und Überprüfung von Verrechnungspreisen.

- **Routine-Unternehmen** verfügen nicht oder nur in geringem Umfang über zentrale Werttreiber eines Geschäftsmodells, üben lediglich Funktionen aus, die problemlos substituierbar sind und auch am Markt bei Dritten in Auftrag gegeben werden können. Charakteristisch ist auch eine nur geringe Verantwortung hinsichtlich der Risikosteuerung.
- **Hybrid-Unternehmen** (Mittelunternehmen) sind Unternehmen, die zwar mehr als Routinefunktionen ausüben, aber geringere Risiken als Entrepreneure tragen.
- **Entrepreneure** verfügen über die zentralen Werttreiber eines Geschäftsmodells, üben die für den Unternehmenserfolg entscheidenden Funktionen aus und steuern aktiv die wesentlichen geschäftsmodellspezifischen Risiken.

Unternehmenscharakterisierung

Die Unternehmenscharakterisierung ist die Schnittstelle zwischen der Wertschöpfungsbeitragsanalyse und der Wahl geeigneter Verrechnungspreismethoden zur Umsetzung des Fremdvergleichsgrundsatzes. Ziel hierbei ist es, die an einer gruppeninternen Geschäftsbeziehung beteiligten Landesgesellschaften entsprechend ihrer individuellen Wertschöpfungsbeiträge zu charakterisieren und den drei typisierten Unternehmenskategorien (Routine- und Hybridunternehmen, Entrepreneur) zuzuordnen. Die Unternehmenscharakterisierung dient damit der pragmatischen Umsetzung der wertschöpfungsbeitragsorientierten Gewinnaufteilung mittels Verrechnungspreisen. Im Grundsatz gilt: Je geringer die mit der typisierten Unternehmenskategorie verbundene Wertschöpfung, desto geringer fallen auch deren Gewinn- und Verlustpotenziale aus.

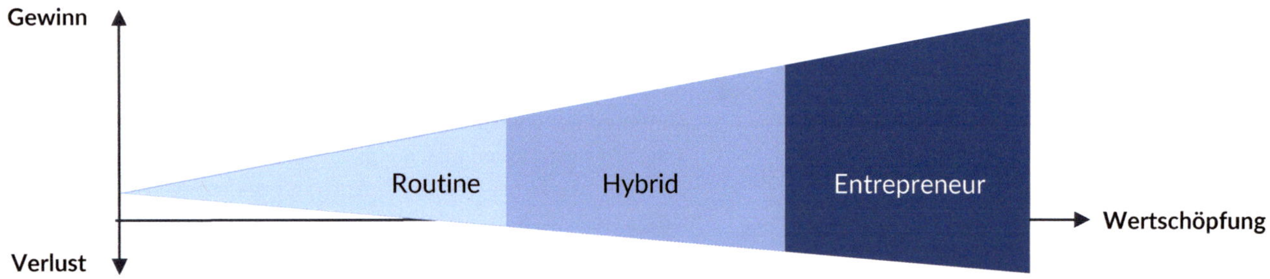

Routineunternehmen erzielen im Regelfall nur geringe, aber relativ stabile Gewinne. Dies wird dadurch erreicht, dass diese auf der ersten Stufe unabhängig vom Gewinn oder Verlust der multinationalen Unternehmensgruppe zumindest kostendeckend vergütet werden. Routineunternehmen können zwar auch in eine Verlustsituation geraten, allerdings ist eine steuerliche Anerkennung von Verlusten in Deutschland im Grundsatz auf maximal drei Jahre beschränkt. Dies entspricht dem Zeithorizont der operativen und taktischen Planung, die in den Verantwortungsbereich von Routineunternehmen fallen kann.

Hybridunternehmen (Mittelunternehmen) leisten höhere Wertschöpfungsbeiträge als Routineunternehmen. Dazu korrespondierend erzielen sie aus Verrechnungspreissicht in der Erwartung höhere Gewinne. Im Unterschied zu Routineunternehmen verantworten Hybridunternehmen auch höhere Risiken, sodass diesen auch höhere Verluste zugerechnet werden können.

Entrepreneure vereinnahmen aufgrund ihrer zentralen Stellung in der Wertschöpfungskette den Residualgewinn. Dieser ergibt sich aus dem transaktionsbezogenen Gesamtgewinn abzüglich der Vergütungen für die Routine- und Hybridunternehmen. Zusammen mit den Hybridunternehmen teilt sich der Entrepreneur das Verlustrisiko, wobei Entrepreneure einen größeren Anteil an den Verlusten zu tragen haben. Dies korrespondiert auch mit den höheren Wertschöpfungsbeiträgen dieser Unternehmenskategorie aufgrund der Verantwortung für die langfristig-strategische Planung und der Verwendung immaterieller Werte.

... in der Praxis?

Die Abgrenzung der verschiedenen Unternehmenstypen ist fließend. Letztlich kommt es jedoch darauf an, dass die Kategorisierung konsistent und nachvollziehbar erfolgt. Hierzu ist auf die eingesetzten Werttreiber, ausgeübten Funktionen und zu tragenden Risiken der jeweiligen Landesgesellschaften (Wertschöpfung) abzustellen und im Rahmen einer Gesamtschau eine konsistente Unternehmenscharakterisierung vorzunehmen. Bei komplexeren Wertschöpfungsketten kann es sich anbieten, die Unternehmenscharakterisierung auf Grundlage des dargestellten Scoring-Modells zur Bestimmung der relativen Wertschöpfungsbeiträge zu stützen.

Eine Möglichkeit besteht darin, die Wertigkeit der drei Wertschöpfungsfaktoren und der entsprechenden Untergruppen sowie die individuellen Beiträge der Landesgesellschaften (vergleiche Seite 69) durch eine farbliche Kodierung für Zwecke der Unternehmenscharakterisierung darzustellen. Bei einer hohen Wertigkeit eines Werttreibers, einer Funktion oder eines Risikos kann durch eine grüne Farbkodierung ein Entrepreneur-Charakter und bei einer niedrigen Wertigkeit durch eine rote Farbkodierung ein Routinecharakter dargestellt werden. Je höher die Wertigkeit ist, desto geringer muss in der Tendenz der eigene Beitrag einer Landesgesellschaft zu einem Werttreiber, einer Funktion oder einem Risiko sein, damit dieser einen Entrepreneur-Charakter aufweist. Im Rahmen einer zusammenfassenden Betrachtung kann abschließend aus den einzelnen Analyseschritten ein Gesamtprofil erstellt und darauf basierend eine Unternehmenscharakterisierung vorgenommen werden. Wichtig hierbei ist, dass es auf die Gesamtschau ankommt und in der Folge Landesgesellschaften mit Routinecharakter auch vereinzelt Beiträge zu Werttreibern, Funktionen und Risiken mit Entrepreneur-Charakter erbringen können, wenn sich dadurch ihr Gesamtgepräge nicht verändert.

1 Werttreiber

Beiträge zur Entwicklung und Verwertung durch Landesgesellschaften in Bezug auf Outperformer weisen bereits ab einer geringen Schwelle einen Entrepreneur-Charakter auf, wohingegen bei Lowperformern auch höhere Beiträge noch einen Routinecharakter aufweisen können.

Outperformer	1	2	3	4	5
Marketperformer	1	2	3	4	5
Lowperformer	1	2	3	4	5

2 Funktionen

Ist mit einer Geschäftstätigkeit eine hohe funktionale Wertschöpfung verknüpft, weisen bereits geringe Beiträge einzelner Landesgesellschaften einen Entrepreneur-Charakter auf, wohingegen bei einer geringen funktionalen Wertschöpfung auch höhere Beiträge noch einen Routinecharakter haben können.

hoch	1	2	3	4	5
moderat	1	2	3	4	5
gering	1	2	3	4	5

3 Risiken

Ist die Bedeutung von Risiken für die eigene Wertschöpfung hoch, weisen bereits geringe Beiträge zur Risikosteuerung einen Entrepreneur-Charakter auf, wohingegen bei einer geringen Bedeutung auch höhere Beiträge zur Risikosteuerung noch einen Routinecharakter haben können.

hoch	1	2	3	4	5
moderat	1	2	3	4	5
gering	1	2	3	4	5

6

Korrespondieren die rechtliche und wirtschaftliche Funktions- und Risikoaufteilung?

Verträge sind die Grundlage des wirtschaftlichen Handelns und definieren die Anspruchsgrundlage der Vertragsparteien. Innerhalb multinationaler Unternehmensgruppen konnten in der Vergangenheit allerdings zivilrechtliche Vereinbarungen, insbesondere hinsichtlich der Übernahme von Risiken, gezielt zur Steuerplanung eingesetzt werden. Zur Eindämmung derartiger Steuerplanungen wird nunmehr ein stärkerer Fokus auf die ökonomische Substanz hinter den vertraglichen Regelungen bei der Verrechnungspreisanalyse gelegt.

Verträge definieren die Rechte und Pflichten der Vertragsparteien. Sie bilden die Anspruchsgrundlage im Geschäftsverkehr und sind auch für die steuerrechtliche Beurteilung von großer Bedeutung. In schriftlicher Form ist Verträgen eine wichtige Beweiskraft für das Vereinbarte und die Interpretation der ursprünglichen Willenserklärung beizumessen.

Die **ökonomische Substanz** von Willenserklärungen ergibt sich hingegen aus den tatsächlichen wirtschaftlichen Gegebenheiten und sie kann von den vertraglichen Vereinbarungen abweichen. Um dem im Fremdvergleichsgrundsatz verankerten Interessensgegensatz Rechnung zu tragen, muss aus Verrechnungspreissicht das vertraglich Vereinbarte konsistent zu dem tatsächlich Gelebten sein.

Verträge und ökonomische Substanz

Gruppenintern sollten Verträge mit derselben Sorgfalt abgeschlossen werden wie mit fremden Dritten. Besondere Bedeutung kommt internen Verträgen in Bezug auf die Bepreisung gruppeninterner Geschäftsbeziehungen sowie die Regelung der Geschäftsbedingungen und Verantwortlichkeiten zu. Es empfiehlt sich daher aus Verrechnungspreissicht, die entsprechenden Vertragspassagen präzise auszuführen. Denn in steuerlichen Betriebsprüfungen sind die vertraglichen Regelungen nicht selten Ausgangspunkt für steuerliche Korrekturen. Gleichzeitig sollte den dynamischen Veränderungen im rechtlichen und wirtschaftlichen Umfeld stetig Rechnung getragen werden. Es kann für Vertragsbestandteile, die einer stetigen Veränderung unterliegen (wie beispielsweise Preislisten, Leistungsbeschreibungen, Fremdvergleichswerte, Risikoaufteilungen und Regelungen zur Preisanpassung), zweckmäßig sein, die Sachverhalte in entsprechenden Anlagen zum Hauptvertrag zu regeln. Dies ermöglicht eine flexible und schnelle Anpassung von Verträgen an geänderte Rahmenbedingungen, ohne den Vertrag selbst neu abschließen zu müssen.

Detaillierte Beschreibungen der preisrelevanten Bedingungen gewinnen auch durch die Umsetzung der Maßnahmen aus der BEPS-Initiative der OECD weiter an Bedeutung. »Substance over Form« ist einer der zentralen Grundsätze der überarbeiteten OECD-Verrechnungspreisleitlinien. Danach sind die vertraglichen Vereinbarungen für die Verrechnungspreisanalyse nur dann verbindlich, wenn diese mit den wirtschaftlichen Gegebenheiten korrespondieren. Durch die Fokussierung auf die ökomische Substanz wird insbesondere die vertragliche Aufteilung von Verantwortlichkeiten und Risiken zwischen Landesgesellschaften auf den Prüfstand gestellt.

Die nebenstehende Grafik zeigt ein vereinfachtes Schema zur Überprüfung zivilrechtlicher Vereinbarungen am Beispiel der Risikoaufteilung in Bezug auf ihre ökonomische Substanz.

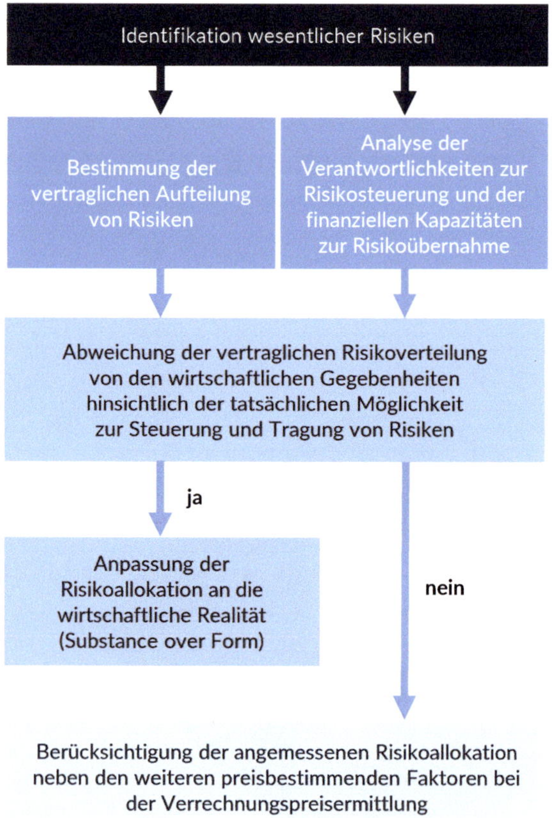

SUBSTANCE OVER FORM IN BEISPIELEN

Eine ausländische Gruppengesellschaft wird als Vertriebskommissionär für die deutsche Produktionsgesellschaft tätig und erhält eine geringfügige Kommission für ihre Vertriebstätigkeit.

RACI-Analysen zeigen allerdings, dass der Vertriebskommissionär vergleichbar einem Eigenhändler agiert und die wesentlichen Vertriebsrisiken steuert. Es besteht somit ein potenzielles Risiko der Gewinnerhöhung auf Ebene des Vertriebskommissionärs.

Das Eigentum an Entwicklungen wird auf Basis eines Dienstleistungsvertrags einer Gruppenholding zugeordnet. Das forschende Unternehmen übt die

DEMPE-FUNKTIONEN

(vergleiche Seite 112) aus, da die Holding über kein technisches Knowhow verfügt und die Planung, Steuerung und Überwachung dem forschenden Unternehmen überlässt. Die vertraglich vereinbarte kostenbasierte Vergütung ist entsprechend an die Wertschöpfung des forschenden Unternehmens anzupassen.

Vertraglich verpflichtet sich die Handelsgesellschaft eines Rohstoffkonzerns, das gesamte Abbauvolumen der gruppeninternen Minengesellschaften abzunehmen. Sie trägt somit rechtlich die zentralen Risiken des Erzabbaus, beschäftigt jedoch nur wenige Mitarbeiter und hat selbst keine wesentlichen Vermögenswerte.

Der Handelsgesellschaft fehlen mithin die ***personellen und finanziellen Ressourcen*** zur Übernahme der vertraglichen Risiken. Aus Verrechnungspreissicht ist die gruppeninterne Vergütung der Minengesellschaften anzupassen.

RISK CONTROL APPROACH

Risiken der Beschaffung und Produktionsauslastung werden vertraglich der Vertriebsgesellschaft zugeordnet, und entsprechende Abschläge bei den gruppeninternen Beschaffungspreisen berücksichtigt. Tatsächlich steuert aber die Produktionsgesellschaft die Lieferkette und vertreibt die Produkte an diverse gruppeninterne und externe Abnehmer.

Entgegen der vertraglichen Vereinbarung sind im Rahmen der Verrechnungspreisanalyse die Risiken der Produktionsgesellschaft zuzurechnen. Aufgrund des höheren Wertschöpfungsbeitrags kann es unter dem Fremdvergleichsgrundsatz erforderlich sein, höhere Beschaffungspreise für die Vertriebsgesellschaft zu unterstellen.

Die gruppeninterne **Einkaufsgesellschaft** beschafft die Rohstoffe und Materialien auf Bestellung der Produktionsgesellschaften. Zur **Erzielung von Einkaufsvorteilen** bündelt sie die Bestellungen und ordert im eigenem Namen und auf eigene Rechnung. Anschließend veräußert sie die beschafften Produkte an die Produktionsgesellschaften weiter. Vertraglich erhält die Einkaufsgesellschaft aufgrund der **Beschaffungsrisiken** und erzielten Einkaufsvorteile einen Gewinnaufschlag in Höhe von fünf Prozent auf die Beschaffungskosten.

Da die Bedarfsplanung sowie die Planung der Liefermengen und -zeitpunkte durch die Produktionsgesellschaften erfolgt, steuern diese auch die zentralen Beschaffungsrisiken. Die bloße Zuordnung von Risiken zur Einkaufsgesellschaft durch entsprechende vertragliche Regelungen birgt insofern die **Gefahr von Verrechnungspreiskorrekturen**.

7

Welche Liefer- und Leistungsbeziehungen bestehen zwischen Landesgesellschaften?

Sind diese Liefer- und Leistungsbeziehungen vergütungspflichtig?

Als Ausfluss der Arbeitsteilung in multinationalen Unternehmensgruppen erbringen verschiedene Landesgesellschaften einen Teil der Wertschöpfung und sind hierfür aus steuerlicher Sicht fremdüblich zu vergüten. Somit stellt sich die Frage, welche Leistungen durch die einzelnen Landesgesellschaften verrechenbar sind und wie gleichartige Leistungen für die Umsetzung des Fremdvergleichsgrundsatzes zusammenzufassen sind.

Gruppierung verrechenbarer Leistungen

- **Verrechenbare Leistungen** im Sinne des deutschen Außensteuergesetzes sind alle sich im Rahmen der Geschäftstätigkeit ereignenden wirtschaftlichen Vorgänge (Geschäftsvorfälle) zwischen Landesgesellschaften mit schuldrechtlichem Charakter, die nicht unmittelbar zu einer rechtlichen Änderung der Gesellschafterstellung führen (gesellschaftsvertragliche Vereinbarung).
- **Eine Zusammenfassung gleichartiger Leistungen (Gruppierung)** zu Transaktionsgruppen ist möglich und sinnvoll, wenn Geschäftsvorfälle in Bezug auf die Werttreiber sowie die Funktionen und Risiken wirtschaftlich vergleichbar sind.

Verrechenbare Leistungen

In multinationalen Unternehmensgruppen werden die Geschäftstätigkeiten innerhalb der eigenen Wertschöpfungskette oftmals unter verschiedenen Landesgesellschaften aufgeteilt. Zwischen den verschiedenen Wertschöpfungsstufen sind die erbrachten Leistungen zu verrechnen. Verrechnungspreise begründen somit Geschäftsbeziehungen zwischen den Landesgesellschaften multinationaler Unternehmensgruppen, die dem Fremdvergleichsgrundsatz genügen müssen.

Nicht immer ist es jedoch offensichtlich, ob eine Leistungsverrechnung erfolgen soll oder gerechtfertigt ist. Während eine Leistungsverrechnung dem Grunde nach bei physischen Warenlieferungen häufig gut nachvollzogen und überprüft werden kann, ist die Frage einer grundsätzlichen Leistungsverrechnung bei immateriellen Werten und Dienstleistungen ungemein schwerer. Allgemein setzt eine Leistungsverrechnung stets einen Vergütungsanspruch beim Leistenden und eine betriebliche Veranlassung beim Empfänger voraus.

Arten von Geschäftsbeziehungen

Geschäftsbeziehungen umfassen insbesondere

- alle wirtschaftlichen Vorgänge mit Leistungsaustausch,
- Umlage- und Poolverträge,
- Arbeitnehmerentsendungen und
- Sicherungsvereinbarungen (etwa Bürgschaften).

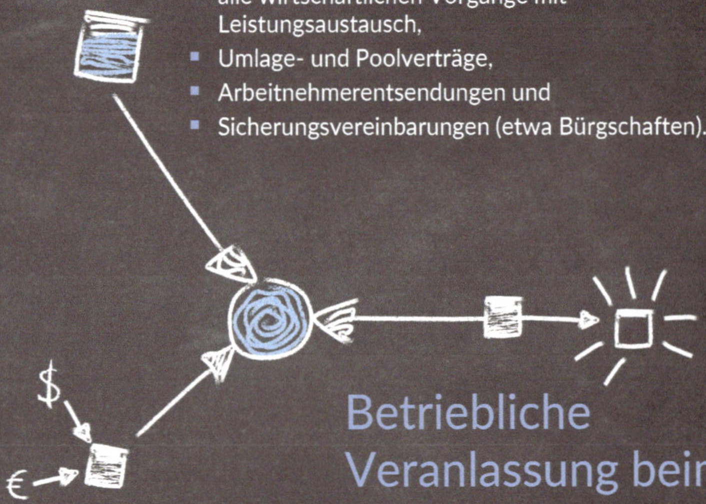

Vergütungsanspruch beim Leistenden

Ein ordentlicher und gewissenhafter Geschäftsleiter würde aus Sicht des leistenden Unternehmens ein Entgelt für die erbrachte Leistung, die Risikoübernahme oder die Bereitstellung einer wirtschaftlichen Ressource verlangen.

Betriebliche Veranlassung beim Empfänger

Ein ordentlicher und gewissenhafter Geschäftsleiter muss aus Sicht des Leistungsempfängers bereit sein, ein Entgelt für die empfangene Leistung zu entrichten. Dies ist dann der Fall, wenn die Leistung im Interesse des empfangenden Unternehmens erbracht wird, also die Leistungen einen Vorteil erwarten lassen und eigene Kosten ersparen.

Bildung von Transaktionsgruppen

Grundsätzlich ist jeder Geschäftsvorfall individuell zu betrachten und zu analysieren. Bei wiederkehrenden vergleichbaren Geschäftsvorfällen oder zusammenhängenden Geschäftsvorfällen ist es in der Praxis zweckmäßig, die Geschäftsvorfälle zu gruppieren und einheitlich zu analysieren. In folgenden Fällen ist die Bildung von sogenannten Transaktionsgruppen möglich:

Gruppierungs-möglichkeiten

- Geschäftsvorfälle, die hinsichtlich der Werttreiber, Funktionen und Risiken wirtschaftlich vergleichbar sind und auf Grundlage ex ante definierter, nachvollziehbarer und dokumentierter Regeln zusammengefasst werden
- Geschäftsvorfälle, die auch zwischen fremden Dritten üblicherweise aggregiert betrachtet werden
- Geschäftsvorfälle, bei denen dem Bündel an Geschäftsvorfällen eine höhere Aussagekraft beigemessen werden kann als den jeweils einzelnen Geschäftsvorfällen

8

Wie lassen sich frem
Verrechnungspreise

Zivilrechtlich sind Unternehmen nicht an die Verwendung einer bestimmten Verrechnungspreismethode gebunden, sondern können die Art und Weise der Leistungsverrechnung frei bestimmen. Allerdings sind die Verrechnungspreise für steuerliche Zwecke hinsichtlich ihrer Fremdüblichkeit zu überprüfen. Mittels geeigneter Verrechnungspreismethoden sind Fremdvergleichswerte als Referenzwerte (Soll-Größe) zu ermitteln, die als Maßstab für die Überprüfung der zivilrechtlich vereinbarten Preise dienen.

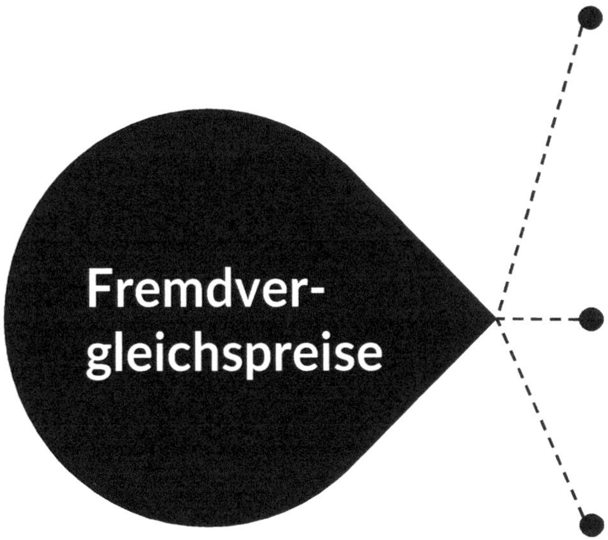

Die **Wahl einer geeigneten Verrechnungspreismethode** wird maßgeblich durch die Verfügbarkeit und Güte von Referenzwerten bestimmt. In der Praxis haben sich drei geschäftsvorfallbezogene Standardmethoden sowie die transaktionsbezogene Nettomargenmethode (kurz TNMM) etabliert. Bei fehlenden oder unvergleichbaren Referenzwerten infolge hochintegrierter und komplexer Aktivitäten oder im Kontext immaterieller Werte kann alternativ die geschäftsfallbezogene Gewinnaufteilungsmethode (Profit Split) oder der hypothetische Fremdvergleich Anwendung finden.

Benchmarking beschreibt den strukturierten Such- und Auswahlprozess von Referenzdaten unabhängiger Unternehmen in Abhängigkeit von der Verrechnungspreismethode. Im Rahmen des Benchmarking sind solche Referenzdaten zu identifizieren, die in Bezug auf die zu analysierende Transaktion zumindest eingeschränkt vergleichbar sind.

Das **Timing der Fremdvergleichsanalyse** unterscheidet sich danach, ob die Fremdvergleichswerte bereits ex ante im Zeitpunkt der Transaktion bestimmt (Price Setting Approach) oder erst nachgelagert im Rahmen einer ex post Betrachtung validiert werden (Outcome Testing Approach).

Betriebswirtschaftliche Preissetzung

Losgelöst von der Frage der richtigen Methodenwahl aus Verrechnungspreissicht sind bei der Preisbestimmung aus betriebswirtschaftlicher Sicht insbesondere die folgenden Fragestellungen relevant: Wie hoch ist der maximal am Markt durchsetzbare Preis? Wie hoch ist der Preis für Substitute? Wie hoch sind die Produktionskosten (Grenzkosten, Herstellkosten, Selbstkosten)?

Basierend auf diesen Überlegungen haben sich drei konzeptionelle Ansätze etabliert, die üblicherweise bei der Preisbestimmung zur Anwendung kommen.

Methode	Beschreibung	+	–
Kostenorientierte Preisfindung	Die Verkaufspreise werden progressiv auf Grundlage von Informationen aus der Kostenrechnung (Grenzkosten, Herstellkosten oder Selbstkosten) zuzüglich eines Gewinnelements ermittelt.	■ Bei Durchsetzung der Preise nachhaltiger Unternehmensgewinn, insbesondere bei Selbstkosten ■ Geringe Komplexität	■ Gefahr, dass die Produkte aus dem Markt gepreist werden, das heißt, zu teuer und nicht mehr konkurrenzfähig sind, insbesondere bei Selbstkosten
Nachfrageorientierte Preisfindung	Ermittlung der Verkaufspreise unter Berücksichtigung kundenbezogener Betrachtungen, also der Zahlungsbereitschaft der Käufer in den jeweiligen Märkten (Target Price). Davon ausgehend können retrograd die maximalen Kosten zur Erzielung einer angemessenen Gewinnmarge bestimmt werden.	■ Reduzierte Gefahr, dass die Produkte aus dem Markt gepreist werden ■ Stärkere Berücksichtigung der verfolgten Geschäftsstrategie	■ Höherer Komplexitätsgrad wegen differenzierter Kenntnis des Preis- und Konkurrenzniveaus ■ Risiko einer Kostenunterdeckung
Konkurrenzorientierte Preisfindung	Die Verkaufspreise orientieren sich an Preisen, die auch von Wettbewerbern für vergleichbare Produkte und Dienstleistungen am Markt durchgesetzt werden können.	■ Reduzierte Gefahr, dass die Produkte aus dem Markt gepreist werden	■ Grad der Marktdurchdringung von Wettbewerbern sowie herrschende Marktbedingungen müssen berücksichtigt werden ■ Risiko einer Kostenunterdeckung

... und steuerliche Validierung!

Der steuerliche Fremdvergleichsgrundsatz dient der Validierung zivilrechtlich vereinbarter Preise zwischen Landesgesellschaften auf der Grundlage hinreichend vergleichbarer Referenzwerte (Soll-Größe). Abhängig von der gewählten Verrechnungspreismethode kommen Fremdvergleichspreise (Preisvergleichsdaten), aber auch andere Daten (Bruttomargen, Kostenaufschläge, Nettomargen) als Referenz in Frage. Dabei können die Referenzwerte aus Geschäftsbeziehungen der multinationalen Unternehmensgruppe mit Dritten (interner Fremdvergleich) oder im Rahmen von Datenbankstudien aus Geschäftsbeziehungen zwischen nicht zur Unternehmensgruppe gehörenden unabhängigen Geschäftsparteien abgeleitet werden.

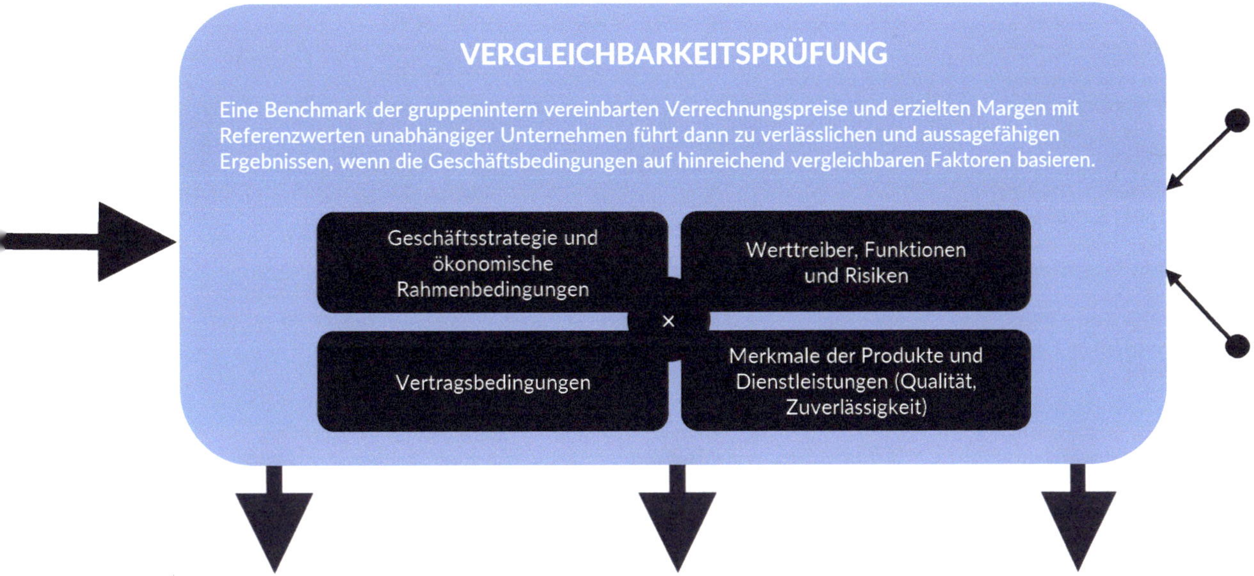

Interner Fremdvergleich
Preise oder Margen aus Geschäftsvorfällen der Unternehmensgruppe oder von Landesgesellschaften mit fremden Dritten

Externer Fremdvergleich
Preise oder Margen aus Geschäftsvorfällen zwischen fremden Dritten

uneingeschränkt vergleichbar

- Nahezu identische Geschäftsbedingungen
- Unterschiede ohne Auswirkung auf die Preisgestaltung
- Korrektur von Unterschieden durch Anpassungsrechnungen möglich

eingeschränkt vergleichbar

- Unterschiede in Geschäftsbedingungen mit geringer Auswirkung auf Datenvergleichbarkeit
- Herstellung der zumindest eingeschränkten Vergleichbarkeit durch Anpassungsrechnungen

unvergleichbar

- Wesentliche Unterschiede in den Geschäftsbedingungen ohne Möglichkeit einer Korrektur durch Anpassungsrechnungen
- Referenzwerte sind ohne Aussagekraft aufgrund lückenhafter, unüberprüfbarer oder qualitativ minderwertiger Daten

Methode	Beschreibung	Preise / Rendite	+	–	Beschaffung	Produktion	Vertrieb	Logistik	Dienstleistungen
Preisvergleichs-Methode	■ Die Fremdvergleichspreise werden unmittelbar aus Preisen abgeleitet, die zwischen fremden Dritten bei vergleichbaren Geschäften in vergleichbaren Märkten vereinbart werden.	■ Preise	■ Umsetzung des Fremdvergleichs in Reinform ■ anwendbar auf alle Unternehmenstypen	■ im Wesentlichen identische Leistungsbeziehungen ■ hohe Anforderungen an die Vergleichbarkeitsfaktoren	X	X	X	X	X
Wiederverkaufspreismethode	■ Ausgehend vom Nettowiederverkaufspreis wird auf den Verrechnungspreis zurückgerechnet (retrograder Ansatz). ■ Zum Abzug kommen insbesondere die Vertriebskosten des Wiederverkäufers sowie ein funktions- und risikoadäquates Gewinnelement. ■ Bearbeitet oder verändert der Wiederverkäufer die Ware, sind die Kosten zuzüglich eines darauf entfallenden Gewinnelements zu berücksichtigen.	■ Bruttomarge bezogen auf die Umsätze ■ Rohgewinnmarge	■ Anwendbarkeit bei fehlenden Substituten aber vergleichbaren Funktionen ■ Marktorientierung ■ geringe Komplexität ■ anwendbar auf Routine- und Hybridunternehmen	■ hohe Anforderung an die Vergleichbarkeit der Vertriebskosten ■ starke Volumensensitivität ■ Datenverfügbarkeit häufig nur bei internem Fremdvergleich			X		
Kostenaufschlagsmethode	■ Ausgangspunkt sind die Kosten eines Herstellers oder Leistenden im Rahmen der Leistungserstellung. ■ Es sind die Kosten zu berücksichtigen, die üblicherweise auch der Preispolitik gegenüber Fremden zugrunde gelegt werden oder betriebswirtschaftlichen Grundsätzen entsprechen. ■ Die Kostenbasis wird um einen funktions- und risikoadäquaten Gewinnzuschlag erhöht (progressiver Ansatz).	■ Bruttogewinnspanne (Bruttomarge) bezogen auf die Grenzkosten, Herstellkosten oder Selbstkosten	■ Anwendbarkeit bei fehlenden Substituten, aber vergleichbaren Funktionen ■ geringe Komplexität ■ hohe Akzeptanz ■ Nähe zum Controlling ■ anwendbar auf Routine- und Hybridunternehmen	■ hohe Anforderung an die Kostenrechnung ■ Datenverfügbarkeit häufig nur bei internem Fremdvergleich	X	X		X	X

Methode	Beschreibung	Preise / Rendite	+	−	Beschaffung	Produktion	Vertrieb	Logistik	Dienstleistungen
Transaktionsbezogene Nettomargenmethode (TNMM)	■ Vergleich der Nettogewinnspanne (Nettomarge) einer beobachteten Transaktion mit Nettomargen unabhängiger Vergleichsunternehmen ■ Umsetzung auf Grundlage verschiedener Renditekennziffern (umsatz-, kosten-, kapital- oder vermögenswertbasiert)		■ hohe Datenverfügbarkeit ■ geringe Komplexität ■ Unterschiede in der Rechnungslegung weniger relevant ■ robuste Vergleichswerte auch bei abweichenden Geschäftsbedingungen	■ reine Verprobungsmethode ■ reduzierter Bezug zum beobachteten Geschäftsvorfall ■ anwendbar nur auf Routineunternehmen	X	X	X	X	X
TNMM umsatzbasiert	■ Die operative EBIT-Marge als Renditekennziffer ist der Quotient aus operativem Gewinn (EBIT) und Nettoumsatzerlösen. ■ vergleichbar der Wiederverkaufspreismethode mit Nettomargen	■ operative EBIT-Marge	■ hoher Bekanntheitsgrad	■ margensensitiv bei hohem Handelsvolumen			X		
TNMM kostenbasiert	■ Der Nettokostenaufschlagssatz als Renditekennziffer ist der Quotient aus operativem Gewinn (EBIT) und den Gesamtkosten. ■ vergleichbar der Kostenaufschlagsmethode mit Nettomargen auf Selbstkostenbasis	■ Nettokostenaufschlagssatz	■ hoher Bekanntheitsgrad ■ breiter Anwendungsbereich		X	X		X	X
	■ Die Berry Ratio als Renditekennziffer ist der Quotient aus Bruttogewinn und operativen Kosten. ■ vergleichbar der Kostenaufschlagsmethode mit Nettomargen auf Teilkostenbasis	■ Berry Ratio	■ weniger margensensitiv bei hohem Handelsvolumen	■ geringerer Bekanntheitsgrad			X		
TNMM kapital- oder vermögenswertbasiert	■ Renditekennziffern als Quotient aus operativem Gewinn (EBIT) und einer kapital- oder vermögenswertbasierten Bezugsgröße ■ Als Bezugsgröße eignen sich beispielsweise das Eigenkapital (Equity) oder das eingesetzte Kapital (Capital Employed).	■ Return on Capital Employed ■ Return on Equity	■ Eignung bei kapital- oder vermögenswertintensiven Tätigkeiten ■ konstante und prognostizierbare Gewinne	■ Vernachlässigung der funktionalen Wertschöpfung ■ Anforderungen an die Vergleichbarkeit der (Buch-)Werte der Vermögenswerte		X			

Transaktionsbezogene Gewinnaufteilungsmethode

Leisten zwei oder mehr Geschäftsparteien erhebliche Beiträge zur Wertschöpfung, ist die Identifikation von Fremdvergleichspreisen auf Basis der dargestellten einseitigen Verrechnungspreismethoden oftmals nur sehr eingeschränkt möglich. Denn die Geschäftsparteien führen in diesen Fällen hochintegrierte und komplexe Aktivitäten aus oder setzen einzigartige und wertvolle immaterielle Werte zur Leistungserbringung ein.

Die geschäftsvorfallbezogene Gewinnaufteilungsmethode (Profit Split) als zweiseitige Methode teilt den Gewinn oder Verlust aus einer Transaktion entsprechend den Wertschöpfungsbeiträgen beider Geschäftsparteien auf. Zur Aufteilung der Gewinne oder Verluste soll ein sachgerechter Aufteilungsmaßstab (Kosten, Vermögenswerte, Kapital, Wertschöpfungsbeiträge, Mitarbeiter) zur Anwendung kommen. Die geschäftsvorfallbezogene Gewinnaufteilungsmethode kann in zwei Varianten umgesetzt werden:

- *Beitragsmethode*: Hierbei wird der Gewinn oder der Verlust unmittelbar mit einem geeigneten Aufteilungsmaßstab zwischen den Gruppenunternehmen aufgeteilt. Dieser ist beispielsweise auf Basis von Marktdaten oder im Verhältnis der Wertschöpfungsbeiträge zu bestimmen.
- *Residualgewinnmethode*: Hierbei erfolgt die Aufteilung des Gewinns oder Verlusts zweistufig. Zunächst erhält jede Geschäftspartei eine fremdübliche Vergütung ihrer Routinefunktionen nach einer kosten- oder umsatzbasierten Verrechnungspreismethode. Der verbleibende Restgewinn (Residualgewinn) wird daran anschließend mit Hilfe eines angemessenen Aufteilungsmaßstabs unter den beteiligten Gruppengesellschaften aufgeteilt. Nebenstehendes Schaubild visualisiert die zweistufige Gewinnaufteilung im Rahmen der Residualgewinnmethode.

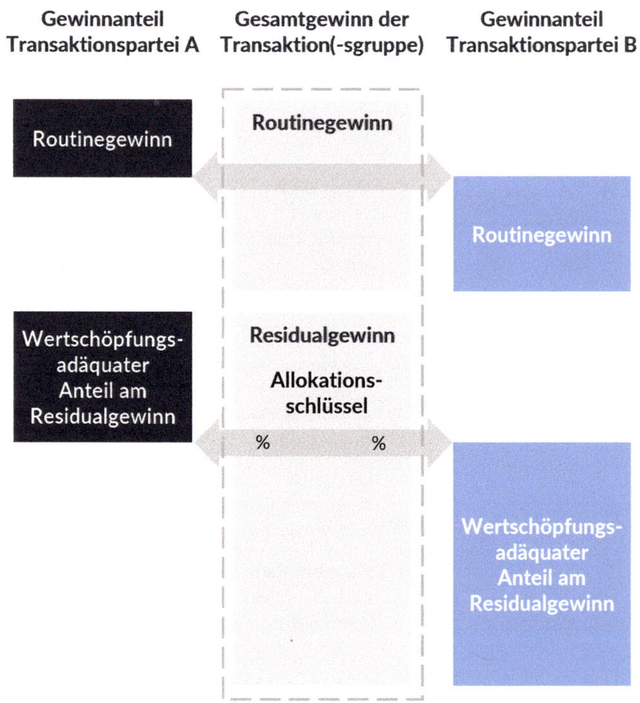

Hypothetischer Fremdvergleich

Der hypothetische Fremdvergleich gemäß § 1 Absatz 3 Satz 5 ff. Außensteuergesetz ist ein Spezialfall der transaktionsbezogenen Gewinnaufteilungsmethode. Dem hypothetischen Fremdvergleich liegt ein kapitalwertorientiertes Barwertkalkül zugrunde, welches primär auf die Fremdvergleichspreisbestimmung für immaterielle Werte und Transferpakete im Zusammenhang mit Funktionsverlagerungen abzielt.

Als zweiseitige Verrechnungspreismethode simuliert der hypothetische Fremdvergleich einen Preisverhandlungsprozess zwischen den Geschäftsparteien. Zunächst sind hierzu der Grenzpreis des Verkäufers (Mindestpreis) und der Grenzpreis des Käufers (Höchstpreis) zu bestimmen. Die Grenzpreise ergeben sich als Barwert der Reingewinne nach Steuern, welche einen Einigungsbereich definieren. Innerhalb dieses Einigungsbereichs ist grundsätzlich der Preis zu bestimmen, der dem Fremdvergleichsgrundsatz mit der höchsten Wahrscheinlichkeit entspricht; alternativ kann der Mittelwert des Einigungsbereichs zum Ansatz kommen.

Mindestpreis

Diesen könnte der Verkäufer im Falle der eigenen Verwertung immaterieller Werte oder Funktionen anstelle einer Veräußerung mindestens realisieren.

Mittelwert

Wird kein wahrscheinlichster Wert innerhalb des Einigungsbereichs glaubhaft gemacht, ist der Mittelwert anzusetzen.

Höchstpreis

Diesen kann der Käufer maximal aus den übertragenen immateriellen Werten oder Funktionen erwirtschaften.

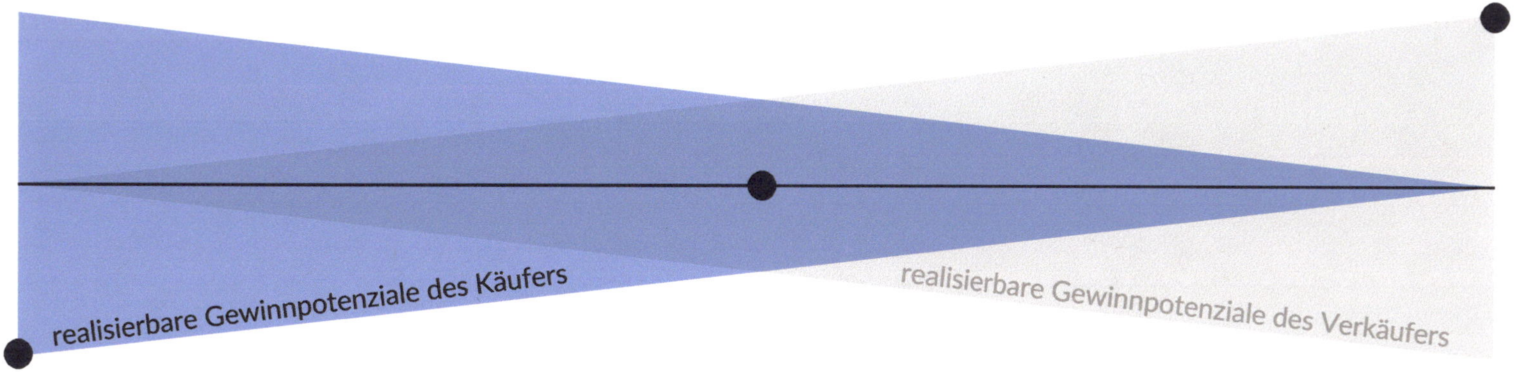

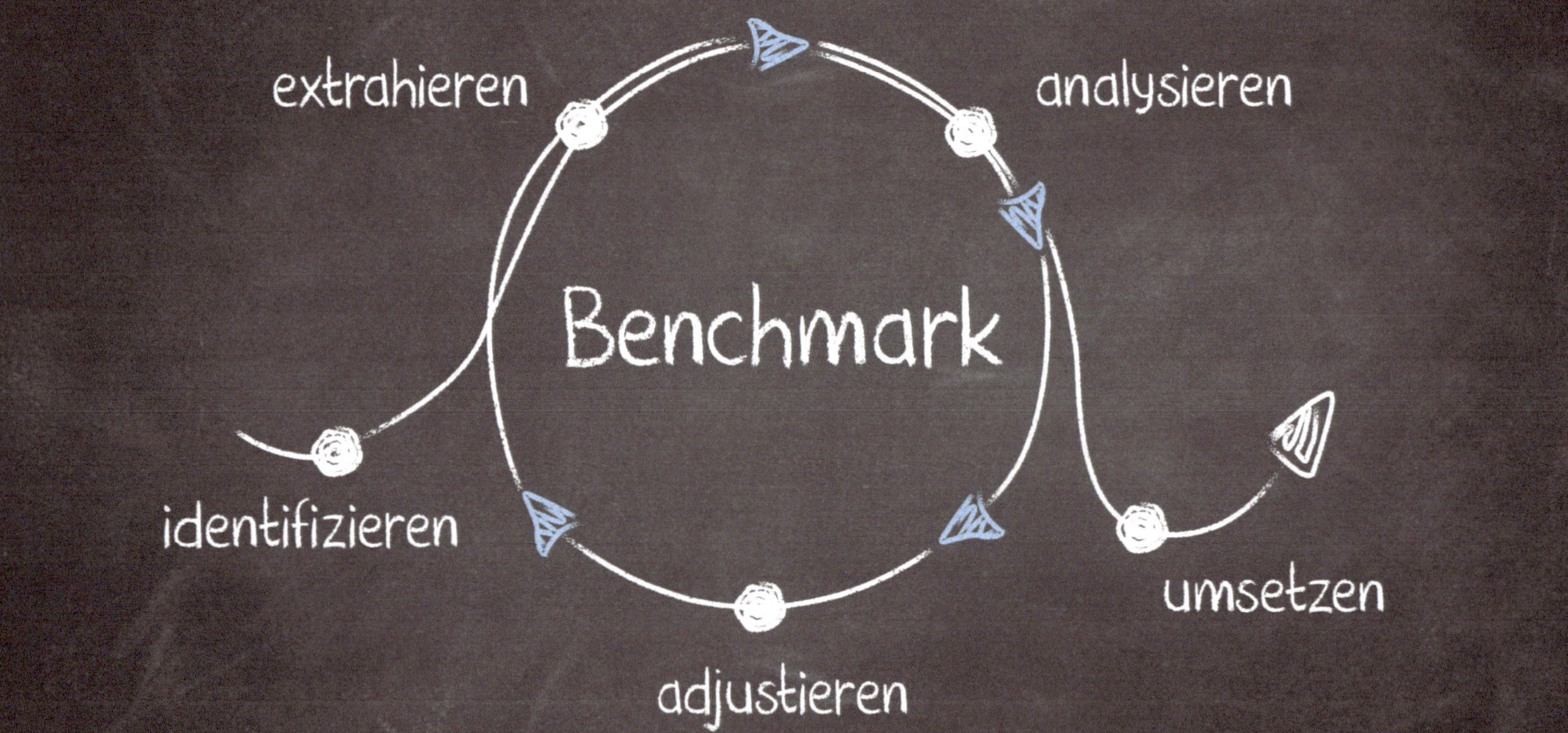
extrahieren
analysieren
Benchmark
identifizieren
umsetzen
adjustieren

GESUCHT: Verlässliche Fremdvergleichswerte!

Zur Umsetzung des Fremdvergleichsgrundsatzes sind soweit möglich hinreichend vergleichbare Referenzwerte zu identifizieren und zu bestimmen. Hierbei ist zu beachten, dass Referenzwerte nach deutscher Auffassung nur aus Geschäftsvorfällen zwischen unverbundenen Geschäftsparteien abgeleitet werden dürfen. Dies sind insbesondere Geschäftsparteien, (i) zwischen denen keine (un-) mittelbare Beteiligung von 25 Prozent oder mehr besteht (wesentliche Beteiligung) und (ii) an denen auch keine andere Gruppengesellschaft zugleich wesentlich beteiligt ist.

Die drei Phasen eines typischen Benchmark-Prozesses zur Ermittlung von Referenzwerten wird nachfolgend kurz und in Kapitel 3 ausführlicher dargestellt.

1 Extrahieren

Fremdvergleichsdaten können aus verschiedenen Quellen extrahiert werden. In Frage kommen:

i. Geschäftsvorfälle zwischen Dritten (*betriebsexterner Fremdvergleich*),
ii. Geschäftsvorfälle der maßgeblichen Gruppengesellschaft mit Dritten (*betriebsinterner Fremdvergleich*),
iii. Geschäftsvorfälle anderer Gruppengesellschaften mit fremden Dritten (*gruppeninterner Fremdvergleich*).

2 Analysieren

In Abhängigkeit von der Datenqualität und Datenverfügbarkeit ist nach etwaigen Anpassungsrechnungen zu beurteilen, ob die identifizierten Referenzwerte hinsichtlich der folgenden Faktoren zumindest eingeschränkt vergleichbar sind:

- Werttreiber, Funktionen und Risiken
- Geschäftsstrategie und ökonomische Rahmenbedingungen
- Vertragsbedingungen
- Charakteristika der Liefer- und Leistungsbeziehung

3 Adjustieren

Insbesondere beim betriebsexternen Fremdvergleich ist eine Vergleichbarkeit trotz Anpassungen aufgrund von Informations- und Datenmängeln oftmals nur eingeschränkt möglich.

In diesen Fällen ist zu vermuten, dass nicht alle identifizierten Referenzwerte gleichermaßen vergleichbar sind. Die gesamte Bandbreite an beobachteten Referenzwerten wird durch Ausschluss von 25 Prozent der größten und 25 Prozent der kleinsten Beobachtungen auf die Interquartilsbandbreite eingeengt.

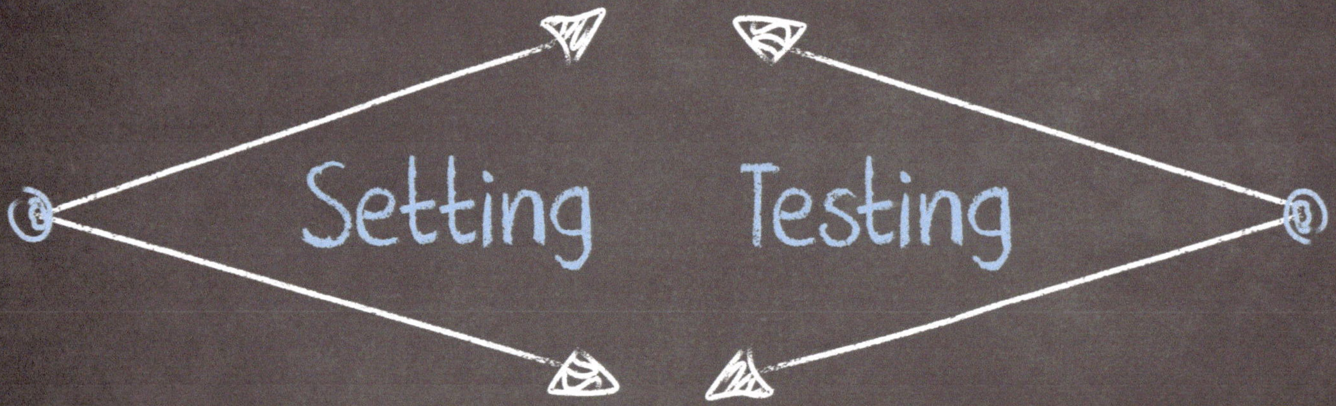
Setting
Testing

Timing der Verrechnungspreise

Über die Frage des richtigen Zeitpunkts für den Fremdvergleich wird nicht selten kontrovers diskutiert. Konkret geht es um die Frage, ob die Überprüfung der Fremdüblichkeit der vereinbarten Verrechnungspreise bereits vor Abschluss einer Geschäftsbeziehung (Price-Setting-Ansatz) oder nachgelagert im Rahmen einer Gesamtschau (Outcome-Testing-Ansatz) erfolgen soll. Beide Ansätze sind aus deutscher Verrechnungspreissicht zur Umsetzung des Fremdvergleichsgrundsatzes geeignet, weisen aber unterschiedliche Vor- und Nachteile auf. Da beide Ansätze auf andere Zeitpunkte zielen und damit unterschiedliche Informationen zugrunde legen, führen sie auch zu unterschiedlichen Ergebnissen. Bestenfalls werden für Zwecke der Verrechnungspreissteuerung beide Ansätze kombiniert, um den verschiedenen Perspektiven Rechnung zu tragen und so einen hohen Grad an Rechtssicherheit zu erlangen.

Price-Setting-Ansatz

Der Price-Setting-Ansatz zielt auf eine Nachbildung des Preissetzungsprozesses vergleichbar zu den Überlegungen im Vorfeld der Vereinbarung von Geschäftsbeziehungen unter Dritten. Die Überprüfung des Fremdvergleichsgrundsatzes erfolgt damit vor Abschluss der eigentlichen Transaktion, beispielsweise durch Bestimmung von Preislistenpreisen zu Beginn eines Jahres.

Da zu diesem Zeitpunkt die Höhe der tatsächlichen Kosten und Gewinne noch nicht bekannt ist, fußt der Price-Setting-Ansatz auf Planwerten. Des Weiteren können bei der Verrechnungspreisanalyse nur jene Informationen und Daten Berücksichtigung finden, die auch zum Zeitpunkt der Preisbestimmung verfügbar und bekannt waren. Da die wirtschaftliche Entwicklung ungewiss ist, weichen die tatsächlich entstandenen Kosten und realisierten Gewinne von den Planwerten mal stärker und mal weniger stark ab. Somit bildet der Price-Setting-Ansatz zwar grundsätzlich das Preissetzungsverhalten ab, jedoch können sich bei starken Abweichungen der tatsächlichen Geschäftsentwicklung von den Planwerten erhebliche Differenzen zwischen den Plan- und Ist-Werten ergeben. Die Höhe der potenziellen Abweichungen ist ein wichtiger Faktor in der Funktionsanalyse und determiniert das Risikoprofil der Gruppengesellschaften.

Outcome-Testing-Ansatz

Der Outcome-Testing-Ansatz zielt auf eine ex-post-Rationalisierung von Verrechnungspreisen ab. Dies bedeutet, dass die Überprüfung der Fremdüblichkeit der Verrechnungspreise nachgelagert auf Basis tatsächlich realisierter Ist-Werte erfolgt.

Aufgrund der retrospektiven Betrachtungsweise werden bei diesem Ansatz zusätzlich zu den verfügbaren Informationen im Zeitpunkt der Vereinbarung einer Geschäftsbeziehung auch spätere Informationen bis zum Zeitpunkt der Überprüfung bei der Verrechnungspreisanalyse berücksichtigt. Somit steht bei diesem Ansatz nicht die Nachbildung des Preissetzungsverhaltens, sondern die Analyse der tatsächlichen Gewinnauswirkungen infolge der gruppeninternen Leistungsverrechnung im Fokus der Betrachtung. Des Weiteren trägt die höhere Transparenz sowie die Kenntnis der tatsächlichen Gewinnauswirkungen dazu bei, die Informationsasymmetrien zwischen einer multinationalen Unternehmensgruppe und den Finanzbehörden abzubauen.

Da der Kern des Outcome-Testing-Ansatzes die Überprüfung der tatsächlich erzielten Ergebnisse ist, kann es im Rahmen der Auswahl von Referenzdaten sachgerecht sein, auch Verlustunternehmen in die Benchmarkanalysen einzubeziehen.

»I can work with the median, but I rather party with the outliers.«

Research Wahlberg

3 Referenzwerte benchmarken

»Transfer pricing is not an exact science but does require the exercise of judgment on the part of both the tax administration and taxpayer.«

OECD, Textziffer 1.13,
Verrechnungspreisleitlinien 2017

3.1

Benchmark-Analysen

Was sind Benchmark-Analysen?

Zur Bestimmung fremdüblicher Verrechnungspreise ist neben der Wahl einer geeigneten Verrechnungspreismethode dem Grunde nach auch die Identifikation von Referenzdaten unabhängiger Unternehmen entscheidend (siehe Kapitel 2, Schritt 8). Um eine große Datengrundlage für Referenzdaten zu gewährleisten, werden in der Regel öffentlich zugängliche Datenbanken mit einer Vielzahl von Unternehmensdaten genutzt. Im europäischen Kontext wird häufig – auch von Seiten der deutschen Finanzverwaltung – die Amadeus Datenbank des Datenbankanbieters Bureau van Dijk eingesetzt. Die dargestellten Referenzwerte in diesem Buch basieren auf dieser Datengrundlage.

Die Datenbank enthält detaillierte Angaben zu Positionen der Bilanz und Gewinn- und Verlustrechnung sowie weitere Informationen wie Branchenzugehörigkeit, Sitz der Gesellschaft und Mitarbeiteranzahl sowie Patentregistrierungen und Markenrechte in Bezug auf immaterielle Wirtschaftsgüter. Die verfügbare Datenquantität und -qualität hat in den vergangenen Jahren erheblich zugenommen.

Damit den Referenzwerten ein Aussagegehalt beigemessen werden kann, müssen die Referenzdaten unabhängiger Unternehmen zumindest eingeschränkt vergleichbar sein. Im Rahmen von sogenannten Benchmark-Analysen (synonym Datenbankstudien) muss daher die Vergleichbarkeit der Referenzdaten mit der zu analysierenden Geschäftsbeziehung mittels Vergleichbarkeitsfaktoren überprüft werden. Die OECD-Verrechnungspreisleitlinien und die deutsche Finanzverwaltung nehmen Bezug auf fünf Faktoren, die für die Bestimmung der Vergleichbarkeit wichtig sein können. Steuerpflichtige sind nicht selten über die identifizierten Referenzunternehmen überrascht, da diese selten auch die »direkten« Wettbewerber umfassen. Das ist häufig darauf zurückzuführen, dass nach deutscher Verwaltungsauffassung nur unabhängige Unternehmen, die nicht zu einem Konzernverbund gehören, für Zwecke von Benchmarkstudien berücksichtigt werden dürfen. Des Weiteren ist zu beachten, dass der Such- und Auswahlprozess häufig nicht auf die Identifikation einer kleinen Anzahl von Wettbewerbern ausgerichtet ist. Vielmehr soll durch eine höhere Anzahl von Beobachtungen eine Bandbreite von Referenzwerten ermittelt und Ausreißer über eine Interquartilsbandbreitenbetrachtung ausgeschlossen werden. Die Notwendigkeit einer größeren Anzahl von Referenzwerten ist auch darauf zurückzuführen, dass bei einem externen Fremdvergleich mittels Datenbankstudien häufig nicht für alle Vergleichbarkeitsfaktoren hinreichende Daten verfügbar sind. Insbesondere sind detaillierte Informationen zu den vertraglichen Bedingungen und dem Geschäftsmodell, aber auch die Kenntnis der eingesetzten Wirtschaftsgüter nicht öffentlich verfügbar.

Um dennoch robuste Fremdvergleichswerte bestimmen zu können, wird oftmals eine größere Grundgesamtheit an zumindest eingeschränkt vergleichbaren Referenzwerten in Datenbankstudien berücksichtigt. Dies wird in jüngster Vergangenheit auch in der Literatur befürwortet, da hierdurch eine subjektive Beeinflussung im Rahmen des qualitativen und quantitativen Auswahlprozesses abgemildert werden kann. Gleichzeitig wird verbleibenden »Unschärfen« nach Berücksichtigung der Vergleichbarkeitsfaktoren durch die Interquartilsbandbreitenbestimmung Rechnung getragen. Die Interquartilsbandbreite begrenzt die Bandbreite an Fremdvergleichswerten auf die mittleren 50 Prozent der Beobachtungen und schließt 25 Prozent der größten und 25 Prozent der kleinsten Referenzwerte von der Betrachtung aus.

Zur Bestimmung der Vergleichbarkeit zwischen den Referenzwerten unabhängiger Unternehmen und dem zu analysierenden Geschäftsvorfall sind folgende Faktoren zu analysieren:

- Eigenschaften und Besonderheiten von Wirtschaftsgütern oder Dienstleistungen,
- ausgeübte Funktionen, zu tragende Risiken und eingesetzte Wirtschaftsgüter,
- vertragliche Bedingungen,
- wirtschaftliche Verhältnisse auf den maßgeblichen Märkten und
- zugrundeliegende Geschäftsstrategien.

Wie bereits ausgeführt, können die Vergleichbarkeitsfaktoren häufig aufgrund fehlender oder unzureichender Informationen nicht gleichermaßen Berücksichtigung finden. Eine zu strenge Selektion würde in einer geringeren Anzahl von Referenzwerten resultieren und die Robustheit der Fremdvergleichswerte nachteilig beeinflussen. Für folgende Vergleichbarkeitsfaktoren liegen in der Regel hinreichende Informationen vor, weshalb diese im Rahmen von Datenbankstudien besonders berücksichtigt werden:

- Funktionen,
- Branchen,
- Regionen,
- Beobachtungszeitraum,
- Größe und
- Zeitpunkt der Fremdvergleichsbestimmung (Price Setting oder Outcome Testing).

Diese Vergleichbarkeitsfaktoren dienen als Grundlage für die in diesem Kapitel dargestellten Szenarien.

Remember:

»Transfer pricing is not an exact science ...«

Als Datengrundlage für die weiteren Auswertungen wurde die Amadeus Datenbank genutzt. Am 15.1.2018 (Update 280) beinhaltete die Grundgesamtheit aller mittel- bis sehr großen Unternehmen in der Amadeus Datenbank 20 075 992 europäische Unternehmen. In einem zweiten Schritt wurde die Grundgesamtheit auf sogenannte »unabhängige« Unternehmen eingeschränkt. Hierbei liegt die Idee zu Grunde, dass insbesondere die Renditekennziffern von Landesgesellschaften einer Unternehmensgruppe durch das Gesellschaftsverhältnis beeinflusst sein könnten. Daher wird nur auf unabhängige Unternehmen zurückgegriffen. Der deutsche Gesetzgeber sieht hierfür nach § 1 Absatz 2 Außensteuergesetz für die Beteiligungsverhältnisse einen Schwellenwert von 25 Prozent vor. In anderen Ländern können auch andere Schwellenwerte gelten, weshalb den weiteren Analysen der Bureau-van-Dijk-Unabhängigkeitsindikator zugrunde gelegt wurde. Es wurden die Unabhängigkeitsklassen A und B (genauer A+, A, A-, B+, B, B-) zur Bestimmung unabhängiger Unternehmen verwendet. Nach der Bureau-van-Dijk-Klassifikation werden hierunter zunächst auch Muttergesellschaften erfasst, die in einem weiteren Filterschritt allerdings ausgeschlossen wurden. In einem dritten Schritt wurden nur aktive Unternehmen mit detaillierten Finanzkennzahlen zur Bilanz und Gewinn- und Verlustrechnung einbezogen.

Benchmarkstudien zur Identifikation von Referenzwerten sind insbesondere aus der deutschen Perspektive nur für Routineunternehmen anwendbar. Ob ein Referenzunternehmen einen Routine- oder Entrepreneur-Charakter aufweist, ist in der Praxis häufig schwierig zu beurteilen. Als praktischer Ansatz zur Vorselektion von Routineunternehmen hat sich die Anwendung eines Filters für bilanzierte immaterielle Vermögensgegenstände etabliert. Zur Bestimmung der weiteren Szenarien wurde ein Schwellenwert für immaterielle Vermögenswerte von 5 Prozent bezogen auf die gesamten Vermögenswerte verwendet.

Benchmarkstudien liegt häufig ein mehrjähriger Betrachtungszeitraum zugrunde. Dadurch wird ein Glättungseffekt in Bezug auf die jahresbezogenen Schwankungen der maßgeblichen Finanzkennzahlen erzielt. In der Praxis hat sich ein dreijähriger Betrachtungszeitraum etabliert, der auch den weiteren Szenarien zugrunde gelegt wird. Es werden allerdings nur solche Referenzwerte berücksichtigt, für die mindestens für zwei Jahre des dreijährigen Betrachtungszeitraums die maßgeblichen Daten verfügbar sind.

Datensatz und Suchstrategie ...

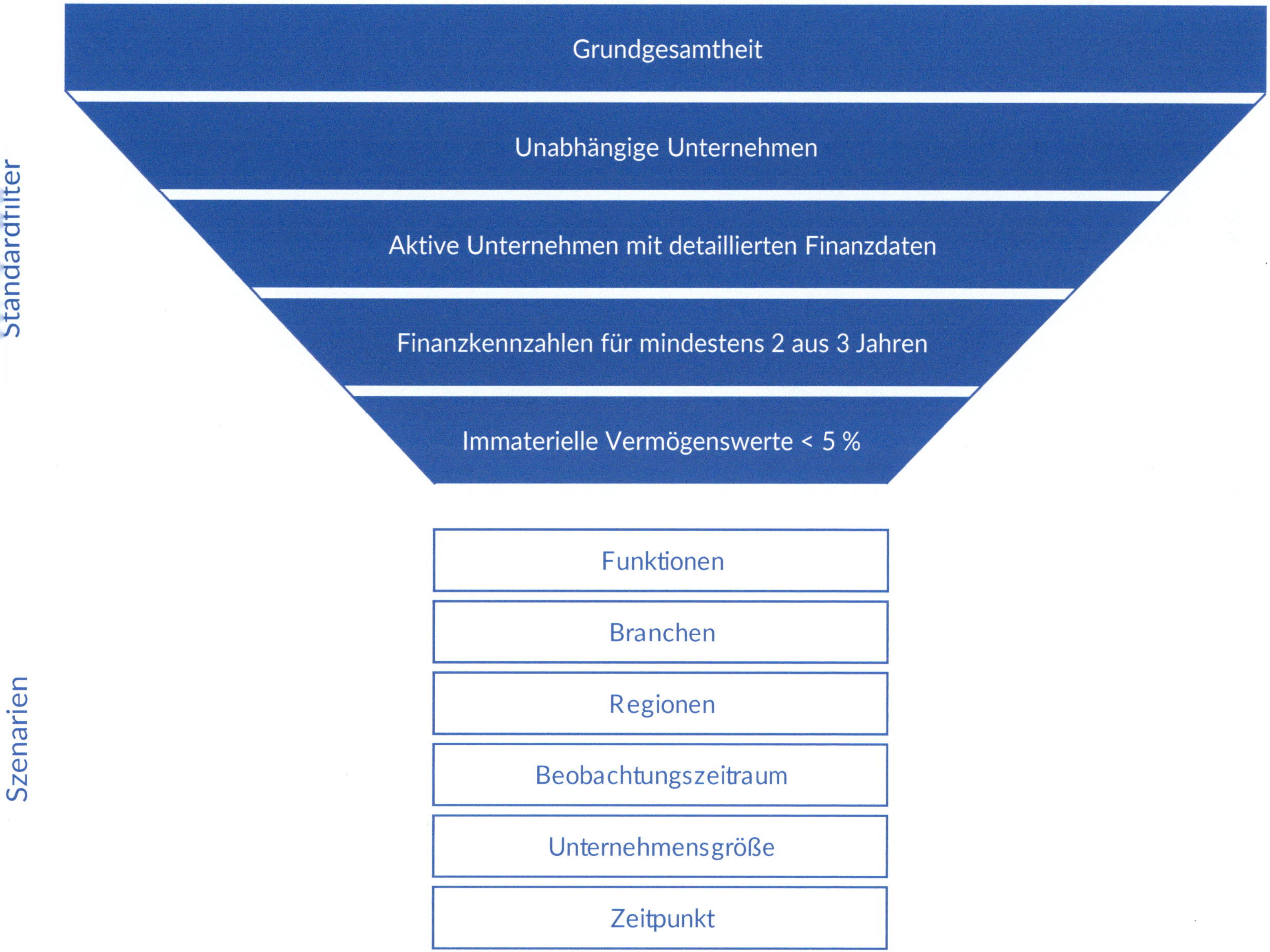
Standardfilter
Grundgesamtheit
Unabhängige Unternehmen
Aktive Unternehmen mit detaillierten Finanzdaten
Finanzkennzahlen für mindestens 2 aus 3 Jahren
Immaterielle Vermögenswerte < 5 %
Szenarien
Funktionen
Branchen
Regionen
Beobachtungszeitraum
Unternehmensgröße
Zeitpunkt

Szenarien

Im weiteren Verlauf dieses Kapitels werden für die verschiedenen Glieder der funktionalen Wertschöpfungskette Referenzwerte in verschiedenen Szenarien ermittelt. Die zugrunde liegenden Analysen basieren auf einem Basisszenario mit einer sehr großen Stichproben-anzahl unter Berücksichtigung aller Branchen und EU-Mitgliedsstaaten zuzüglich Norwegen und Schweiz sowie einem wenig restriktiven Umsatzfilter für die Jahre 2014 bis 2016 aus einer Outcome-Testing-Perspektive. Als Renditekennzahl wird entweder ein Nettokosten-aufschlag oder die operative EBIT-Marge bestimmt. In Ergänzung zu dem Basisszenario werden in weiteren Szenarien einzelne der folgenden Parameter variiert:

- **Funktionen** sind ein zentraler Vergleichbarkeitsfaktor und bilden den Einstieg in eine jede Datenbankstudie. In der Praxis wird üblicherweise eine Funktionseinteilung mittels NACE-Codes vorgenommen.
- **Branchenunterschiede** können Einfluss auf die Profitabilität der Vergleichsunternehmen haben, insbesondere in Bezug auf die Funktionen Produktion und Vertrieb. Für diese Funktionen wird zwischen den Branchen Automobil, Chemie, Elektronik, Lebens-mittel, Rohstoffe, Pharma, Maschinen und Konsumgüter differenziert.
- **Regionale Unterschiede** können sich auf die Referenzwerte auswirken, wenngleich pan-europäische Benchmarkstudien in der Praxis verbreitet sind. Im Rahmen der weiteren Szenarioanalysen werden Referenzwerte für die Regionen Nord-, Süd-, West- und Ost-Europa unterschieden.
- Als **Beobachtungszeitraum** wird in der Regel der gewichtete Durchschnitt über drei Jahre angesetzt. Ausgehend vom Basisszenario für die Jahre 2014-2016 werden im Rahmen von Szenarioanalysen weitere Referenzwerte für die Zeiträume 2013-2015 und 2012-2014 bestimmt.
- **Größenunterschiede** können sich im Rahmen von Skaleneffekten oder Verbundvor- und -nachteilen (Economies of Scale oder Economies of Scope) auf die Profitabilität auswirken und werden bei Benchmarkstudien als Vergleichbarkeitsfaktor berücksichtigt. Die Auswirkungen von Größenunterschieden auf die Höhe der Referenzwerte werden im Rahmen einer weiteren Szenarioanalyse für die einzelnen Funktionen dargestellt.
- Der **Zeitpunkt der Fremdvergleichsbestimmung** ist eng verbunden mit dem Zweck einer Benchmarkstudie: Diese kann ex ante zur Bestimmung fremdüblicher Verrechnungspreise (Price Setting) oder ex post zur Überprüfung der Fremdüblichkeit von Verrechnungspreisen (Outcome Testing) erstellt werden. Im Rahmen einer weiteren Szenarioanalyse werden die Auswirkungen aus der Berücksichtigung von Verlustunternehmen im Rahmen des Outcome-Testing-Ansatzes dargestellt.

Die Renditekennzahlen des Basisszenarios (Nettokostenaufschlag und EBIT-Marge) können in Abhängigkeit des Funktionsprofils mal mehr und mal weniger geeignete Referenzgrößen darstellen. Für ausgewählte Funktionen werden daher ergänzende Renditekennzahlen dargestellt.

Die im Rahmen des Basisszenarios und den weiteren Szenario-analysen dargestellten Referenzwerte sind rein indikativer Natur. Sie erfüllen nicht die Anforderungen an Benchmarkstudien für steuerliche Zwecke, wie sie von Finanzbehörden gefordert werden. Für Zwecke der Analysen in diesem Buch wurden beispielsweise keine Website-Screenings zur Verifikation der in den Daten-banken enthaltenen Informationen durchgeführt.

Zeitpunkt
Funktionen
Regionen
Basis-Szenario
Branchen
Zeitraum
Größen

»The score takes care of itself.«

Bill Walsh

3.2

Scoring

Auf einen Blick: Funktionen, Risiken und Werttreiber!

In Kapitel 2 wurde zur Abgrenzung der verschiedenen Unternehmenstypen ein Scoring-Modell dargestellt (siehe Seiten 68 bis 73). Hierzu wird auf die jeweils eingesetzten Werttreiber, ausgeübten Funktionen und zu tragenden Risiken pro Landesgesellschaft Bezug genommen. Diese Methodik soll im Folgenden zur Visualisierung und zur Abgrenzung der verschiedenen Unternehmenstypen nach Funktionen, Risiken und Werttreiber über alle Wertschöpfungsstufen hinweg genutzt werden.

Das entwickelte Scoring-Modell umfasst mehrere Schritte. Zur besseren Verständlichkeit der entsprechenden Darstellungen in diesem Kapitel wird die Systematik des Scoring-Modells an dieser Stelle nochmals skizziert. Die farbliche Codierung in der Darstellung auf der rechten Seite illustriert die Wertigkeit einer Funktion, eines Risikos oder eines Werttreibers. Eine hohe Wertigkeit und damit in der Tendenz ein Entrepreneur-Charakter wird durch eine grüne Umrandung, eine geringe Wertigkeit und damit in der Tendenz ein Routine-Charakter durch eine nicht-grüne Farbcodierung (im Beispiel blau) dargestellt.

Es gilt der Grundsatz: Je mehr grüne Kugeln, desto höher die Wertigkeit und gleichzeitig der Entrepreneur-Charakter.

Im zweiten Schritt werden die verschiedenfarbigen Kreise abhängig vom Umfang der Funktionsausübung, Risikoübernahme oder der Beiträge zur Entwicklung, Verbesserung, Werterhaltung, Patentierung und Verwertung eines immateriellen Werts ausgefüllt. Es ist nicht erforderlich, dass alle Kreise ausgefüllt sind. Für ein besseres Verständnis werden verschiedene Szenarien auf der nächsten Seite beispielhaft dargestellt.

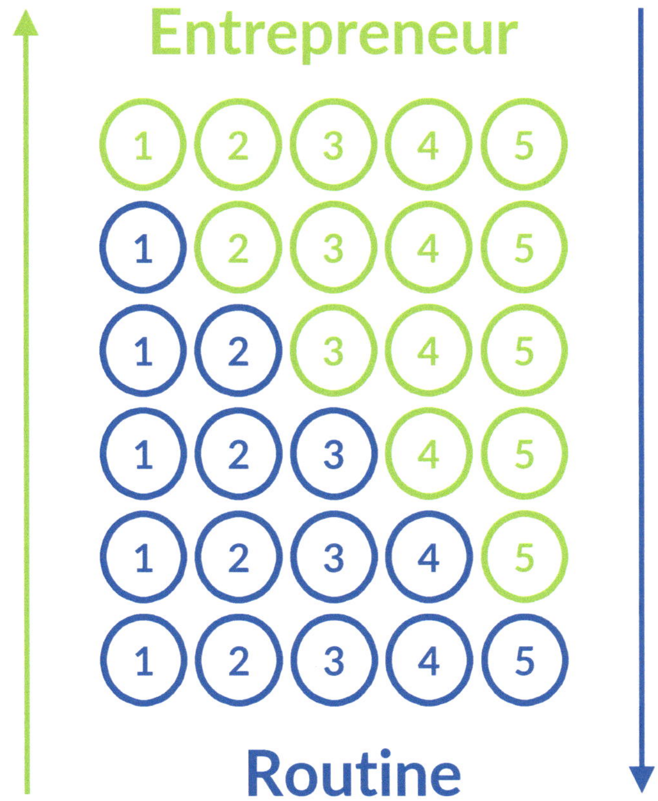

Je mehr Kreise grün umrandet sind, desto stärker ist der Wertschöpfungsbeitrag und damit der Entrepreneur-Charakter einer Funktion, eines Risikos oder eines Werttreibers. Eine grüne Füllung bedeutet, dass ein entsprechender Wertschöpfungsbeitrag zu einer Funktion, einem bestimmten Risiko oder einem Werttreiber geleistet wird; allerdings müssen nicht alle grünen Kreise ausgefüllt sein. Im Falle von »Co-Entrepreneuren« teilen sich diese beispielsweise die Wertschöpfungsbeiträge in Bezug auf eine Funktion oder einen immateriellen Wert, sodass aus Sicht des jeweiligen Entrepreneurs nur ein Teil der Kreise grün ausgefüllt sind. Es kommt also auf die Gesamtschau an!

Hier überwiegt der Entrepreneur-Charakter. Das Funktions- oder Risikoprofil oder ein Werttreiber weist allerdings auch teilweise einen Routine-Charakter auf, beispielsweise weil ein relevanter Wettbewerbsfaktor nur schwach in einer Landesgesellschaft ausgeprägt ist. Vollständig ausgefüllte Kreise deuten an, dass die gesamte Wertschöpfung durch eine Landesgesellschaft erfolgt. Im zweiten Fall indizieren die beiden nicht ausgefüllten grünen Kreise, dass bestimmte Funktionen, Risiken oder Werttreiber zwar Entrepreneur-Charakter haben, aber nicht in der entsprechenden Ausprägung ausgeübt, getragen oder kontrolliert werden.

Im Gegensatz zum vorherigen Beispiel nimmt in dieser Fallkonstellation der Routine-Charakter zu; es sind mehr blaue als grüne Kreise umrandet. Im ersten Fall erfolgt wiederum die gesamte Wertschöpfung durch eine Landesgesellschaft. Im zweiten Fall wird ein Teil der Wertschöpfung mit Routine-Charakter durch eine andere Landesgesellschaft übernommen (zum Beispiel beim Outsourcing).

In dieser Fallkonstellation weist eine Funktion, ein Risiko oder ein Werttreiber ausschließlich einen Routine-Charakter auf, weshalb alle Kreise blau umrandet sind. Während im ersten Fall alle Kreise ausgefüllt sind und daher die Wertschöpfung vollständig durch eine Landesgesellschaft erfolgt, sind im zweiten Fall zwei Kreise (4 und 5) nicht ausgefüllt. Dies bedeutet, dass ein Teil der Routine-Wertschöpfung durch eine andere Landesgesellschaft ausgeführt wird.

»If you always do what you always did, you will always get what you always got.«

Henry Ford

3.3 Forschung und Entwicklung

Klassifizierung

Stillstand bedeutet Rückschritt. Dieser Kerngedanke liegt auch der Beurteilung von Forschung und Entwicklung (kurz Innovation) für die Wertschöpfung in multinationalen Unternehmensgruppen zugrunde. Diese vorangestellten Überlegungen verdeutlichen, dass aus Verrechnungspreissicht Innovation und daraus resultierende immaterielle Werte maßgeblich zur Wertschöpfung beitragen und folglich diesen eine zentrale Bedeutung für die angemessene Gewinnverteilung beizumessen ist. Denn häufig schafft erst Innovation Abgrenzungsmöglichkeiten gegenüber Wettbewerbern und trägt so zur nachhaltigen Sicherung der eigenen Wettbewerbsfähigkeit bei.

Die Möglichkeiten zur Strukturierung und Organisation von Innovationstätigkeiten innerhalb von Unternehmen sind vielfältig. Für die Bestimmung von Verrechnungspreisen wird in der Praxis oftmals eine Kategorisierung entsprechend (i) der funktionalen Wertschöpfungsbeiträge, (ii) der Entscheidungsbefugnisse zur Steuerung und Überwachung der Innovationstätigkeit und damit verbundener Risiken sowie (iii) der Vergütung der Innovationstätigkeiten vorgenommen (finanzierungs- und institutionenbezogene Differenzierung). Hier haben sich drei wesentliche Formen herauskristallisiert, die im Folgenden näher betrachtet werden:

- Eigenentwicklung,
- Auftragsentwicklung und
- Gemeinschaftsentwicklung.

Eigenentwicklung

Im Rahmen der Eigenentwicklung wird die Innovationstätigkeit auf eigene Rechnung und Gefahr ausgeführt. Der Eigenentwickler ist verantwortlich für die Definition der Innovationsergebnisse und führt die Innovationstätigkeit mit eigenem Personal und eigenen (Sach-) Ressourcen aus. Da der Eigenentwickler »Herr der Entwicklung« ist, trägt er in vollem Umfang die Chancen und Risiken aus der Entwicklung und der Verwertung von immateriellen Werten.

Auftragsentwicklung

Bei der Auftragsentwicklung wird eine Gruppengesellschaft (Auftragsentwickler) im Rahmen einer dienstvertraglichen Vereinbarung beauftragt, einen abgegrenzten Teil der Innovationstätigkeit auf Rechnung und Gefahr der beauftragenden Gruppengesellschaft durchzuführen. Der Auftragsentwickler schuldet eine Dienstleistung in Form der vereinbarten Innovationstätigkeit. Wegen des Dienstleistungscharakters partizipiert die im Auftrag entwickelnde Gruppengesellschaft üblicherweise nicht an den Chancen und Risiken der Entwicklung und Verwertung von immateriellen Werten.

Gemeinschaftsentwicklung

Bei der Gemeinschaftsentwicklung schließen sich mehrere Gruppengesellschaften zu einem Pool zusammen. Auf Basis eines Umlagevertrags stellen die Poolmitglieder ihre Fähigkeiten und Ressourcen zur Verfügung und partizipieren entsprechend ihrer Beiträge an den Chancen und Risiken der Entwicklung. Im Grundsatz müssen die eingebrachten Wertschöpfungsbeiträge, einschließlich bereits existierender Technologien, in einem engen Zusammenhang mit der Beteiligung der Poolmitglieder an den Verwertungsmöglichkeiten der gemeinsam entwickelten immateriellen Werte stehen.

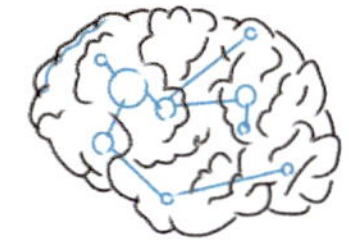

Funktion	Risiken	Werttreiber
Der Eigenentwickler übt eigenständig die Innovationstätigkeiten aus. Dabei ist es möglich, operative Aufgaben unter der Steuerung des Eigenentwicklers an Dritte outzusourcen.	Der Eigenentwickler übernimmt die Planung und Steuerung des Innovationsprozesses sowie der mit der Innovation verbundenen Risiken, einschließlich der Festlegung und Überwachung von Budgets. Er trägt damit die Chancen und Risiken der Entwicklung.	Nach Abschluss eines Innovationsprojekts wird der Eigenentwickler Eigentümer der selbst entwickelten immateriellen Werte und kann diese im Rahmen der Eigennutzung, der Lizenzierung oder einer Veräußerung verwerten.
Der Auftragsentwickler setzt operativ einen Teil des Innovationsprojekts entsprechend den (strategischen) Vorgaben sowie der Budgetvorgaben unter Verantwortung des Auftraggebers um.	Die Ziele, Projektschritte sowie das Budget des Innovationsprojekts werden dem Auftragsentwickler vorgegeben und regelmäßig überwacht und validiert. Mangels Beteiligung an wichtigen Entscheidungen verantwortet und trägt der Auftragsentwickler nur geringe Risiken.	Das beauftragende Unternehmen wird Eigentümer der entwickelten immateriellen Werte. Üblicherweise erhält der Auftragsentwickler eine kostenbasierte Vergütung seiner Entwicklungsleistungen zuzüglich eines Gewinnzuschlags.
Bei der Gemeinschaftsforschung wird die Innovationstätigkeit unter Einbringung der Ressourcen und Kenntnisse der Poolmitglieder gemeinsam ausgeübt, wobei oftmals eines der Poolmitglieder die operative Führung des Innovationsprojekts übernimmt. Ein Outsourcing operativer Aufgaben an Dritte ist auch hier möglich.	Alle Poolmitglieder beteiligen sich an der Planung und Steuerung sowie den Risiken eines Innovationsprojekts, einschließlich der Budgetbestimmung. Die Wahrnehmung dieser Aufgaben setzt voraus, dass die Entscheidungsträger der Poolmitglieder sowohl über die fachliche Expertise als auch hinreichende Informationen über das Projekt verfügen.	Die Innovationstätigkeit erfolgt auf Rechnung und Gefahr aller Poolmitglieder, sodass jedes Poolmitglied das Recht zur Verwertung der gemeinsam entwickelten immateriellen Werte erhält. Wie die Verwertung dann im Einzelnen erfolgt, bleibt im Ermessen des jeweiligen Poolmitglieds oder ist vertraglich entsprechend einzuschränken.

»DEMPE«-Analyse …

Die zivilrechtlichen Vereinbarungen sind der Startpunkt für die Beurteilung von konzerninternen Kooperationen im Rahmen des Innovationsprozesses. Mangels gegensätzlicher Interessenslagen der Kooperationsparteien können sich jedoch Unterschiede zwischen dem zivilrechtlichen Gewand und den Wertschöpfungsbeiträgen ergeben und zur Verlagerung von Gewinnpotenzialen aus selbst entwickelten immateriellen Werten genutzt werden.

Im Rahmen einer Funktions- und Risikoanalyse in Bezug auf die Entwicklung, die Verbesserung, die Erhaltung, den Schutz und die Verwertung (englisch Development, Enhancement, Maintenance, Protection and Exploitation, kurz DEMPE) eines immateriellen Werts ist daher die wirtschaftliche Substanz der jeweiligen Aktivitäten festzustellen. Hierbei ist zu analysieren, welche Gruppengesellschaften in Bezug auf die DEMPE-Funktionen die maßgeblichen (Personal-) Funktionen ausüben, die personellen und finanziellen Kapazitäten zur Übernahme und Kontrolle der damit verbundenen Risiken haben und wertvolle immaterielle Werte einsetzen. Aus dieser Analyse der DEMPE-Funktionen können wichtige Informationen sowohl hinsichtlich der erbrachten und noch ausstehenden Wertschöpfungsbeiträge als auch zur Beurteilung des Projektstands gewonnen werden. Letztlich ist für Verrechnungspreiszwecke einem »Substance-over-Form-Ansatz« zu folgen. Demnach soll für die Aufteilung von Erträgen aus der Verwertung eines immateriellen Werts nicht das vertraglich Vereinbarte, sondern letztlich der wirtschaftliche Gehalt maßgeblich sein.

Zivilrechtlich erhält ein Auftragsentwickler üblicherweise für seine Dienstleistungen unabhängig vom Ausgang eines Innovationsprojekts eine Erstattung der angefallenen Kosten zuzüglich eines Gewinnaufschlags und trägt daher nur geringe Entwicklungsrisiken. Demgegenüber erwirbt das beauftragende Unternehmen das Eigentum an den Entwicklungsergebnissen, da der Auftragsentwickler seine Dienstleistungen auf Gefahr und Rechnung des Auftraggebers ausführt.

Übernimmt der Auftragsentwickler im Rahmen einer gruppeninternen Entwicklungskooperation allerdings mehr Funktionen und Verantwortung hinsichtlich des gesamten Entwicklungsprojekts, ist die vertraglich vereinbarte Vergütung für Verrechnungspreiszwecke zu justieren. In diesen Fällen kann es sachgerecht sein, den Auftragsentwickler umsatzbasiert für seine Tätigkeiten zu vergüten. Dies führt dann dazu, dass die Ertragsposition beim Auftragsentwickler unsicher ist und dieser vergleichbar dem rechtlichen Eigentümer an den Chancen und Risiken der Entwicklung und Verwertung eines immateriellen Werts partizipiert. Dieser dienstvertragliche Anspruch auf eine Beteiligung an den Verwertungserträgen eines immateriellen Werts stellt beim Auftragsentwickler eine Vermögensposition dar. In der Verrechnungspreisliteratur wird in diesem Fall auch vom »funktionalen Eigentum« des Auftragsentwicklers an einem immateriellen Wert gesprochen.

Das funktionale Eigentum lässt das rechtliche Eigentum an einem immateriellen Wert unberührt und begründet auch keinen Rechtsanspruch des Auftragsentwicklers zur eigenständigen Verwertung; das Verwertungsrecht steht alleinig dem rechtlichen Eigentümer zu. Für Verrechnungspreiszwecke ist gegebenenfalls jedoch ein Teil der Verwertungserträge des rechtlichen Eigentümers dem Auftragsentwickler zuzurechnen. Aus Sicht der OECD kann diese Ertragszurechnung zum Auftragsentwickler so weit gehen, dass das rechtliche Eigentum bei fehlender wirtschaftlicher Substanz vollständig ausgehöhlt wird.

Auf der folgenden Seite wird ein Prozessmodell vorgestellt, das für die Umsetzung der DEMPE-Analyse und zur Dokumentation der Innovationsprozesse insbesondere in entwicklungsintensiven Branchen geeignet ist.

… und Stage-Gate®-Konzept

Zur Steuerung und zum Monitoring von Innovationsprojekten werden oftmals

Stage-Gate®-Modelle

implementiert. Durch eine ex-ante-Definition von Projektabschnitten und Zeitintervallen werden Innovationsprojekte in Teilphasen (Stages) unterteilt. Am Ende einer Teilphase liegen Qualitätskontrollpunkte oder Meilensteine (Gates). An diesen Gates werden i) der Grad der Zielerreichung durch einen Abgleich mit dem Lastenheft festgestellt, ii) Entscheidungen über die Fortführung, Anpassung oder den Abbruch eines Innovationsprojekts getroffen und iii) strategische und operative Vorgaben für den weiteren Innovationsprozess definiert.

DEMPE-Analysen können unter Zuhilfenahme von Stage-Gate®-Modellen strukturiert umgesetzt werden. Die sehr gute Eignung ergibt sich daraus, dass Stage-Gate®-Modelle und DEMPE-Analysen gleichermaßen auf standardisierten Innovationsprozessen beruhen.

FAZIT: Aus Stage-Gate®-Modellen können wichtige Informationen für die steuerliche DEMPE-Analyse gewonnen und durch tatsächlich gelebte unternehmensspezifische Prozesse untermauert werden.

Stärken von Stage-Gate®

Aus betriebswirtschaftlicher Sicht liegen diese in der Schaffung eines hohen Grads an Transparenz sowie der Konkretisierung von Zielen und Leistungsvorgaben. Hierdurch wird ein gemeinsames Verständnis des Projektablaufs sowie der Verteilung von Aufgaben und Verantwortlichkeiten gefördert. Die Definition von Meilensteinen erleichtert die Überwachung des Innovationsprojekts sowie die Identifikation von Planabweichungen. Unter dem Strich wird ein hoher Grad an Prozessstandardisierung erreicht, der mit einer Steigerung der Effizienz und Effektivität der Innovationsprozesse einhergeht.

Risikoanalyse

Stage-Gate®-Modelle enthalten aufgrund der Unterscheidung verschiedener Entwicklungsphasen sowie der Einführung von Qualitätskontrollpunkten wichtige Hinweise zu **Verantwortlichkeiten** in Bezug auf den **Innovationsprozess** und die **Risikosteuerung.**

Dies entspricht den Anforderungen der OECD an DEMPE-Analysen, die über die verschiedenen Phasen eines typischen Innovationszyklus eine Funktions- und Risikoanalyse als Grundlage für die Wertschöpfungsbeitragsanalyse fordern.

Dokumentation: Stage-Gate®-Modelle eignen sich auch für die Erfüllung steuerlicher Dokumentationspflichten bei immateriellen Werten.

Funktionsanalyse

Steuerung Innovationsprogramm

Verantwortung für die Auswahl und Priorisierung von Innovationsprojekten (Neu- und Weiterentwicklung, kundenspezifische Technologieadaption) sowie zeitliche Koordination des gesamten Innovationsprogramms unter Berücksichtigung zur Verfügung stehender Innovationsbudgets.

Planung Innovationsprojekt

Planung und Design eines Innovationsprojekts, insbesondere der technischen (Definition des technologischen Lastenhefts), wirtschaftlichen (Festlegung von Budgets) und zeitlichen Anforderungen (Planung der zeitlichen Dimension des Gesamtprojekts sowie einzelner Entwicklungsphasen) sowie der Definition von Meilensteinen zur Messung des Zielerreichungsgrads.

Innovationssteuerung und -überwachung

Laufende Steuerung und Überwachung eines Innovationsprojekts, insbesondere im Hinblick auf den Erfüllungsgrad der technischen, wirtschaftlichen und zeitlichen Anforderungen an das Innovationsprojekt. Diese Aufgaben werden oftmals in Lenkungsausschüssen (Steering Committees) wahrgenommen, die über die Fortführung, Anpassungen oder den Abbruch von Innovationsprojekten entscheiden.

(Operative) Entwicklung

Operative Umsetzung eines Innovationsprojekts entsprechend den technischen, wirtschaftlichen und zeitlichen Vorgaben. Aufgrund der stetigen Steuerung und Überwachung sind die Möglichkeiten der Beeinflussung des Projekts und der Risiken auf den operativen Bereich begrenzt.

Kundenbezogene Technologieadaption

Adaption bestehender Technologien entsprechend der spezifischen Kundenanforderungen. Aufgrund der Vorgaben des Kunden sowie der stetigen Steuerung und Überwachung bestehen nur sehr begrenzte Möglichkeiten zur Beeinflussung des Projekts sowie der korrespondierenden Risiken.

Patentierung

Definition der grundsätzlichen Patentstrategie sowie Verantwortung und Begleitung des gesamten Patentierungsprozesses. Im Falle von Patentverletzungen werden Maßnahmen eruiert und die rechtlichen Schritte entsprechend begleitet.

Risikoanalyse

Entwicklungsrisiko

Risiko der Plankostenabweichungen innerhalb einer Entwicklungsphase und Risiko eines Abbruchs des Entwicklungsprojekts mit der Folge, dass getätigte Aufwendungen nicht durch Verwertungserträge amortisiert werden.

Vergütungsrisiko/Performancerisiko

Abweichungen der Verwertungsmöglichkeiten eines immateriellen Werts nach Abschluss der Entwicklungsphase gegenüber der Planung.

Verwertungsrisiko

Unsicherheit der tatsächlich realisierbaren Umsätze während der Verwertungsphase innerhalb eines Verwertungsszenarios.

Patentverletzungsrisiko

Risiko zusätzlicher Aufwendungen aus der Durchsetzung des rechtlichen Schutzes selbst entwickelter immaterieller Werte sowie aus Klagen Dritter auf Patentverletzung durch das eigene Unternehmen.

Gewährleistungs- und Produkthaftungsrisiko

Kosten aus Gewährleistungen oder Produkthaftungsfällen, die ihre Ursache in Mängeln eines selbst entwickelten immateriellen Werts haben.

Werttreiberanalyse

Immaterielle Werte

Geschützte immaterielle Werte (etwa Patente, Muster, Rezepturen) aber auch ungeschützte immaterielle Werte (etwa Knowhow, Prozesse, IT, Geschäftsgeheimnisse) bilden oftmals den Ausgangspunkt für Neu- und Weiterentwicklungen und sind zentraler Werttreiber für die Innovation.

Qualifiziertes Personal

Innovation als strukturierter Vorgang zur Erschaffung von neuem Wissen und neuen Technologien erfordert qualifiziertes Personal als Schlüsselressource des Innovationsprozesses.

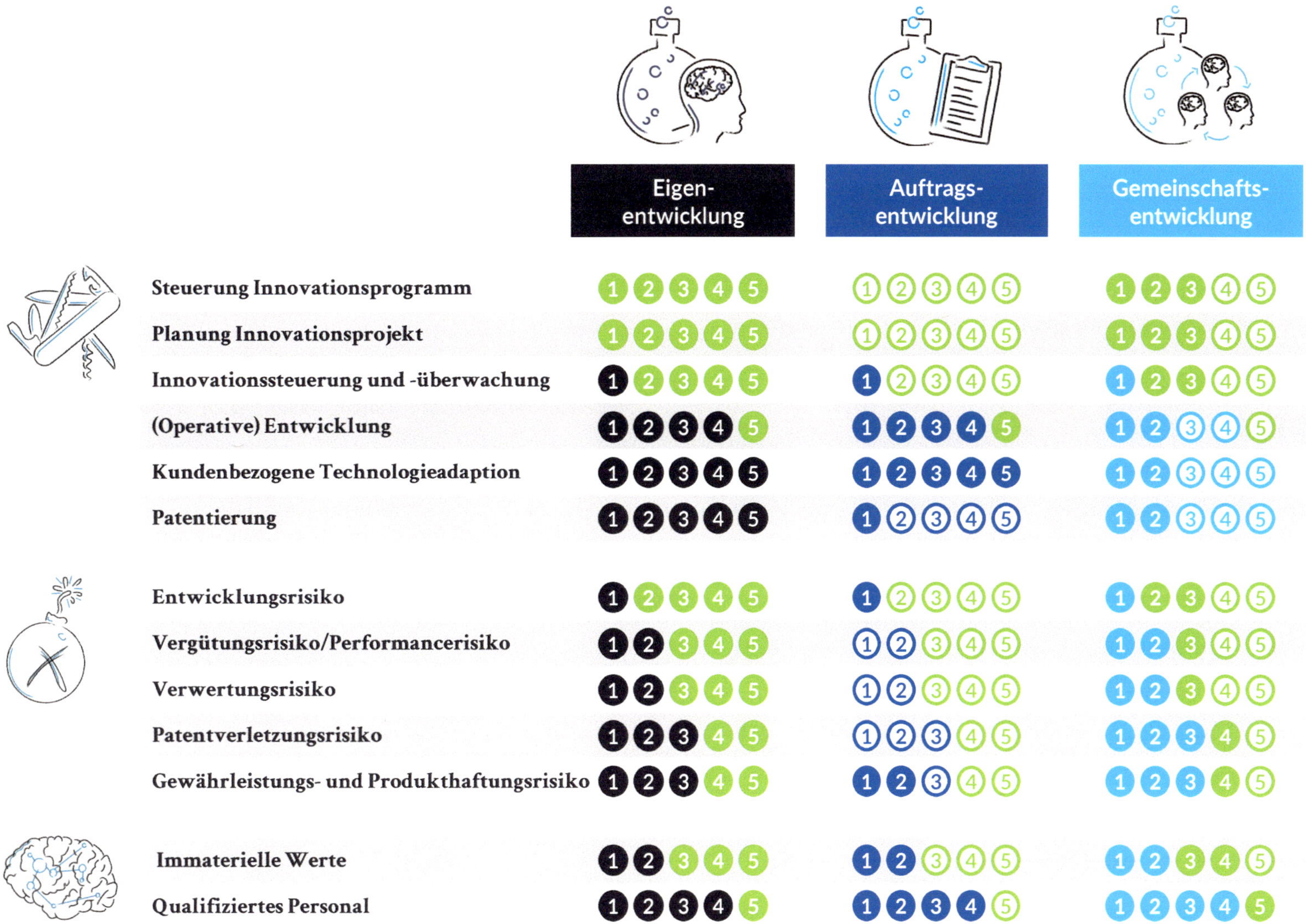

Anmerkung: Eine Erläuterung des zu Grunde liegenden Scoring-Modells finden Sie auf den Seiten 104 bis 107.

Referenzwerte

Zur Überprüfung der Fremdüblichkeit von Verrechnungspreisen eines gruppeninternen Auftragsentwicklers werden die jeweiligen gruppeninternen Renditekennziffern mit den Renditekennziffern von unabhängigen Auftragsentwicklern verglichen. Die übliche Renditekennziffer für die Auftragsentwicklung ist der Nettokostenaufschlag (also der Quotient aus EBIT und Vollkosten). Als Basis-Szenario zeigt die unten stehende Tabelle die Interquartilsbandbreite von Nettokostenaufschlagssätzen eines breiten Sets von 3 207 Vergleichsunternehmen, die gemäß NACE-Code-Klassifikation aktiv in der Auftragsentwicklung sind.

Basis-Szenario

Basis-Szenario	1. Quartil	Median	3. Quartil
Vollkostenaufschlag	1,9 %	5,3 %	12,2 %

Die dem Basis-Szenario zu Grunde liegenden Vergleichbarkeitsfaktoren sind in der rechts aufgeführten Tabelle dargestellt. In weiteren Szenarien werden auf den folgenden Seiten

- regionale Unterschiede,
- Größenunterschiede,
- verschiedene Zeiträume und
- der Zeitpunkt, also das Setzen oder Überprüfen der Verrechnungspreise,

analysiert. Ausgangspunkt ist jeweils das Basis-Szenario. Für andere Geschäftsmodelle wie die Eigenentwicklung und Gemeinschaftsentwicklung sind die gezeigten Vollkostenaufschläge in der Regel nicht geeignet.

Grundsätzlich liefern die gezeigten Szenarien indikative Referenzwerte und erfüllen nicht die Anforderungen für steuerliche Zwecke (siehe Seite 102).

Vergleichbarkeitsfaktoren

Regionen	Paneuropäischer Ansatz
Branche	Alle Branchen
Größenunterschiede	Umsatz größer/gleich 1,0 Mio. Euro
Zeitpunkt	Überprüfung/Outcome Testing
Kennzahl	Vollkostenaufschlag
Zeitraum	2014 bis 2016

Regionen

Regionen	Gesamt-Europa	West-Europa	Ost-Europa	Süd-Europa	Nord-Europa
3. Quartil	12,2 %	10,7 %	13,2 %	10,4 %	17,5 %
Median	5,3 %	4,4 %	5,8 %	4,8 %	9,7 %
1. Quartil	1,9 %	1,5 %	1,8 %	1,7 %	4,0 %
Beobachtungen	3 207	952	423	1 309	523

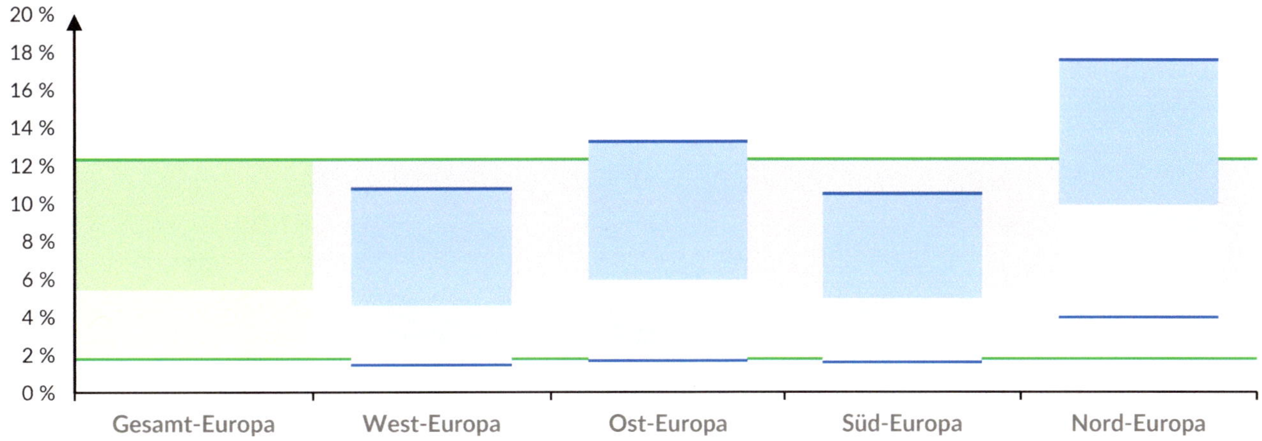

Größenunterschiede

Umsatz größer	1,0 Mio. Euro	2,5 Mio. Euro	5,0 Mio. Euro	10,0 Mio. Euro	15,0 Mio. Euro
3. Quartil	12,2 %	11,3 %	10,4 %	10,1 %	9,7 %
Median	5,3 %	4,8 %	4,4 %	4,4 %	4,4 %
1. Quartil	1,9 %	1,8 %	1,5 %	1,7 %	1,7 %
Beobachtungen	3 207	1 413	701	384	276

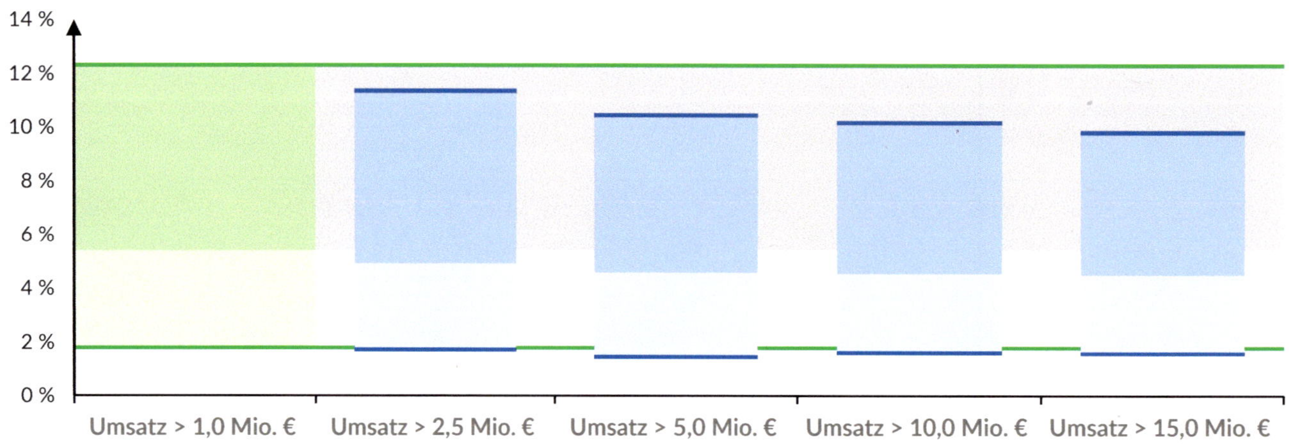

Zeitraum

Zeitraum	2014-2016	2013-2015	2012-2014	2016	2015	2014
3. Quartil	12,2 %	12,7 %	13,0 %	13,6 %	14,0 %	13,7 %
Median	5,3 %	5,5 %	5,7 %	5,5 %	5,4 %	5,4 %
1. Quartil	1,9 %	1,9 %	2,2 %	1,9 %	1,6 %	1,7 %
Beobachtungen	3 207	2 983	2 850	2 739	2 401	2 345

Zeitpunkt

Zeitpunkt	Überprüfung/Outcome Testing	Preis-Setzung/Price Setting
3. Quartil	12,2 %	13,9 %
Median	5,3 %	6,6 %
1. Quartil	1,9 %	3,2 %
Beobachtungen	3 207	2 802

»Don't tell me where your priorities are. Show me where you spend your money and I'll tell you what they are.«

James W. Frick

3.4 Einkauf

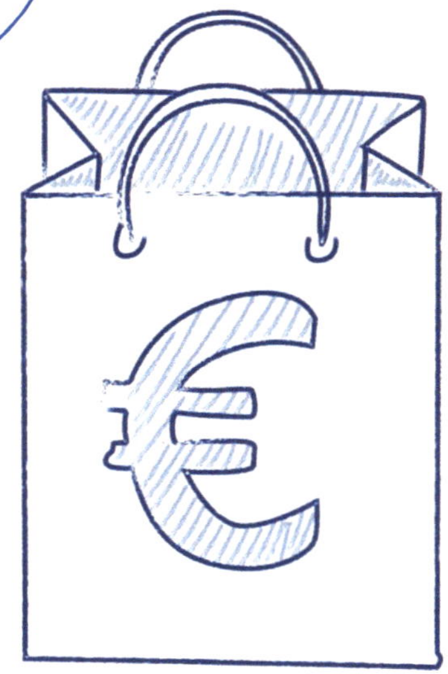

Klassifizierung

Der Einkauf ist die Schnittstelle zum Beschaffungsmarkt. Bei zunehmender Materialintensivität des eigenen Geschäftsmodells steigt auch die Verantwortung des Einkaufs für die Höhe der variablen Kosten. Durch eine Vielzahl potenzieller Maßnahmen kann der Einkauf dazu beitragen, die Verfügbarkeit von Rohstoffen und Materialien sicherzustellen (Versorgungssicherheit), die eigenen Lagerbestände zu optimieren und die Materialbeschaffungskosten zu reduzieren (Ressourceneffizienz). Organisatorisch wird in der Praxis häufig in Abhängigkeit von den ausgeübten Geschäftstätigkeiten und Verantwortlichkeiten unterschieden zwischen

- dem strategischen Einkauf und
- dem operativen Einkauf (Einkaufsunterstützung).

Zur Erzielung von Skalenerträgen und positiven Verbundeffekten kommt der Bündelung von Einkaufsvolumina innerhalb der Einkaufsfunktion eine große Bedeutung zu. Dies ermöglicht die Realisierung von Preisabschlägen durch Mengenrabatte und die Reduzierung administrativer Kosten des Einkaufs durch Zentralisierung von Aufgaben. Allerdings sind Vorteile in Form von Synergien, die sich aus der bloßen Bündelung der Bestellungen von verschiedenen Konzernunternehmen ergeben, grundsätzlich an die bestellenden Gruppengesellschaften in Form von geringeren Beschaffungspreisen weiterzugeben. Diese Überlegungen sind von dem Gedanken getragen, dass die Synergien primär durch Volumeneffekte generiert werden, die ihren Ursprung in den Bestellungen der Gruppengesellschaften haben.

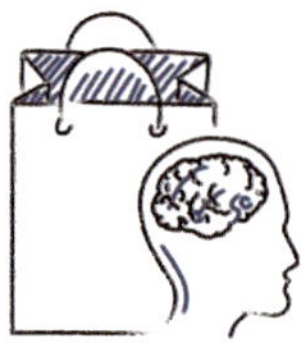

Strategischer Einkauf

Das Aufgabenprofil der Einkaufsfunktion innerhalb multinationaler Unternehmen ist häufig komplex und lässt sich nicht nur auf den operativen Einkauf reduzieren. Vielmehr kann die Einkaufsfunktion auch strategisch-langfristige und taktisch-mittelfristige Beschaffungsaufgaben übernehmen und in die Planung und Steuerung der Liefer- und Wertschöpfungskette (Supply Chain Management) eingebunden sein. Unter Verwendung eigener immaterieller Werte trägt der strategische Einkauf zur Reduktion der Produktbeschaffungskosten sowie zur Optimierung der Lieferketten bei und partizipiert somit an den Chancen und Risiken der Rohstoff- und Produktbeschaffung. Demzufolge ist die Wertschöpfung höher als bei einer reinen Einkaufsunterstützung mit einem operativen Tätigkeitsprofil.

Operativer Einkauf

Der operative Einkauf umfasst die Aufgaben der Einkaufsfunktion in Bezug auf das operative Tagesgeschäft. Die Geschäftstätigkeiten sind häufig in die Prozesse und Abläufe übergeordneter (strategischer) Einkaufsfunktionen oder nachgelagerter Funktionen integriert und stehen in einem starken Abhängigkeitsverhältnis zu diesen. Der operative Einkauf ist an Vorgaben und Anweisungen anderer Funktionen gebunden und hat insoweit lediglich einen unterstützenden Charakter (Einkaufsunterstützung). Aufgrund des begrenzten Funktions- und Risikoprofils partizipiert der operative Einkauf nur sehr eingeschränkt an den Chancen und Risiken der Rohstoff- und Produktbeschaffung.

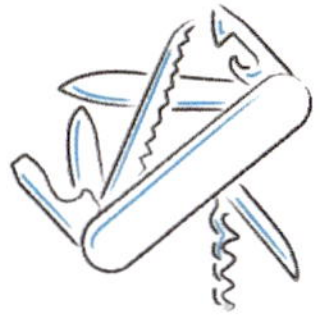

Funktion

Übernimmt die strategischen und taktischen Aufgaben des Einkaufs. Zu den Aufgaben zählen insbesondere

i. die Erhebung und Planung des Bedarfs an Rohstoffen und Materialien an einzelnen Standorten,
ii. der Aufbau und die Pflege des Lieferantennetzwerks, sowie
iii. die Planung und Berechnung optimaler Losgrößen und Beschaffungszyklen zur Minderung der Beschaffungskosten bei gleichzeitiger Gewährleistung einer fristgerechten Rohstoffversorgung.

Übernimmt das operative Tagesgeschäft des Einkaufs, das durch die kurzfristige Bedarfsplanung und Terminierung, die Verarbeitung von Routinebestellvorgängen bei gelisteten Lieferanten sowie die Retouren- und Mängelrückabwicklung charakterisiert ist.

Risiken

Übernimmt die Verantwortung für die Auswahl geeigneter Lieferanten und den Abschluss (langfristiger) Lieferverträge, um eine fristgerechte Beschaffung der benötigten Rohstoffe und Produkte am richtigen (Produktions-) Standort bei gleichzeitiger Optimierung der Produktbeschaffungskosten sicherzustellen. Die strategische Einkaufsfunktion trägt entsprechend ihres weitreichenden Tätigkeits- und Verantwortungsprofils die maßgeblichen Einkaufsrisiken.

Übernimmt die Planung und Steuerung des operativen Tagesgeschäfts sowie die damit verbundenen operativen Risiken. Die handelnden Personen sind an Beschaffungsprozesse und -richtlinien gebunden und haben daher in ihrem täglichen Handeln nur geringe Freiheitsgrade, weshalb dem operativen Einkauf nur geringe Risiken zuzuordnen sind.

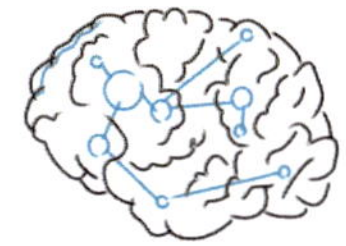

Werttreiber

Setzt eigenes Knowhow, spezifische Technologien, IT-Anwendungen oder Prozesse zur Erfüllung seiner strategischen und taktischen Einkaufsaufgaben ein. Die Vergütung kann sowohl auf Grundlage einer kostenorientierten Verrechnungspreismethode als auch mittels einer Provision erfolgen, sofern die Ergebnisse der jeweiligen Methode konsistent zur Wertschöpfungsbeitragsanalyse sind.

Verwendet im Rahmen seiner Geschäftstätigkeit keine wertvollen immateriellen Werte. Für seine unterstützende Funktion erhält der operative Einkauf als Vergütung ein Routineentgelt auf Basis einer kostenorientierten Verrechnungspreismethode.

Funktionsanalyse

Beschaffungsmarktanalyse

Analyse der relevanten Beschaffungsmärkte insbesondere im Hinblick auf das Lieferantenumfeld, Schwankungen in den Beschaffungspreisen sowie der Evaluation potenzieller Lieferengpässe.

Lieferantenmanagement

Identifikation neuer Lieferanten, die die spezifischen Anforderungen (etwa Materialqualität, Lieferkapazität, -zeit und -konditionen, Solvenz, Einhaltung ökologischer, ethischer und sozialer Standards) erfüllen sowie Aufbau, Pflege und Anpassung eines globalen Lieferantennetzwerks zur Sicherstellung der Versorgungssicherheit in den verschiedenen Regionen.

Bedarfsplanung

Planung des Bedarfs an benötigten Rohstoffen und Materialien in den einzelnen Regionen basierend auf der Verkaufs- und Produktionsplanung sowohl über einen kurzfristigen Zeitraum von bis zu einem Jahr als auch einen mittelfristigen Horizont von mehreren Jahren zur Gewährleistung der Versorgungssicherheit, zur Erzielung von Skaleneffekten durch die Bündelung von Einkaufsvolumina und zur Optimierung der Lagerhaltungskosten.

Abschluss von Lieferantenverträgen

Verhandlung und Abschluss von Verträgen mit geeigneten Lieferanten, wobei zwischen Rahmenverträgen, die die Grundparameter (etwa Preis, Lieferkonditionen) der Lieferbeziehung festlegen und für die einzelnen Bestellungen bindend sind, und Einzelverträgen, die bei jeder Bestellung neu verhandelt werden, zu unterscheiden ist.

Abwicklung von Standardbestellvorgängen

Verarbeitung von Standardbestellvorgängen basierend auf bereits bestehenden Lieferantenverträgen, einschließlich der Qualitätskontrolle sowie der Retouren- und Mängelrückabwicklung.

Abschluss von Sicherungsgeschäften

Absicherung von Preis- und Währungsschwankungen durch den Abschluss von Sicherungsgeschäften.

Risikoanalyse

Beschaffungsrisiko

Risiko, dass Rohstoffe und Materialien nicht rechtzeitig in der erforderlichen Quantität und Qualität am Bestimmungsort bereitstehen und es dadurch zu höheren (Ersatz-)Beschaffungskosten oder Produktionsausfällen kommt.

Preisrisiko

Risiko von Preisschwankungen und dadurch verursachte Erhöhungen der Materialkosten aufgrund sich verändernder ökonomischer Rahmenbedingungen oder infolge von Inflation.

Qualitätsrisiko

Risiko, dass Rohstoffe und Materialien nicht den Spezifikationen und Qualitätsanforderungen entsprechen und zu erhöhtem Ausschuss führen.

Währungskursrisiko

Risiko von Währungskursänderungen bei in fremder Währung beschafften Rohstoffen und Materialien und dadurch verursachte Währungsverluste.

Rechtliches Risiko

Risiko rechtlicher Verfehlungen von Zulieferern (beispielsweise Korruption, Menschenrechtsverletzungen), für die das eigene Unternehmen haftbar gemacht werden kann.

Werttreiberanalyse

Geschützte immaterielle Werte

- Lieferantenkontakte und
- Software-Programme.

Ungeschützte immaterielle Werte / Wettbewerbsfaktoren

- selbst entwickelte Software-Programme,
- Einkaufs-Knowhow und Kenntnisse des Beschaffungsmarkts,
- Knowhow zur Erzielung von Optimierungs- und Effizienzpotenzialen und
- Zugang zu vorteilhaften Beschaffungsmärkten.

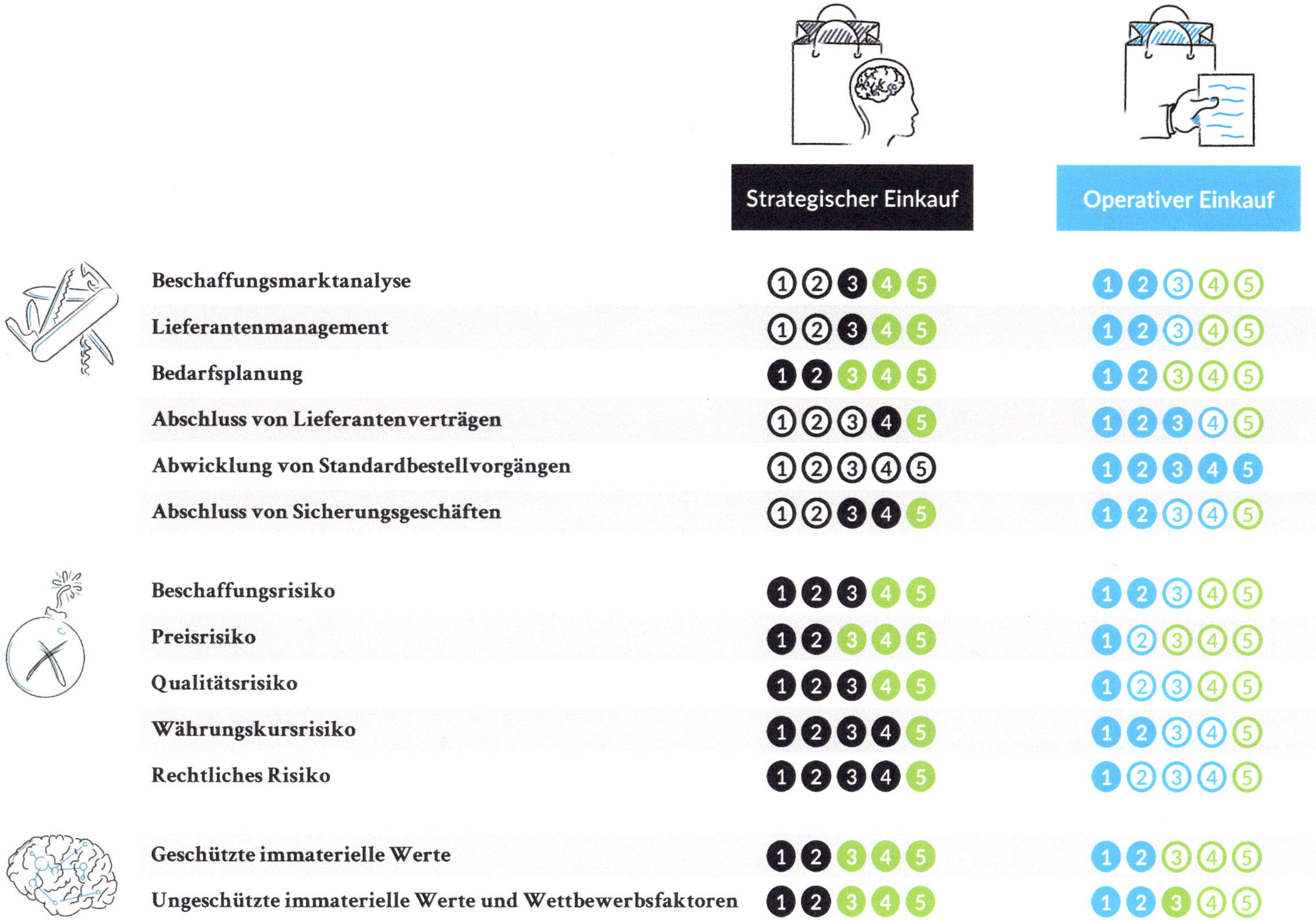

Anmerkung: Im Unterschied zu den Kernfunktionen Produktion und Vertrieb wird unterstellt, dass sich die Tätigkeitsprofile des operativen Einkaufs und des strategischen Einkaufs gegenseitig ausschließen; es erfolgt daher eine abweichende Darstellung der Funktionsprofile. Im Gegensatz dazu ist eine sich gegenseitig ausschließende Betrachtung bei den Einkaufsrisiken und Werttreibern nicht erforderlich, da sowohl der operative Einkauf als auch der strategische Einkauf Einkaufsrisiken und Werttreiber mit Routinecharakter tragen beziehungsweise einsetzen. Für eine Erläuterung des zu Grunde liegenden Scorings siehe die Seiten 104 bis 107.

Referenzwerte

Zur Überprüfung der Fremdüblichkeit von Verrechnungspreisen zur Vergütung des operativen Einkaufs werden die jeweiligen gruppeninternen Renditekennziffern mit den Renditekennziffern von unabhängigen Einkäufern verglichen. Die übliche Renditekennziffer für den operativen Einkauf ist der Kostenaufschlag auf die eigenen Kosten (das heißt der Quotient aus EBIT und Vollkosten). Hierbei ist zu beachten, dass sogenannte durchlaufende Kosten (englisch: pass-through costs) nicht zu berücksichtigen sind.

Als Basis-Szenario zeigt die unten stehende Tabelle die Interquartilsbandbreite von Vollkostenaufschlägen eines breiten Sets von 1 368 Vergleichsunternehmen. Da der operative Einkauf beziehungsweise Einkaufsgesellschaften üblicherweise nicht unabhängig von der Unternehmensgruppe agieren, wurden hier weitere NACE Codes, die in der allgemeinen Unternehmensberatung angesiedelt sind, hinzugefügt. Dies entspricht dem Praxisansatz, dass verwandte NACE Codes bei Benchmark-Analysen hinzugefügt werden, die insbesondere aus der funktionalen Perspektive eine hohe Vergleichbarkeit aufweisen. Leitgedanke ist wiederum, ein möglichst breites und robustes Set an Vergleichsunternehmen zu identifizieren.

Basis-Szenario

Basis-Szenario	1. Quartil	Median	3. Quartil
Vollkostenaufschlag	0,8 %	3,9 %	10,6 %

Die dem Basis-Szenario zu Grunde liegenden Vergleichbarkeitsfaktoren sind in der unten stehenden Tabelle dargestellt. In weiteren Szenarien werden auf den folgenden Seiten

- regionale Unterschiede,
- Größenunterschiede,
- verschiedene Zeiträume und
- der Zeitpunkt, also das Setzen oder Überprüfen der Verrechnungspreise,

analysiert. Ausgangspunkt ist jeweils das Basis-Szenario. Für andere Geschäftsmodelle wie den strategischen Einkauf sind die gezeigten Vollkostenaufschläge in der Regel nicht geeignet. Grundsätzlich liefern die gezeigten Szenarien indikative Referenzwerte und erfüllen nicht die Anforderungen für steuerliche Zwecke (siehe Seite 102).

Vergleichbarkeitsfaktoren

Regionen	Paneuropäischer Ansatz
Branche	Alle Branchen
Größenunterschiede	Umsatz größer/gleich 1,0 Mio. Euro
Zeitpunkt	Überprüfung/Outcome Testing
Kennzahl	Vollkostenaufschlag
Zeitraum	2014 bis 2016

Regionen

Regionen	Gesamt-Europa	West-Europa	Ost-Europa	Süd-Europa	Nord-Europa
3. Quartil	10,6 %	13,4 %	12,5 %	8,4 %	16,9 %
Median	3,9 %	4,3 %	3,9 %	3,5 %	5,5 %
1. Quartil	0,8 %	1,0 %	0,3 %	0,8 %	0,7 %
Beobachtungen	1 368	419	136	617	196

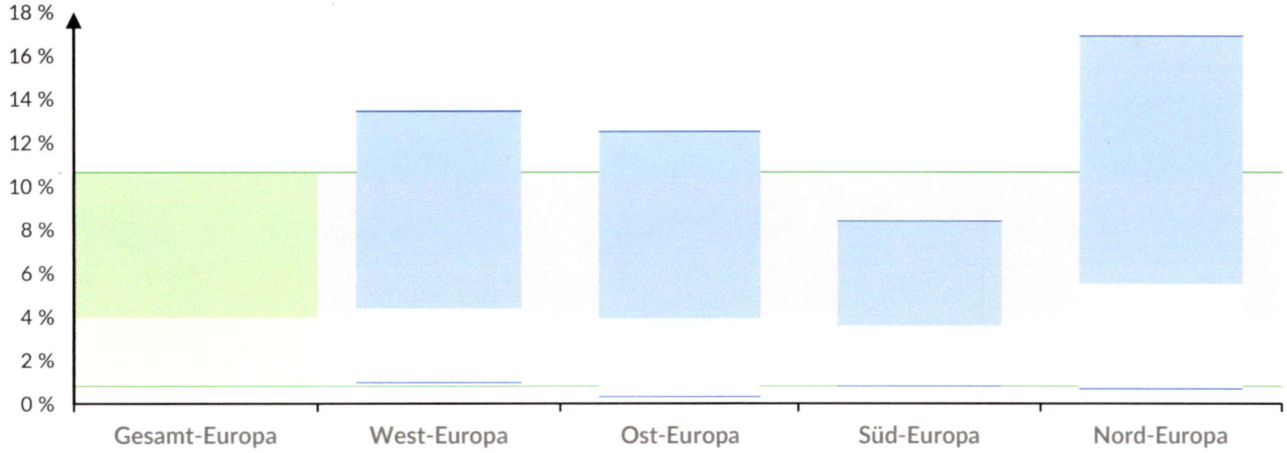

Größenunterschiede

Umsatz größer	1,0 Mio. Euro	2,5 Mio. Euro	5,0 Mio. Euro	10,0 Mio. Euro	15,0 Mio. Euro
3. Quartil	10,6 %	9,8 %	8,7 %	8,3 %	8,2 %
Median	3,9 %	3,7 %	3,3 %	3,4 %	3,5 %
1. Quartil	0,8 %	0,8 %	0,6 %	0,8 %	1,0 %
Beobachtungen	1 368	698	409	275	222

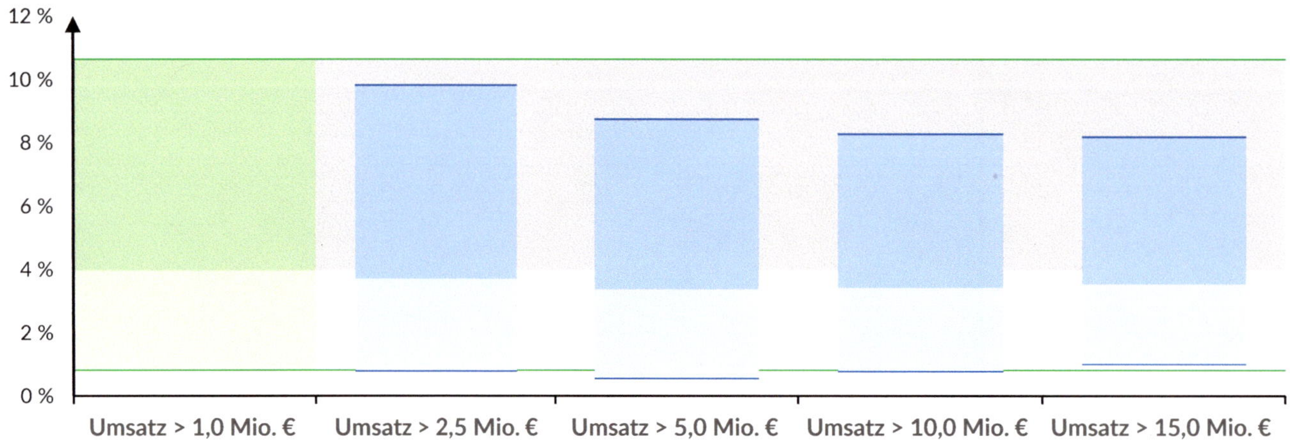

Zeitraum

Zeitraum	2014-2016	2013-2015	2012-2014	2016	2015	2014
3. Quartil	10,6 %	11,4 %	13,0 %	11,9 %	12,2 %	12,7 %
Median	3,9 %	4,2 %	4,4 %	4,0 %	4,3 %	4,3 %
1. Quartil	0,8 %	1,0 %	1,0 %	0,8 %	0,9 %	0,7 %
Beobachtungen	1 368	1 272	1 205	1 155	1 054	1 021

Zeitpunkt

Zeitpunkt	Überprüfung/Outcome Testing	Preis-Setzung/Price Setting
3. Quartil	10,6 %	13,6 %
Median	3,9 %	5,1 %
1. Quartil	0,8 %	2,2 %
Beobachtungen	1 368	1 167

»The line between disorder and order lies in logistics.«

Sun Tzu

3.5

Logistik

Klassifizierung

Die Logistik ist eng eingebunden in die gruppeninterne Lieferkette und interagiert mit einer Vielzahl von betrieblichen Funktionen, insbesondere der Einkaufs-, Produktions- und Vertriebsfunktion. In der Folge sind die Verantwortungsbereiche nicht immer klar zwischen den Funktionen abgrenzbar. Aus dem organisatorischen Aufbau können jedoch häufig Rückschlüsse auf die Verteilung der Aufgaben und Entscheidungsbefugnisse gezogen und die Wertschöpfungsbeiträge der Logistikfunktion identifiziert werden.

Eine in der Praxis häufig anzutreffende Organisationsstruktur im Bereich der Logistik sieht eine übergeordnete globale Supply-Chain-Management-Funktion vor, die meist im Headquarter der Gruppe angesiedelt ist. Diese plant, steuert und koordiniert die strategischen Logistikaufgaben, die die Leitplanken für die taktischen und operativen Logistikaufgaben bilden.

Diese globale Supply-Chain-Management-Funktion kann durch regional verantwortliche Supply-Chain-Management-Funktionen mit einem taktisch-mittelfristigen und regional ausgerichteten Profil unterstützt werden. Unter Berücksichtigung regionaler Besonderheiten transformieren diese die strategischen Vorgaben in konkrete Aufgabenstellungen für die operativen Logistikfunktionen.

Für das operative Tagesgeschäft der Beschaffungs-, Produktions-, Absatz- und Entsorgungslogistik sind in der Regel eigene operative Logistikfunktionen bei den einzelnen Gruppengesellschaften oder den Produktionswerken eingerichtet.

Supply Chain Management

Das Supply Chain Management (Lieferkettenmanagement) umfasst die Planung, Steuerung und Überwachung der Flüsse von Rohstoffen, Materialen und (halb-)fertigen Produkten und Informationen entlang der Wertschöpfungs- und Lieferkette (»Supply Chain«) vom Lieferanten bis zum Endkunden. Durch eine funktions- und unternehmensübergreifende Betrachtungsweise kann die Ressourcenverteilung und -bereitstellung über alle betrieblichen Funktionen hinweg optimiert werden. Aufgrund der strategischen Natur der Aufgaben des Supply Chain Managements und der intrafunktionalen Verantwortung partizipiert diese Funktion an den zentralen Chancen und Risiken der fristgerechten und ressourcenoptimalen Bereitstellung von Rohstoffen, Materialen und (halb-)fertigen Produkten über die gesamte Lieferkette hinweg.

Operative Logistik (Logistikunterstützung)

Die operative Logistik übernimmt die Aufgaben der Logistik und Lagerhaltung in Bezug auf das operative Tagesgeschäft. Die Geschäftstätigkeiten sind stark in die Prozesse und Abläufe übergeordneter (strategischer) Logistikfunktionen oder anderer Funktionen (Produktion, Vertrieb) integriert und stehen in einem starken Abhängigkeitsverhältnis zu diesen. Die operative Logistik ist in ihrem täglichen Handeln an Vorgaben und Anweisungen anderer Funktionen gebunden und hat insoweit einen unterstützenden Charakter. Aufgrund eines begrenzten Funktions- und Risikoprofils partizipiert die operative Logistikfunktion nur begrenzt an den Chancen und Risiken der Beschaffungs-, Produktions- und Absatzlogistik.

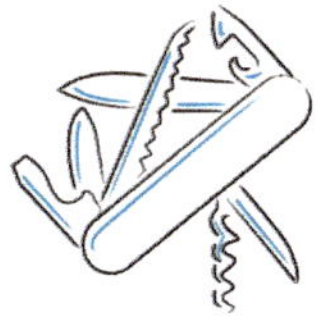 Funktion	 Risiken	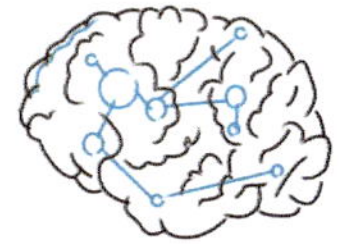 Werttreiber
Übernimmt die strategischen und taktischen Logistikaufgaben mit einem besonderen Fokus auf die funktionsübergreifende Planung und Koordination der Transport- und Lieferkette sowie optimaler Lagerbestände. Damit einhergehend ist das Supply Chain Management auch in die Entwicklung und Umsetzung einer ressourceneffizienten Beschaffungs- und Vertriebsstrategie involviert.	Übernimmt die Verantwortung für die Ausgestaltung der gruppenweiten Lieferkette und optimalen Lagerhaltung sowie der logistischen Schnittstellen zu den Lieferanten und Kunden. Die Supply-Chain-Management-Funktion verfügt über die fachlichen Kompetenzen, fundierte Entscheidungen zu treffen, und trägt entsprechend ihrem weitreichenden Tätigkeits- und Verantwortungsprofil die maßgeblichen Logistik- und Lieferkettenrisiken.	Korrespondierend zu dem umfassenden Funktions- und Verantwortungsprofil setzt die Supply-Chain-Management-Funktion eigenes Knowhow, IT-Anwendungen und Prozesse zur Erfüllung der Logistikaufgaben ein. Die Vergütung kann sowohl auf Grundlage einer kostenorientierten Verrechnungspreismethode oder mit einem Profit Split bestimmt werden, sofern die Ergebnisse der jeweiligen Methode konsistent zur Wertschöpfungsbeitragsanalyse sind.
Führt das operative Tagesgeschäft aus, zu dem insbesondere logistische Aufgaben (wie Auswahl gelisteter Logistikunternehmen, Planung von Transporten auf Basis vorgegebener Prozesse, Verpackung und Kommissionierung der Ware) sowie Aufgaben im Zusammenhang mit der Ein- und Zwischenlagerung von Rohstoffen, Materialien und (halbfertigen) Produkten sowie der Überwachung der Lagerbestände zählen.	Übernimmt die Planung und Steuerung des operativen Tagesgeschäfts sowie die damit verbundenen operativen Risiken. Die handelnden Personen sind an Logistik- und Lagerhaltungsprozesse mit klaren Richtlinien gebunden und haben daher in ihrem täglichen Handeln nur geringe Freiheitsgrade und Entscheidungsbefugnisse. Daher sind der operativen Logistik auch nur geringe Risiken zuzuordnen.	Verwendet im Rahmen seiner Geschäftstätigkeit keine wertvollen immateriellen Werte. Für ihre unterstützende Funktion erhält die operative Logistik in der Regel als Vergütung ein Routineentgelt auf Basis einer kostenorientierten Verrechnungspreismethode.

Funktionsanalyse

Lieferkettenmanagement

Planung, Koordination und Steuerung der Beschaffungs-, Produktions- und Absatzlogistik entlang der Wertschöpfungs- und Lieferkette (Supply Chain) vom Lieferanten bis zum Endkunden mit dem Ziel einer fristgerechten Bereitstellung von Rohstoffen und Materialien am Bestimmungsort.

Beschaffungslogistik

Operative Ausführung der Beschaffungslogistik, damit die benötigten Rohstoffe und Materialien fristgerecht am Bestimmungsort in der benötigten Quantität und Qualität zur Verfügung stehen.

Transportmanagement

Auswahl und Beauftragung von Speditionen zur Abwicklung des Transports im Rahmen der Beschaffungs- und Absatzlogistik.

Lagerbestandsmanagement

Überwachung und Optimierung der Lagerbestände sowie Definition von Mindestlagermengen, um Lieferengpässe abzufedern, Lagerkosten und -risiken zu reduzieren und einer hohen Liquiditätsbindung vorzubeugen.

Lagerhaltung

Verarbeitung von Standardbestellvorgängen basierend auf bereits bestehender Erfassung und Kontrolle von Wareneingängen und -ausgängen sowie Lagerung von Rohstoffen, Materialien oder (halb-) fertigen Produkten in geeigneten Lagern, um deren Korrosion, Verderb, Beschädigung oder Diebstahl zu verhindern und somit die Werthaltigkeit zu erhalten.

Produktionslogistik

Verbringung von Rohstoffen und Materialien aus dem Beschaffungslager in den Produktionsprozess, zur Zwischenlagerung von halbfertigen Produkten, um einen stetigen Produktionsfluss sicherzustellen, sowie zur Lagerung von fertigen Produkten in geeigneten Absatzlagern.

Absatzlogistik

Geschäftstätigkeit zur fristgerechten Bereitstellung von Produkten aus den Absatzlagern oder unmittelbar aus der Produktion an den Kunden oder zur Weiterveräußerung an Vertriebsgesellschaften.

Risikoanalyse

Logistikrisiko

Risiko, dass beschaffungsseitig Rohstoffe und Materialien oder absatzseitig fertige Produkte nicht rechtzeitig am Bestimmungsort zur Verfügung stehen und die Ursache in der Logistik liegt. Dieses Risiko materialisiert sich häufig in zusätzlichen Logistikkosten, Produktionsausfällen oder der Geltendmachung von Schadenersatzansprüchen.

Transportrisiko

Risiko, dass Produkte während des Transports beschädigt werden und es dadurch zu Zusatzkosten infolge von Schadensbeseitigungen, Ersatzbeschaffungen oder Schadensersatzforderungen, beispielsweise aus Produktionsausfällen, kommt.

Lagerhaltungsrisiko

Risiko der Beschädigung und Entwendung von Vorratsvermögen sowie deren technische und wirtschaftliche Veralterung oder Verderb.

Liquiditätsrisiko

Risiko von Währungskursänderungen bei in fremder Währung beschafften Rohstoffen und Materialien und dadurch verursachte Währungsverluste.

Werttreiberanalyse

Geschützte immaterielle Werte

- Software-Programme.

Ungeschützte immaterielle Werte / Wettbewerbsfaktoren

- Effiziente Logistik-Prozesse und selbst entwickelte Software-Programme.
- Knowhow zur Strukturierung und Optimierung der Lieferkette sowie zur Beurteilung von Risiken innerhalb der Lieferkette.
- Knowhow zur Strukturierung und Umsetzung von Belieferungsformen sowie zur Optimierung von Verpackungskonzepten.

		 Supply Chain Management	 Operative Logistik
	Lieferkettenmanagement	①②❸❹❺	❶❷③④⑤
	Beschaffungslogistik	①②③❹❺	❶❷❸④⑤
	Transportmanagement	①②③❹❺	❶❷❸④⑤
	Lagerbestandsmanagement	①②❸❹❺	❶❷③④⑤
	Lagerhaltung	①②③④⑤	❶❷❸❹❺
	Produktionslogistik	①②③④❺	❶❷❸❹⑤
	Absatzlogistik	①②③❹❺	❶❷❸④⑤
	Logistikrisiko	❶❷❸❹❺	❶❷③④⑤
	Transportrisiko	❶❷❸❹❺	❶❷❸④⑤
	Lagerhaltungsrisiko	❶❷❸❹❺	❶❷③④⑤
	Liquiditätsrisiko	❶❷❸❹❺	❶②③④⑤
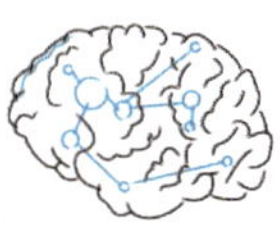	Geschützte immaterielle Werte	❶❷❸❹❺	❶❷③④⑤
	Ungeschützte immaterielle Werte und Wettbewerbsfaktoren	❶❷❸❹❺	❶❷❸④⑤

Anmerkung: Im Unterschied zu den Kernfunktionen Produktion und Vertrieb wird unterstellt, dass sich die Tätigkeitsprofile der operativen Logistik und des strategisch-taktischen Supply Chain Managements gegenseitig ausschließen; es erfolgt daher eine abweichende Darstellung der Funktionsprofile. Im Gegensatz dazu ist eine sich gegenseitig ausschließende Betrachtung bei den Logistikrisiken und Werttreibern nicht erforderlich, da sowohl die operative Logistik als auch das Supply Chain Management Logistikrisiken und Werttreiber mit Routinecharakter tragen beziehungsweise einsetzen. Für eine Erläuterung des zu Grunde liegenden Scorings siehe die Seiten 104 bis 107.

Referenzwerte

Zur Überprüfung der Fremdüblichkeit von Verrechnungspreisen einer gruppeninternen operativen Logistik(-unterstützung) werden die jeweiligen gruppeninternen Renditekennziffern mit den Renditekennziffern von unabhängigen Logistikunterstützern verglichen. Die übliche Renditekennziffer für die Logistikunterstützung ist der Kostenaufschlag auf die eigenen Kosten (das heißt der Quotient aus EBIT und Vollkosten). Hierbei ist wichtig, dass wie beim Einkauf nicht etwa durchlaufende Kosten zu berücksichtigen sind. Als Basis-Szenario zeigt die nachstehende Tabelle die Interquartilsbandbreite von Vollkostenaufschlägen eines breiten Sets von 9 695 Vergleichsunternehmen.

Basis-Szenario

Basis-Szenario	1. Quartil	Median	3. Quartil
Vollkostenaufschlag	**0,7 %**	**2,6 %**	**5,9 %**

Die dem Basis-Szenario zu Grunde liegenden Vergleichbarkeitsfaktoren sind in der nebenstehenden Tabelle dargestellt. In weiteren Szenarien werden auf den folgenden Seiten

- regionale Unterschiede,
- Größenunterschiede,
- verschiedene Zeiträume und
- der Zeitpunkt, also das Setzen oder Überprüfen der Verrechnungspreise,

analysiert. Ausgangspunkt ist jeweils das Basis-Szenario. Für andere Geschäftsmodelle wie das Supply Chain Management sind die gezeigten Vollkostenaufschläge in der Regel nicht geeignet.

Grundsätzlich liefern die gezeigten Szenarien indikative Referenzwerte und erfüllen nicht die Anforderungen für steuerliche Zwecke (siehe Seite 102).

Vergleichbarkeitsfaktoren

Regionen	Paneuropäischer Ansatz
Branche	Alle Branchen
Größenunterschiede	Umsatz größer/gleich 1,0 Mio. Euro
Zeitpunkt	Überprüfung/Outcome Testing
Kennzahl	Vollkostenaufschlag
Zeitraum	2014 bis 2016

Regionen

Regionen	Gesamt-Europa	West-Europa	Ost-Europa	Süd-Europa	Nord-Europa
3. Quartil	5,9%	5,5 %	6,9 %	5,1 %	11,5 %
Median	2,6 %	2,2 %	3,4 %	2,3 %	4,3 %
1. Quartil	0,7 %	0,4 %	1,4 %	0,6 %	0,7 %
Beobachtungen	9 695	2 139	1 825	4 896	835

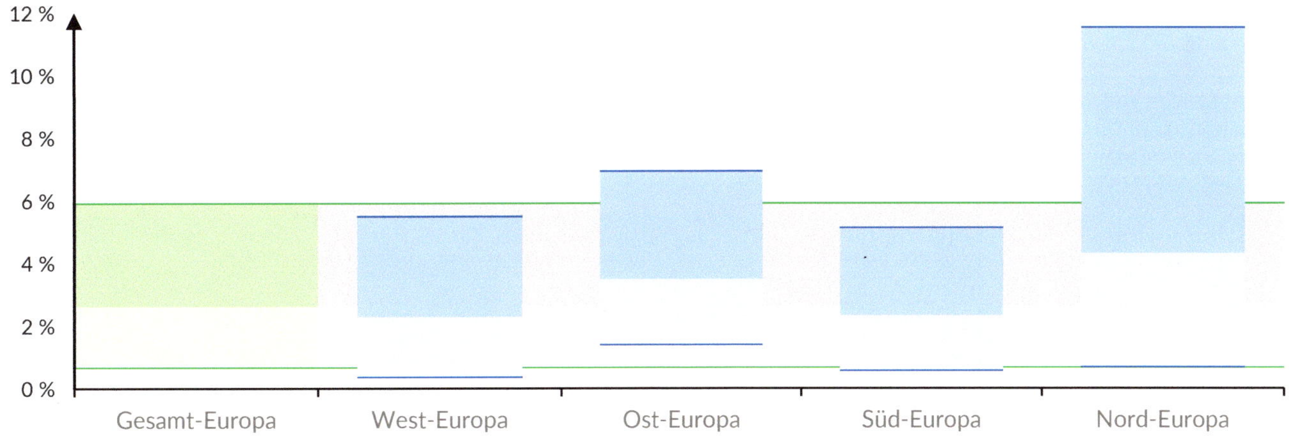

Größenunterschiede

Umsatz größer als	1,0 Mio. Euro	2,5 Mio. Euro	5,0 Mio. Euro	10,0 Mio. Euro	15,0 Mio. Euro
3. Quartil	5,9 %	5,8 %	6,2 %	7,0 %	7,3 %
Median	2,6 %	2,5 %	2,7 %	2,9 %	3,0 %
1. Quartil	0,7 %	0,7 %	0,8 %	0,9 %	0,9 %
Beobachtungen	9 695	5 484	3 052	1 535	1 053

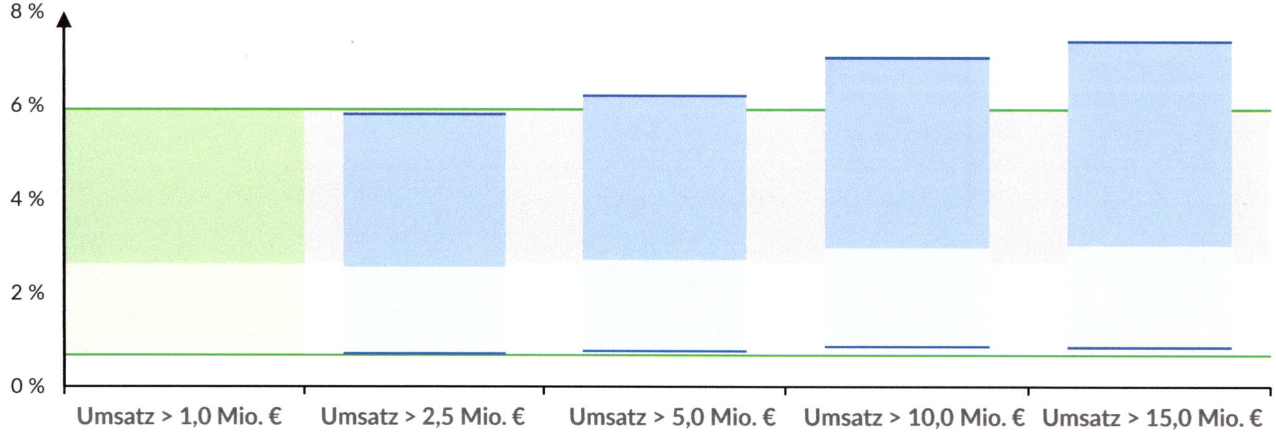

Zeitraum

Zeitraum	2014-2016	2013-2015	2012-2014	2016	2015	2014
3. Quartil	5,9 %	5,7 %	5,7 %	7,1 %	7,5 %	7,7 %
Median	2,6 %	2,4 %	2,4 %	3,2 %	3,3 %	3,3 %
1. Quartil	0,7 %	0,7 %	0,7 %	0,9 %	0,9 %	0,9 %
Beobachtungen	9 695	9 166	8 771	7 450	6 855	6 641

Zeitpunkt

Zeitpunkt	Überprüfung/Outcome Testing	Preis-Setzung/Price Setting
3. Quartil	5,9 %	6,9 %
Median	2,6 %	3,4 %
1. Quartil	0,7 %	1,6 %
Beobachtungen	9 695	8 155

»I don't spend my time pontificating about high-concept things;
I spend my time solving engineering and manufacturing problems.«

Elon Musk

3.6

Produktion

Klassifizierung

Die Produktion ist in zahlreichen traditionellen Geschäftsmodellen das Herz der betrieblichen Wertschöpfung und befasst sich mit der Leistungserstellung. Der Leistungserstellungsprozess zielt auf die physische Transformation von Einsatzfaktoren im Rahmen der Herstellung, Bearbeitung oder Montage und ist geprägt durch den Einsatz diverser Produktionsfaktoren, die als fixe und variable Kostenbestandteile in das Endprodukt eingehen. In Abhängigkeit des relativen Anteils der eingesetzten Produktionsfaktoren an den gesamten Herstellungskosten kann

- eine materialintensive Fertigung,
- eine anlagenintensive Fertigung und
- eine arbeitsintensive Fertigung

unterschieden werden. Während anlagen- und arbeitsintensive Fertigungen durch einen hohen Anteil fixer Kosten (Abschreibungen, Gehälter und Löhne) charakterisiert sind, stehen bei materialintensiven Fertigungen die variablen Kosten der erforderlichen Einsatzfaktoren (zum Beispiel Roh-, Hilfs- und Betriebsstoffe) im Vordergrund. Der Anteil fixer und variabler Kosten determiniert auch das Risikoprofil der jeweiligen Fertigungsform. Bei einer Fertigung mit hohen Fixkosten kommt dem Markt-, Investitions- und Auslastungsrisiko eine große Bedeutung zu, wohingegen bei einer Fertigung mit einem hohen Anteil variabler Kosten das Finanzierungs-, Beschaffungs- und Lagerrisiko im Vordergrund stehen. Als Herzstück der Wertschöpfungskette ist die Produktion prozessual eng verwoben mit vorgelagerten Funktionen wie dem Einkauf und der Beschaffungslogistik sowie nachgelagerten Funktionen wie Vertrieb, Marketing und Absatzlogistik. Zur Kategorisierung von Produktionsunternehmern haben sich für Verrechnungspreiszwecke die folgenden Unternehmenstypen in der Praxis etabliert.

Eigenproduzent

Eigenproduzenten planen, steuern, überwachen die elementaren Funktionen der Wertschöpfungskette, verfügen über die entsprechenden Entscheidungsbefugnisse und über die Werttreiber des Geschäftsmodells. Durch die Kompetenzbündelung können Eigenproduzenten autonom am Markt agieren und auf Veränderungen der ökonomischen Rahmenbedingungen reagieren.

Lizenzfertiger

Lizenzfertiger weisen ein vergleichbares Profil wie der Eigenproduzent auf, müssen allerdings die zur Produktion notwendigen Technologien von Dritten lizenzieren. Lizenzfertiger können daher weitestgehend autonom am Markt agieren, haben allerdings aufgrund der technologischen Abhängigkeit von Dritten einen eingeengten Spielraum, auf technologische Veränderung zu reagieren.

IP-Auftragsfertiger

Die Besonderheit des IP-Auftragsfertigers liegt darin, dass dieser zwar vergleichbar mit einem typischen Auftragsfertiger eng in die Wertschöpfungskette eines Dritten eingebunden ist, allerdings Eigentümer von immateriellen Werten (Intellectual Property, IP) für den Produktionsprozess ist. Trotz des Eigentums an immateriellen Werten hat dieser aufgrund der Einbindung nur geringe Einflussmöglichkeiten auf das Geschäftsmodell.

Auftragsfertiger

Der Auftragsfertiger übernimmt einen abgegrenzten Teil der Produktion für einen Auftraggeber unter Bereitstellung der erforderlichen immateriellen Werte. Die Rohstoffe und Materialien beschafft er im eigenen Namen und auf eigene Rechnung. Er unterhält absatzseitig keine eigene Vertriebs- und Marketingstruktur, sondern produziert die bestellten Mengen ausschließlich für seinen Auftraggeber.

Lohnfertiger

Vergleichbar zum Auftragsfertiger übernimmt der Lohnfertiger einen abgegrenzten Teil der Produktion für einen Auftraggeber, ohne Eigentum an den verarbeiteten Produkten zu erwerben (»verlängerte Werkbank«). Die erforderlichen Rohstoffe und Materialien werden vom Auftraggeber beschafft und dem Lohnfertiger beigestellt.

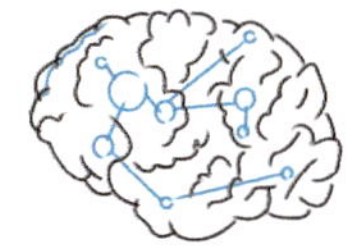

Funktion	Risiken	Werttreiber
Eigenständige Ausübung der Produktionstätigkeiten sowie vorgelagerter (Innovation, Einkauf, Logistik) und nachgelagerter Funktionen (Vertrieb, Marketing, After-Sales) unter teilweiser Auslagerung operativer Aufgaben auf verbundene Unternehmen.	Verantwortet die gesamte Wertschöpfungskette und verfügt über die fachlichen Kompetenzen, fundierte Entscheidungen zu treffen. Dies schafft die Möglichkeit, Risiken zu managen und das eigene Geschäftsmodell anzupassen.	Zentrale Werttreiber für das Geschäftsmodell stehen in seinem Eigentum oder werden vom Eigenproduzent kontrolliert. Als Vergütung für seine Wertschöpfungsbeiträge ist ihm der Residualgewinn nach Vergütung der ausgelagerten Funktionen zuzurechnen.
Eigenständige Ausübung der Produktionstätigkeiten sowie vor- und nachgelagerter Funktionen mit Ausnahme der Innovationstätigkeit. Möglichkeit der Auslagerung operativer Aufgaben an verbundene Unternehmen besteht.	Verantwortet die Wertschöpfungskette mit Ausnahme von Innovationen und verfügt über die fachlichen Kompetenzen, fundierte Entscheidungen zu treffen. Daher hat der Lizenzfertiger limitierte Möglichkeiten, auf strategische Risiken durch Technologieadaptionen zu reagieren.	Ein Teil der Werttreiber für das Geschäftsmodell muss lizenziert werden. Als Vergütung für seine Wertschöpfungsbeiträge ist dem Lizenzfertiger im Allgemeinen der Residualgewinn nach Abzug von Lizenzen und Vergütung ausgelagerter Funktionen zuzurechnen.
Aufgabenspektrum ist auf die operative Fertigung sowie die Beschaffung von Vorprodukten und Rohstoffen nach Vorgabe des Auftraggebers begrenzt. Der IP-Auftragsfertiger übernimmt die (Weiter-)Entwicklung und den technologischen Erhalt produktionsbezogener immaterieller Werte.	Verfügt über kurzfristig-operative Entscheidungskompetenzen und trägt die mit der Innovation verbundenen Risiken. Mangels eines eigenen Zugangs zum Absatzmarkt hat der IP-Auftragsfertiger nur sehr begrenzte eigene Möglichkeiten zur Umsatzausweitung und Kundendiversifikation.	Produktionsbezogene (immaterielle) Werttreiber sind im Eigentum oder unter der Kontrolle des IP-Auftragsfertigers. Die Vergütung kann auf Basis von Plandaten entsprechend einer Super-Cost-Plus-Methode (Herstellungskosten zuzüglich einer Lizenz für die eigenen immateriellen Werte und eines angemessenen Gewinns) oder eines Profit Splits erfolgen.
Aufgabenspektrum ist auf die operative Fertigung sowie die Beschaffung von Vorprodukten und Rohstoffen nach Vorgabe des Auftraggebers begrenzt.	Verfügt nur über Kompetenzen für Entscheidungen hinsichtlich seines kurzfristig-operativen Aufgabenspektrums und hat daher nur begrenzte Möglichkeiten, auf veränderte Rahmenbedingungen und damit verbundene Risiken zu reagieren.	Die (immateriellen) Werttreiber werden vom Auftraggeber beigestellt, damit der Auftragsfertiger Produkte in seinen Fertigungsanlagen produzieren kann. Die Vergütung basiert auf einer Erstattung der Herstellungskosten zuzüglich eines angemessenen Gewinns.
Aufgabenspektrum ist auf die Bereitstellung von Produktionsfaktoren (insbesondere Personal, Produktionsstätten und Maschinen) im Rahmen eines Dienstleistungsvertrags begrenzt.	Hat eine begrenzte Verantwortung für seine eigenen Produktionsfaktoren und trägt daher im Wesentlichen nur Investitionsrisiken und in begrenztem Umfang Risiken aus einer mangelhaften Leistungserbringung.	Beistellung der zentralen Werttreiber sowie Vorprodukte und Rohstoffe durch den Auftraggeber. Für den Einsatz der eigenen Produktionsfaktoren erhält der Lohnfertiger eine Kompensation seiner Kosten zuzüglich eines angemessenen Gewinns.

Funktionsanalyse

Bei der Funktionsanalyse sind die wesentlichen Geschäftstätigkeiten zu identifizieren, um darauf aufbauend im Rahmen einer Gesamtschau eine Einordnung entsprechend den dargestellten Unternehmenstypen vorzunehmen. Die folgenden Beispiele sowie die vereinfachende Darstellung für die Unternehmensformen auf der nächsten Seite können als Startpunkt für eine Funktionsanalyse im Produktionsbereich verwendet werden, wobei den individuellen Gegebenheiten im eigenen Unternehmen besondere Beachtung geschenkt werden muss.

Innovation

Strukturierter Prozess, der sich mit der Gewinnung und praktischen Umsetzung neuer Erkenntnisse oder der Weiterentwicklung existierender Erkenntnisse befasst (siehe Seiten 109-119).

Einkauf

Funktion zur Versorgung des Unternehmens mit Produktionsfaktoren mit dem Ziel, das beschaffungsseitige Preis-Leistungsverhältnis zu optimieren (siehe Seiten 121-129).

Logistik

Planung, Koordination und operative Umsetzung der Beschaffungs- und Absatzlogistik entlang der Wertschöpfungs- und Lieferkette (»Supply Chain«) vom Lieferanten bis zum Endkunden mit dem Ziel einer zeitplangemäßen Beschaffung von Produktionsfaktoren und fristgerechten Auslieferung von Produkten an den Kunden (siehe Seiten 131-139).

Investitionsplanung

Analyse, Bewertung und Umsetzung von Investitionsprojekten im Bereich der Produktion als integraler Bestandteil der strategischen Unternehmensplanung.

Produktstrategie

Mittel- und langfristige Planung des Produktmix und Positionierung der Produkteigenschaften am Markt zur Abgrenzung gegenüber Wettbewerbern.

Preisstrategie

Preispositionierung der eigenen Produkte am Markt über einen mittel- bis langfristigen Planungshorizont zur preisseitigen Abgrenzung gegenüber Wettbewerbern.

Produktionsplanung

Definition, Ausgestaltung und Steuerung der Abläufe im Produktionsprozess im Rahmen des operativen Produktionsmanagements.

Fertigung

Planung und Koordination des Produktionsprozesses sowie operativer Tätigkeiten zur Transformation von Produktionsfaktoren in Fertigerzeugnisse im Rahmen der Herstellung, Bearbeitung oder Montage unter Verwendung betrieblicher Ressourcen.

Qualitätsmanagement

Definition und Überwachung der Ziele und Verantwortlichkeiten im Qualitätsmanagementsystem sowie die praktische Umsetzung durch Maßnahmen der Qualitätsüberwachung, -sicherung und -verbesserung.

Lagerhaltung

Steuerung und Überwachung des Lagerbestands zur Vermeidung von Überkapazitäten oder Lieferengpässen sowie die Lagerung von Produktionsfaktoren oder (halb-)fertigen Produkten.

Marketing

Entwicklung und Umsetzung von Vermarktungskonzepten für die eigenen Produkte entsprechend der Produkt- und Preisstrategie mit dem Ziel der Absatzsteigerung und emotionalen Bindung von Kunden an das eigene Unternehmen (siehe Seiten 161-169).

Vertrieb

Maßnahmen zur Förderung des Absatzes von Produkten und Dienstleistungen sowie der Anbahnung und des Abschlusses von Kaufverträgen (siehe Seiten 171-189).

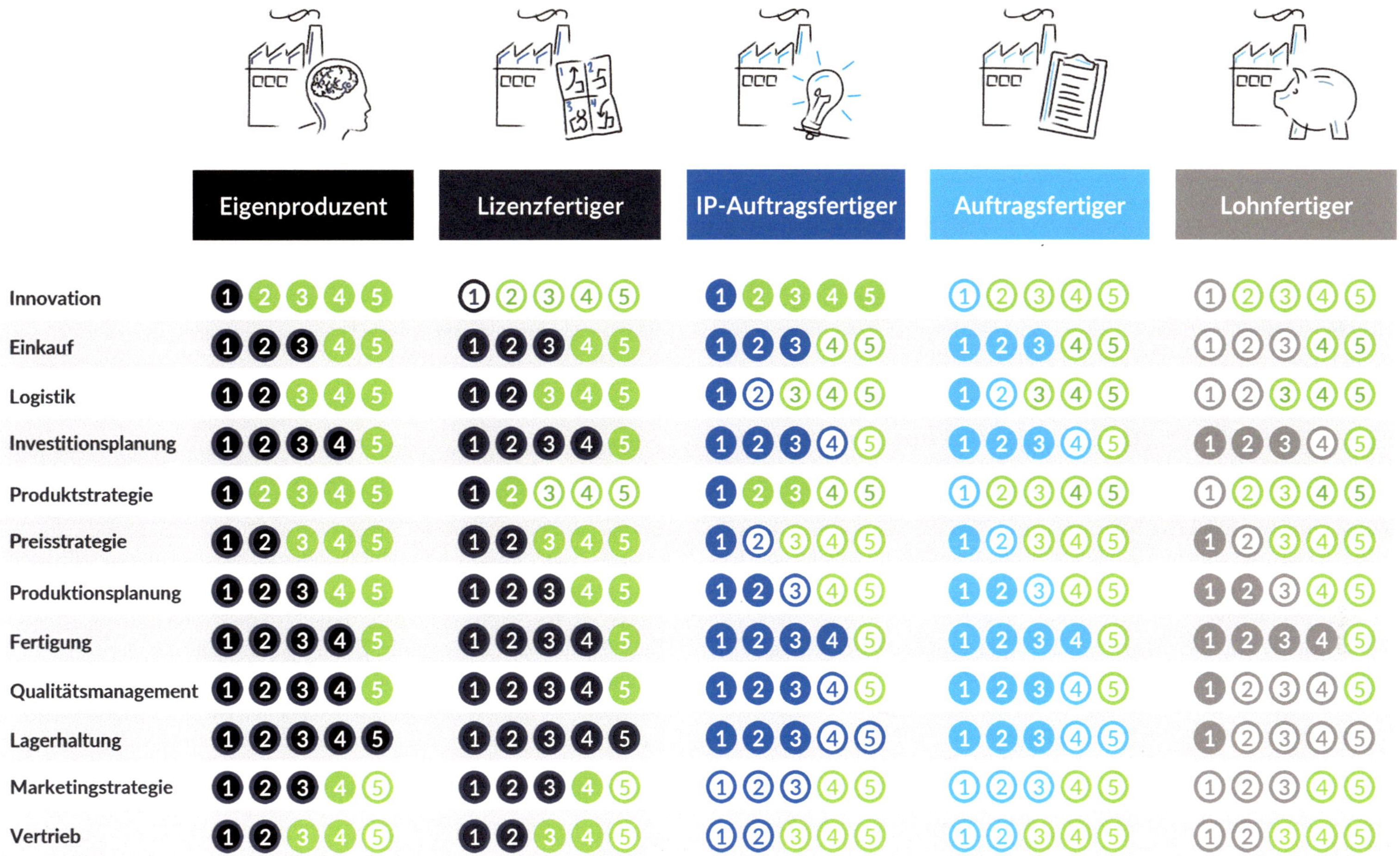

Anmerkung: Eine Erläuterung des zu Grunde liegenden Scoring-Modells finden Sie auf den Seiten 104 bis 107.

Risikoanalyse

In der Risikoanalyse sind die wesentlichen Geschäftsrisiken mit einem besonderen Fokus auf den Fertigungsprozess zu identifizieren und zu evaluieren. **Die folgenden Beispiele** sowie die vereinfachende Darstellung der Risikozuordnung auf der nächsten Seite können als Startpunkt für eine Risikoanalyse **im Produktionsbereich** verwendet werden, wobei den individuellen Gegebenheiten im eigenen Unternehmen besondere Beachtung geschenkt werden muss.

Marktrisiko

Übergeordnetes Risiko einer rückläufigen Nachfrage nach den eigenen Produkten und Dienstleistungen, das sich auf die gesamte Wertschöpfungskette auswirkt. Als Ausfluss des Marktrisikos kann es zu rückläufigen Umsätzen und sinkenden Margen kommen, etwa aufgrund von Wirtschaftszyklen, der Einführung von Konkurrenzprodukten oder Nachfrageveränderungen.

Innovationsrisiko

Risiko hinsichtlich des Grads der Verwertbarkeit von selbst entwickelten immateriellen Werten und der Amortisation investierter Entwicklungskosten (siehe Seiten 114-115).

Beschaffungsrisiko

Risiko, dass Produktionsfaktoren nicht rechtzeitig in der erforderlichen Quantität und Qualität am benötigten Ort bereitstehen oder sich die Beschaffungskosten erhöhen (siehe Seiten 124-125).

Investitionsrisiko

Unsicherheit hinsichtlich der Vorteilhaftigkeit einer Investition, die in schwankenden Renditen zum Ausdruck kommt, sowie das Risiko, dass die erwirtschafteten Erträge nicht zur Amortisation des Investments ausreichen.

Finanzierungsrisiko

Risiko der stetigen Bereitstellung von Zahlungsmitteln zur Finanzierung der laufenden Geschäftstätigkeit geplanter Investitionen.

Auslastungsrisiko

Risiko, dass bei Nachfragesteigerungen nicht ausreichend betriebliche Produktionskapazitäten zur Befriedigung der Nachfrage zur Verfügung stehen (Engpassrisiko) oder bei Nachfragerückgängen die Produktionskapazitäten nicht in dem geplanten Ausmaß genutzt werden (Leerkostenrisiko).

Produktionsrisiko

Risiko nicht budgetierter Kosten bei der Fertigung als Folgen von Materialmängeln, Fehlern bei der (Weiter-)Verarbeitung (Ausschuss), Krankheit oder dem Ausfall von Maschinen.

Umweltrisiko

Das Umweltrisiko kann externer (Sturm, Hochwasser, Dürre) oder interner Natur (Schäden an der Umwelt aus technischen, technologischen oder organisatorischen Gründen) sein und sich beispielsweise in Zusatzkosten zur Einhaltung von Umweltstandards, Umsatzrückgängen infolge einer veränderten Kundennachfrage oder Imageschäden materialisieren.

Lagerrisiko

Risiko der Beschädigung und Entwendung von Vorratsvermögen sowie dessen technische und wirtschaftliche Überalterung oder Verderb.

Qualitätsrisiko

Risiko, dass Produkte den Spezifikationen und Qualitätsanforderungen des Unternehmens oder des Kunden nicht entsprechen und zu erhöhtem Ausschuss führen oder bei Auslieferung an den Kunden Produkthaftungsrisiken oder einen Reputationsverlust nach sich ziehen können.

Produkthaftungsrisiko

Risiko von Schadenersatzforderungen von Kunden gegen den Produzenten für Schäden, die dem Endkunden aus der (Be-)Nutzung fehler- oder mängelbehafteter Produkte entstehen.

Währungsrisiko

Risiko von Währungsschwankungen bei in ausländischer Währung beschafften Rohstoffen und Materialien oder fakturierten Rechnungen, das sich in Währungsverlusten materialisiert.

Zahlungsausfallrisiko

Risiko des Zahlungsausfalls von Kunden und einer daraus resultierenden (teilweisen) Uneinbringlichkeit von Forderungen (siehe Seiten 176-177).

	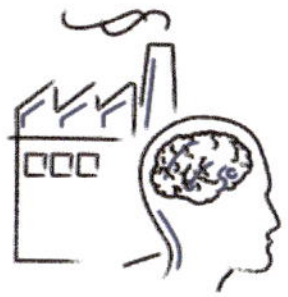 Eigenproduzent	 Lizenzfertiger	 IP-Auftragsfertiger	 Auftragsfertiger	 Lohnfertiger
Marktrisiko	1 2 3 4 5	1 2 3 4 (5)	1 2 3 (4) (5)	1 2 (3) (4) (5)	1 (2) (3) (4) (5)
Innovationsrisiko	1 2 3 4 5	(1) (2) (3) (4) (5)	1 2 3 4 5	(1) (2) (3) (4) (5)	(1) (2) (3) (4) (5)
Beschaffungsrisiko	1 2 3 4 5	1 2 3 4 5	1 2 3 (4) (5)	1 2 3 (4) (5)	1 (2) (3) (4) (5)
Investitionsrisiko	1 2 3 4 5	1 2 3 4 5	1 2 3 (4) (5)	1 2 3 (4) (5)	1 2 3 (4) (5)
Finanzierungsrisiko	1 2 3 4 5	1 2 3 4 5	1 2 (3) (4) (5)	1 2 (3) (4) (5)	1 (2) (3) (4) (5)
Auslastungsrisiko	1 2 3 4 5	1 2 3 4 5	1 2 3 (4) (5)	1 2 3 (4) (5)	1 2 3 (4) (5)
Produktionsrisiko	1 2 3 4 5	1 2 3 4 5	1 2 3 4 5	1 2 3 4 5	1 2 3 (4) (5)
Umweltrisiko	1 2 3 4 5	1 2 3 4 5	1 2 3 4 5	1 2 3 4 5	1 2 3 4 5
Lagerrisiko	1 2 3 4 5	1 2 3 4 5	1 2 3 4 5	1 2 3 4 5	1 (2) (3) (4) (5)
Qualitätsrisiko	1 2 3 4 5	1 2 3 4 5	1 2 3 (4) (5)	1 2 3 (4) (5)	1 (2) (3) (4) (5)
Produkthaftungsrisiko	1 2 3 4 5	1 2 3 4 5	1 2 3 (4) (5)	1 (2) (3) (4) (5)	(1) (2) (3) (4) (5)
Währungsrisiko	1 2 3 (4) (5)	1 2 3 (4) (5)	1 2 (3) (4) (5)	1 2 (3) (4) (5)	1 2 (3) (4) (5)
Zahlungsausfallrisiko	1 2 3 (4) (5)	1 2 3 (4) (5)	(1) (2) (3) (4) (5)	(1) (2) (3) (4) (5)	(1) (2) (3) (4) (5)

Anmerkung: Eine Erläuterung des zu Grunde liegenden Scoring-Modells finden Sie auf den Seiten 104 bis 107.

Werttreiberanalyse

Bei der Analyse der wesentlichen Werttreiber sind die materiellen und immateriellen Werte zu identifizieren, die den Produktionsprozess maßgeblich beeinflussen. Die folgenden Beispiele und die vereinfachende Darstellung der Werttreiberzuordnung auf der nächsten Seite können als Startpunkt für eine Analyse der Werttreiber im Produktionsbereich verwendet werden, wobei den individuellen Gegebenheiten im eigenen Unternehmen besondere Beachtung geschenkt werden muss.

Geschützte gewerbliche immaterielle Werte

Geschützte gewerbliche immaterielle Werte umfassen die Teilmenge der immateriellen Werte, die die Spezifikationen der hergestellten Produkte verkörpern und die gegen die unerlaubte Verwertung durch Dritte geschützt sind. Dies sind insbesondere

- Patente,
- Designrechte,
- (Geschmacks-)Muster und
- Rezepturen.

Ungeschützte gewerbliche immaterielle Werte

Ungeschützte gewerbliche immaterielle Werte umfassen insbesondere

- spezifisches (Produktions-)Knowhow,
- (Produktions-)Prozesse sowie Knowhow zu deren Strukturierung,
- Knowhow zur Planung des Produktionsprogramms,
- effiziente Lieferketten sowie Knowhow zu deren weiteren Optimierung,
- IT-Infrastruktur und
- Geschäftsgeheimnisse, die nicht geschützt werden können oder aufgrund der eigenen Patentstrategie nicht geschützt werden sollen.

Geschützte marketingbezogene immaterielle Werte

Immaterielle Werte, die zur umsatzsteigernden Vermarktung der eigenen Produkte und Dienstleistungen eingesetzt werden und die gegen die unerlaubte Verwertung durch Dritte geschützt sind. Dies sind insbesondere

- Markenrechte (Wort- und Bildmarken),
- Produktnamen,
- geschützte Werbeslogans und
- Vertriebsrechte.

Ungeschützte marketingbezogene immaterielle Werte

Die ungeschützten marketingbezogenen immateriellen Werte umfassen

- spezifisches Vertriebs-Knowhow,
- Marketingkonzepte,
- Daten und Informationen über Kundenwünsche und -verhalten,
- Kundenstamm und
- ungeschützte Werbeslogans.

Produktionsspezifisches materielles Anlagevermögen

Das produktionsspezifische materielle Anlagevermögen umfasst beispielsweise

- Produktionsgrundstücke,
- Produktions- und Lagergebäude und
- Produktionsanlagen.

Im Allgemeinen sind diese materiellen Werttreiber zur Umsetzung des eigenen Geschäftsmodells zwar erforderlich, allerdings häufig verhältnismäßig einfach austauschbar und kommen in der Branche standardmäßig im Einsatz.

	Eigenproduzent	Lizenzfertiger	IP-Auftragsfertiger	Auftragsfertiger	Lohnfertiger
Geschützte gewerbliche immaterielle Werte	❶❷❸❹❺	❶②③④⑤	❶❷❸❹❺	①②③④⑤	①②③④⑤
Ungeschützte gewerbliche immaterielle Werte	❶❷❸❹❺	❶❷❸❹⑤	❶❷❸❹⑤	❶❷❸④⑤	❶❷③④⑤
Geschützte marketingbezogene immaterielle Werte	❶❷❸❹⑤	❶❷❸❹⑤	①②③④⑤	①②③④⑤	①②③④⑤
Ungeschützte marketingbezogene immaterielle Werte	❶❷❸④⑤	❶❷❸④⑤	①②③④⑤	①②③④⑤	①②③④⑤
Produktionsspezifisches materielles Anlagevermögen	❶❷❸❹❺	❶❷❸❹❺	❶❷❸❹❺	❶❷❸❹❺	❶❷❸❹⑤

Anmerkung: Eine Erläuterung des zu Grunde liegenden Scoring-Modells finden Sie auf den Seiten 104 bis 107.

Auf einen Blick: Verrechnungspreisanalyse Produktionsfunktion

Die nebenstehende Darstellung fasst vier der zentralen Meilensteine aus der Verrechnungspreis-Roadmap für die typischen Ausprägungen von Produktionsgesellschaften schematisch zusammen und gibt einen Überblick über deren Charakteristika in Bezug auf die Verrechnungspreisanalyse.

1. Mithilfe eines Netzdiagramms werden typisierte Wertschöpfungsprofile unter Berücksichtigung von drei Wertschöpfungsdimensionen (Werttreiber, Funktionen, Risiken) dargestellt.

2. Aufbauend auf den Wertschöpfungsprofilen ist für Verrechnungspreiszwecke eine indikative Unternehmenscharakterisierung für die einzelnen Unternehmenstypen dargestellt. Entsprechend den Vorgaben der deutschen Finanzverwaltung erfolgt eine Differenzierung in Entrepreneur, Hybridunternehmen und Routineunternehmen.

3. Die Unternehmenscharakterisierung ist zusammen mit der Datenverfügbarkeit das zentrale Kriterium für die Wahl einer geeigneten Verrechnungspreismethode. Pauschalierend gilt für die Produktion, dass Eigenproduzenten einen Anteil am Residualgewinn (Residualgewinnmethode, Profit Split) und Lizenzfertiger einen Anteil am Residualgewinn abzüglich Lizenzzahlungen vereinnahmen, IP-Auftragsfertiger eine Vergütung auf Basis einer kostenbasierten TNMM zuzüglich einer Lizenzvergütung (Super Cost Plus) und Auftrags- und Lohnfertiger eine Vergütung auf Basis einer kostenbasierten TNMM erhalten.

4. Fremdvergleichsdaten können aus verschiedenen Quellen extrahiert werden. Benchmarking mittels Datenbankstudien auf Grundlage der TNMM ist nach Auffassung der deutschen Finanzverwaltung allerdings nur für Routineunternehmen zulässig. Ob für einzelne Unternehmenstypen ein Benchmarking üblicherweise möglich, unter gewissen Bedingungen möglich oder nicht möglich ist, wird durch ein entsprechendes Daumenzeichen symbolisiert.

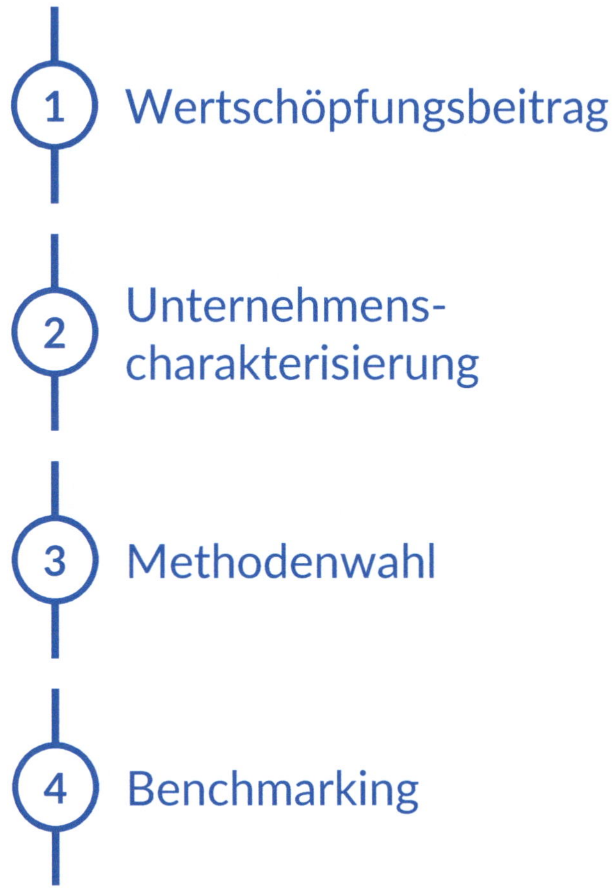

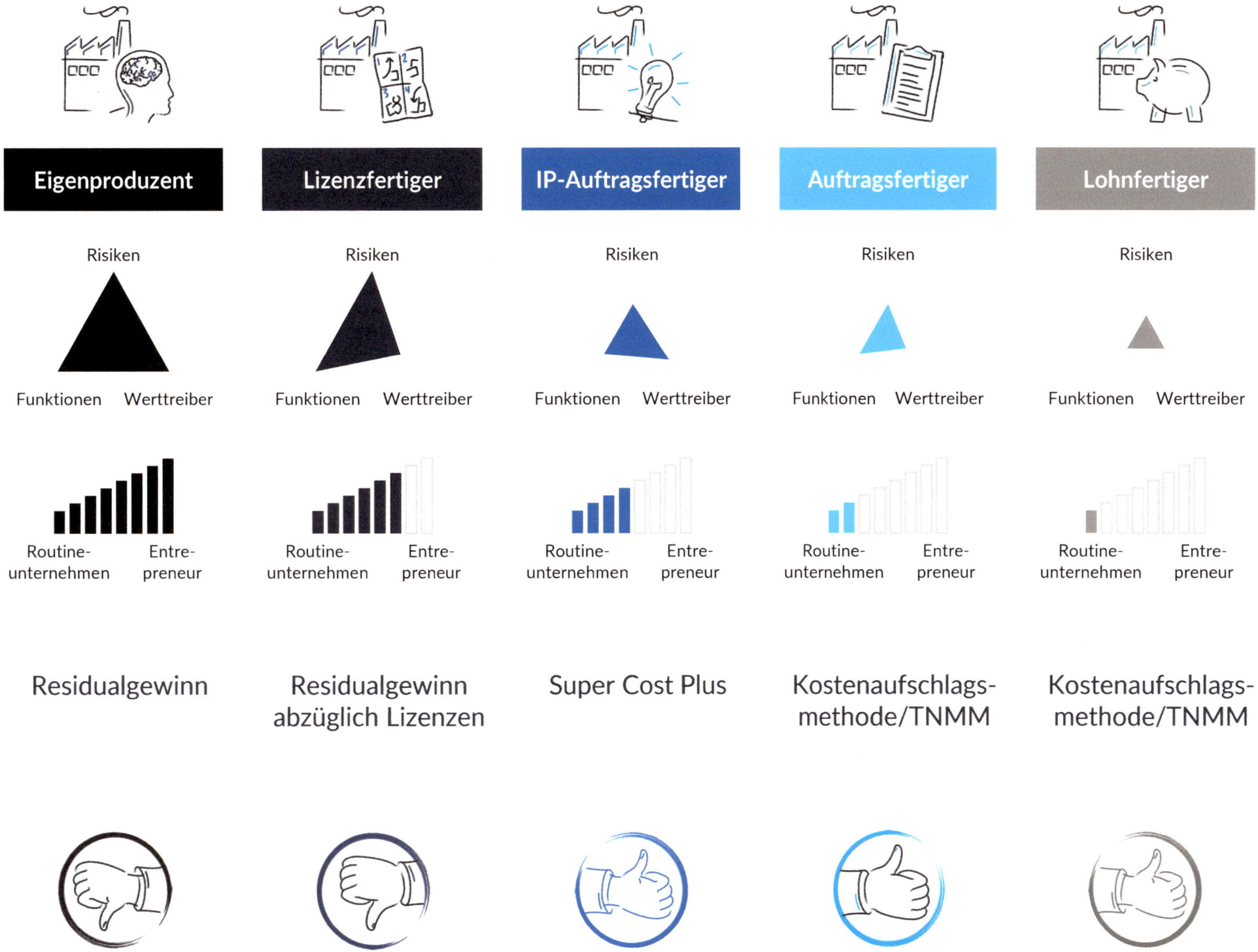
Eigenproduzent
Lizenzfertiger
IP-Auftragsfertiger
Auftragsfertiger
Lohnfertiger
Risiken
Funktionen
Werttreiber
Routine-unternehmen
Entre-preneur
Residualgewinn
Residualgewinn abzüglich Lizenzen
Super Cost Plus
Kostenaufschlags-methode/TNMM
Kostenaufschlags-methode/TNMM

Funktionen

Zeitpunkt

Regionen

Basis-Szenario

Branchen

Größen

Zeitraum

Referenzwerte

Zur Überprüfung der Fremdüblichkeit von Verrechnungspreisen einer gruppeninternen Produktionsfunktion werden die jeweiligen gruppeninternen Renditekennziffern mit den Renditekennziffern von unabhängigen Produktionsunternehmen verglichen. Die übliche Renditekennziffer für die Produktion ist der Kostenaufschlag auf die Vollkosten (also der Quotient aus EBIT und Vollkosten). Je nach Ausgestaltung oder zur Verifikation kann aber auch der Teilkostenaufschlag (also Quotient aus EBIT und Herstellkosten oder Materialkosten) relevant sein. Als Basis-Szenario zeigt die unten stehende Tabelle die Interquartilsbandbreite von Vollkostenaufschlägen eines breiten Sets von 4 296 Vergleichsunternehmen.

Basis-Szenario

Basis-Szenario	1. Quartil	Median	3. Quartil
Vollkostenaufschlag	**2,1 %**	**4,4 %**	**8,7 %**

Die dem Basis-Szenario zu Grunde liegenden Vergleichbarkeitsfaktoren sind in der rechts aufgeführten Tabelle dargestellt. In weiteren Szenarien werden auf den folgenden Seiten

- regionale Unterschiede,
- Branchenunterschiede,
- Größenunterschiede,
- verschiedene Zeiträume,
- der Zeitpunkt, also das Setzen oder Überprüfen der Verrechnungspreise,
- und unterschiedliche Kennzahlen wie der Teilkostenaufschlag,

analysiert. Ausgangspunkt ist jeweils das Basis-Szenario.

Bei den Branchenunterschieden werden die Branchen Automobil, Chemie, Elektronik, Lebensmittel, Rohstoffe, Pharma, Maschinen und Konsumgüter jeweils über die 3-Jahreszeiträume betrachtet.

Die gezeigten Referenzwerte sind primär für Auftragsfertiger und Lohnfertiger geeignet. Für den Auftragsfertiger wird regelmäßig der Vollkostenaufschlag genutzt, für den Lohnfertiger ist eher der Teilkostenaufschlag üblich. Auch für den IP-Auftragsfertiger können die Referenzwerte als eine Komponente des Fremdvergleichs verwendet werden, welche allerdings noch um eine angemessene Lizenzvergütung zu erhöhen sind (»Super Cost Plus«). Für den Eigenfertiger und den Lizenzfertiger sind die Referenzwerte nicht geeignet. Grundsätzlich liefern die gezeigten Szenarien indikative Referenzwerte und erfüllen nicht die Anforderungen für steuerliche Zwecke (siehe Seite 102).

Vergleichbarkeitsfaktoren

Regionen	Paneuropäischer Ansatz
Branche	Alle Branchen
Größenunterschiede	Umsatz größer/gleich 10,0 Mio. Euro
Zeitpunkt	Überprüfung/Outcome Testing
Kennzahl	Vollkostenaufschlag auf eigene Kosten
Zeitraum	2014 bis 2016

Regionen

Regionen	Gesamt-Europa	West-Europa	Ost-Europa	Süd-Europa	Nord-Europa
3. Quartil	8,7 %	8,7 %	9,3 %	8,6 %	9,3 %
Median	4,4 %	4,3 %	5,2 %	4,3 %	4,4 %
1. Quartil	2,1 %	1,6 %	2,4 %	2,1 %	1,4 %
Beobachtungen	4 296	665	646	2 834	151

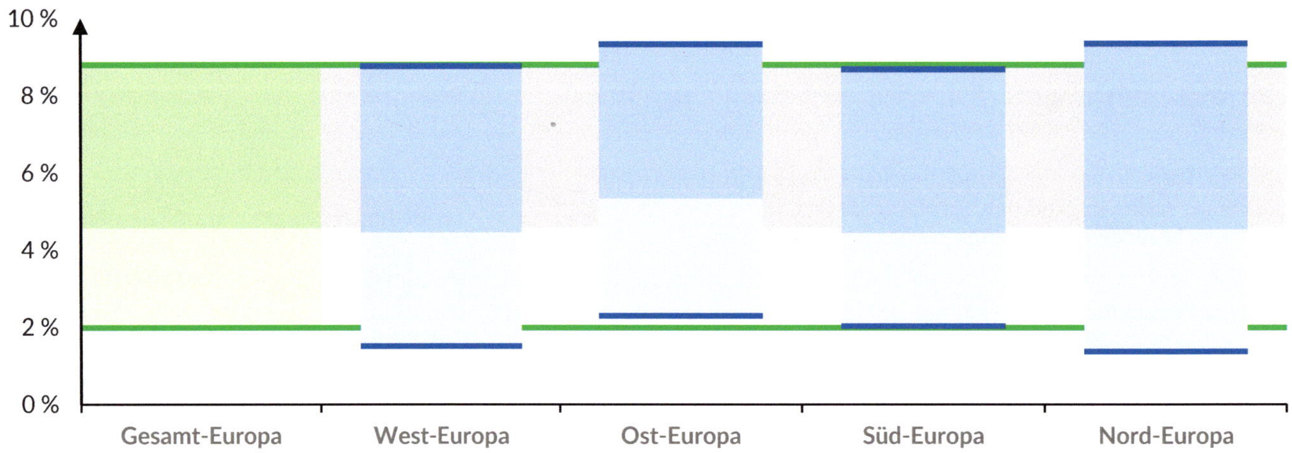

Branchen

Branchen	Alle	Automobil	Chemie	Elektronik	Lebensmittel	Rohstoffe	Pharma	Maschinen	Konsumgüter
3. Quartil	8,7 %	8,7 %	10,3 %	11,3 %	6,9 %	17,2 %	16,6 %	12,4 %	9,2 %
Median	4,4 %	4,7 %	4,8 %	6,1 %	3,2 %	7,3 %	8,3 %	6,4 %	4,9 %
1. Quartil	2,1 %	2,3 %	2,5 %	3,2 %	1,4 %	2,4 %	3,1 %	3,1 %	2,5 %
Beobachtungen	4 296	108	240	190	1 280	26	31	364	775

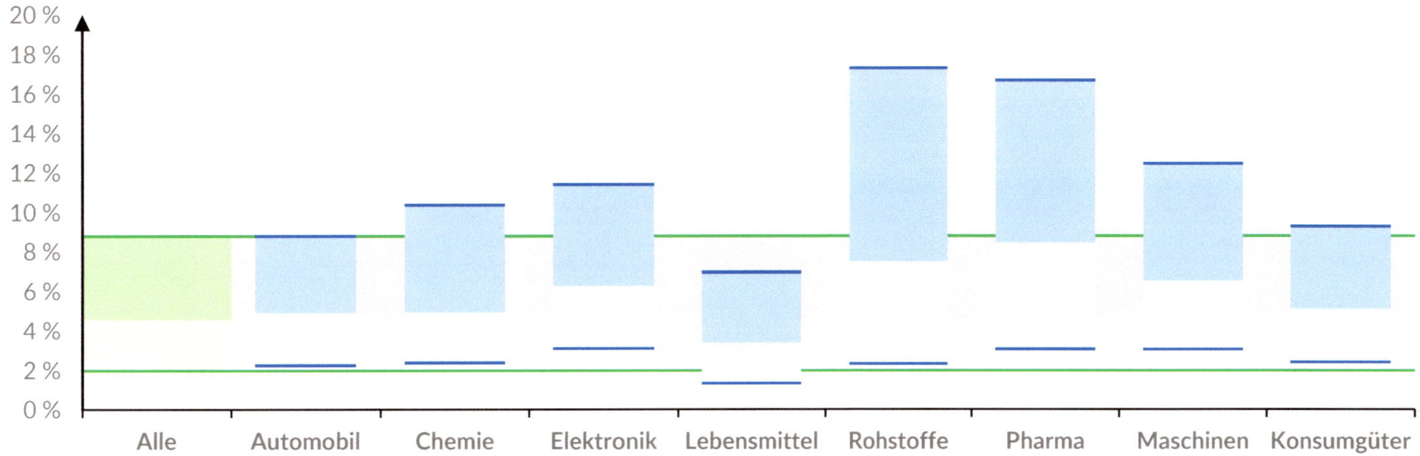

Größenunterschiede

Umsatz größer	10,0 Mio. Euro	5,0 Mio. Euro	15,0 Mio. Euro	20,0 Mio. Euro	25,0 Mio. Euro
3. Quartil	8,7 %	8,7 %	8,6 %	8,5 %	8,4 %
Median	4,4 %	4,4 %	4,2 %	4,1 %	4,0 %
1. Quartil	2,1 %	2,1 %	2,0 %	2,0 %	1,9 %
Beobachtungen	4 296	9 783	2 533	1 653	1 184

Kennzahl

Kennzahl	Vollkosten	Teilkosten
3. Quartil	8,7 %	15,3 %
Median	4,4 %	7,1 %
1. Quartil	2,1 %	3,0 %
Beobachtungen	4 296	4 250

Zeitraum

Zeitraum	2014-2016	2013-2015	2012-2014	2016	2015	2014
3. Quartil	8,7 %	8,0 %	7,4 %	9,8 %	9,8 %	9,8 %
Median	4,4 %	4,1 %	3,8 %	4,8 %	4,7 %	4,6 %
1. Quartil	2,1 %	1,9 %	1,7 %	2,1 %	1,9 %	1,8 %
Beobachtungen	4 296	3 979	3 775	4 494	4 203	4 004

Zeitpunkt

Zeitpunkt	Überprüfung/Outcome Testing	Preis-Setzung/Price Setting
3. Quartil	8,7 %	9,2 %
Median	4,4 %	4,8 %
1. Quartil	2,1 %	2,5 %
Beobachtungen	4 296	4 034

Branchen über verschiedene Zeiträume

Automobil

Vollkostenaufschlag	2014-2016	2013-2015	2012-2014
3. Quartil	8,7 %	8,7 %	7,8 %
Median	4,7 %	4,5 %	4,4 %
1. Quartil	2,3 %	2,3 %	2,3 %
Beobachtungen	108	99	93

Chemie

Vollkostenaufschlag	2014-2016	2013-2015	2012-2014
3. Quartil	10,3 %	9,0 %	7,6 %
Median	4,8 %	4,3 %	3,8 %
1. Quartil	2,5 %	1,8 %	1,3 %
Beobachtungen	240	231	216

Elektronik

Vollkostenaufschlag	2014-2016	2013-2015	2012-2014
3. Quartil	11,3 %	11,3 %	9,9 %
Median	6,1 %	5,1 %	4,8 %
1. Quartil	3,2 %	2,6 %	2,3 %
Beobachtungen	190	171	159

Lebensmittel

Vollkostenaufschlag	2014-2016	2013-2015	2012-2014
3. Quartil	6,9 %	6,1 %	5,6 %
Median	3,2 %	3,0 %	2,9 %
1. Quartil	1,4 %	1,4 %	1,2 %
Beobachtungen	1 280	1 206	1 162

Rohstoffe

Vollkostenaufschlag	2014-2016	2013-2015	2012-2014
3. Quartil	17,2 %	14,3 %	12,2 %
Median	7,3 %	6,4 %	4,4 %
1. Quartil	2,4 %	2,4 %	2,1 %
Beobachtungen	26	26	26

Pharma

Vollkostenaufschlag	2014-2016	2013-2015	2012-2014
3. Quartil	16,6 %	18,4 %	18,4 %
Median	8,3 %	11,5 %	11,3 %
1. Quartil	3,1 %	5,7 %	5,6 %
Beobachtungen	31	46	43

Maschinen

Vollkostenaufschlag	2014-2016	2013-2015	2012-2014
3. Quartil	12,4 %	12,5 %	12,5 %
Median	6,4 %	6,1 %	5,9 %
1. Quartil	3,1 %	3,4 %	3,3 %
Beobachtungen	364	331	313

Konsumgüter

Vollkostenaufschlag	2014-2016	2013-2015	2012-2014
3. Quartil	9,2 %	8,3 %	8,0 %
Median	4,9 %	4,5 %	4,2 %
1. Quartil	2,5 %	2,3 %	2,1 %
Beobachtungen	775	708	667

»You can't build a reputation on what you are going to do.«

Henry Ford

3.7

Marketing

Klassifizierung

Das Marketing rückt Nutzenversprechen in das Zentrum der Kommunikation mit dem Kunden. Durch die gezielte Vermarktung sollen Kunden auf die eigenen Produkte und Dienstleistungen aufmerksam gemacht und zum Kauf angeregt werden.

Aufgrund der engen Verzahnung der Aufgabenfelder zwischen Marketing und Vertrieb ist eine trennscharfe Abgrenzung beider Funktionen in der Praxis nicht immer möglich. Aus Verrechnungspreissicht sollte eine differenzierte Analyse allerdings immer dann durchgeführt werden, wenn die Marketingaktivitäten von den typisierten Ausprägungen für Vertriebsgesellschaften abweichen und gegebenenfalls weitere Landesgesellschaften an der Wertschöpfung beteiligt sind. Beispielsweise kann ein Eigenhändler in einer multinationalen Unternehmensgruppe hohe Freiheitsgrade hinsichtlich seiner Vertriebstätigkeit haben, allerdings an die gruppenweite Marken- und Marketingstrategie gebunden sein.

Abhängig vom Aufgabenprofil bietet sich in der Praxis folgende Untergliederung der Marketingfunktion an:

- strategisches Marketing zur Entwicklung, Planung und Überwachung von Marketingkonzepten sowie der Produktpositionierung der Unternehmensgruppe und
- operatives Marketing als unterstützende Funktionen zur Umsetzung von Marketingkonzepten im Tagesgeschäft.

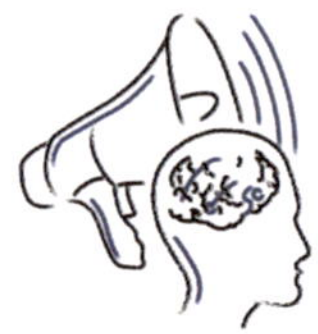

Strategisches Marketing

Das strategische Marketing verantwortet die Grundausrichtung der eigenen Marketingkonzepte und -aktivitäten sowie die Produktpositionierung. Durch die Ausarbeitung strategisch-langfristiger Pläne und Konzepte sowie taktisch-mittelfristiger Marketingmaßnahmen, meist mit einem regionalen oder lokalen Kontext, soll sichergestellt werden, dass die operativen Marketingaktivitäten in den Landesgesellschaften konsistent zu den gruppenweiten Marketingzielen umgesetzt werden. Meist erfolgt die gruppenweite Kommunikation der strategischen und taktischen Vorgaben im Rahmen von Richtlinien oder konkreten Arbeitsanweisungen.

Operative Marketingunterstützung

Das operative Marketing ist meist in den einzelnen Vertriebsgesellschaften angesiedelt und für das Tagesgeschäft verantwortlich. Basierend auf den strategischen und taktischen Marketingmaßnahmen führt das operative Marketing konkrete Marketingaktivitäten aus, wie beispielsweise die Koordination und Schaltung von Werbung, die Bestellung von Prospekten und Werbematerialien oder die Teilnahme an Messen. Zusätzlich unterstützt das operative Marketing die taktischen und strategischen Funktionen durch die Rückmeldung eigener Beobachtungen (zum Beispiel lokale oder kundenspezifische Trends) sowie des direkten Feedbacks von Kunden.

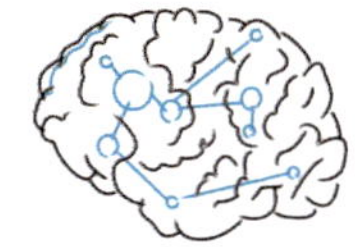

Funktion	Risiken	Werttreiber
Übernimmt die wertschöpfenden Funktionen in Bezug auf die Grundausrichtung der eigenen Marken sowie die Marketingstrategie und Produktpositionierung. Als Ergebnis der Funktionsausübung werden Planungen, Richtlinien und Handlungsvorgaben mit einem mittel- und langfristigen Charakter für das operative Marketing erstellt.	Verantwortet aufgrund der strategischen und taktischen Planung die wesentlichen Risiken des Marketings, insbesondere das Markenrisiko und das Risiko einer falschen Produktpositionierung.	Setzt eigenes Knowhow in Bezug auf die Entwicklung und Optimierung von Vertriebskanälen, die Definition und Umsetzung der Produkt-Markt-Strategie, die Auswahl eines kunden- und marktspezifischen Produkt- und Warengruppensortiments als auch zum Aufbau und zur Pflege des Markenimages zur Erfüllung seiner strategischen und taktischen Marketingaufgaben ein. Aufgrund der höheren Wertschöpfungsbeiträge ist der strategischen Marketingfunktion eine höhere Vergütung zu gewähren als dem operativen Marketing für seine Unterstützungsleistungen.
Führt das Tagesgeschäft unter Beachtung der Vorgaben des strategischen Marketings aus. Zum Aufgabenspektrum zählt beispielsweise die Koordinierung und Umsetzung von Marketingaktivitäten und verkaufsfördernden Maßnahmen, die Entwicklung und Veranlassung von Werbekampagnen, die Bestellung von Werbematerial sowie die Teilnahmen an Messen.	Verantwortet das operative Tagesgeschäft des Marketings, beispielsweise in Bezug auf operative Marketingfehler.	Verwendet im Rahmen seiner Geschäftstätigkeit keine wertvollen immateriellen Werte. Für seine unterstützende Funktion erhält das operative Marketing ein kostenbasiertes Entgelt als Vergütung.

Funktionsanalyse

Marktforschung

Analyse der relevanten Märkte und Kundengruppen beispielsweise hinsichtlich der spezifischen Kundenbedürfnisse, des Kauf- und Nachfrageverhaltens, der Kaufkraft und der Wettbewerbssituation. Die Marktforschung ist der Ausgangspunkt für die Produkt-Markt-Strategie und eine zielgerichtete Positionierung der eigenen Produkte am Markt.

Marketingstrategie

Basierend auf einem guten Verständnis der regionalen Kundenstruktur und des Wettbewerbsumfelds definiert die Marketingstrategie Ziele und Maßnahmen der Kundenansprache und -gewinnung. Sie bestimmt damit die langfristige marktorientierte Ausrichtung der Unternehmensgruppe und legt fest, welche Produkte und Schwerpunkte im speziellen Fokus der Marketingaktivitäten stehen sollen.

Entwicklung Marketingkonzepte

Die Entwicklung von Marketingkonzepten dient der Umsetzung strategischer Ziele in einen konkreten Maßnahmenkatalog. Die taktisch-mittelfristige Ausrichtung von Marketingkonzepten hat das Ziel, geeignete Marketinginstrumente, Kommunikationswege, Vertriebskanäle und Preisvorgaben für das operative Marketing zu identifizieren und zu definieren.

Kundenansprache und Öffentlichkeitsarbeit

Die Umsetzung von Marketingkonzepten erfolgt durch das operative Marketing. Zu den Aufgaben des operativen Marketings zählen unter anderem die Erschließung von Marketing- und Verkaufswegen sowie die Ansprache und Akquise von Kunden durch geeignete Marketingmaßnahmen auf der Grundlage zentraler Vorgaben.

Markenbildung und -pflege

Eng verbunden mit den Marketingmaßnahmen sind Aufbau und Pflege der eigenen Marken (Unternehmensmarken und Produktmarken) als zentrales Abgrenzungskriterium gegenüber Wettbewerbern. Zum Aufgabenspektrum gehört die Definition der Markenidentität, die Markenstrategie sowie die Markenpositionierung durch geeignete Marketingmaßnahmen, wie beispielsweise Werbung, Internetauftritt, Broschüren oder Messestände.

Risikoanalyse

Risiko der Produktpositionierung

Risiko einer rückläufigen Produktnachfrage oder niedrigerer durchsetzbarer Preise aufgrund einer nicht optimalen Positionierung der eigenen Produkte.

Preissetzungsrisiko

Risiko einer rückläufigen Produktnachfrage oder zu geringer Marge als Folge zu hoher oder zu niedriger Preise für die eigenen Produkte.

Risiko von Marketingfehlern

Unsachgerecht ausgeführte oder mangelhafte Marketingmaßnahmen bergen das Risiko, dass sich der Erfolg dieser Maßnahmen nicht wie geplant einstellt und zu einer rückläufigen Produktnachfrage führt.

Markenrisiko

Risiko, dass das Markenimage durch ungeeignete Marketingmaßnahmen beeinträchtigt wird und es zu einer rückläufigen Produktnachfrage mit der Folge abnehmender Umsätze und sinkender Margen kommt.

Risiko der Markenverletzung

Risiko der Geltendmachung von Schadenersatzforderungen des Markenrechtinhabers aufgrund der ungerechtfertigten Nutzung der Marke oder des Warenzeichens eines Dritten ohne dessen Zustimmung.

Werttreiberanalyse

Geschützte immaterielle Werte

- Markenrechte
- Websites, Internet Domain-Namen, User-Experience-Konzepte

Ungeschützte immaterielle Werte/Wettbewerbsfaktoren

- Knowhow zur Entwicklung und Optimierung von Vertriebskanälen
- Knowhow zur Definition und Umsetzung der Produkt-Markt-Strategie
- Knowhow bezüglich der Auswahl eines kunden- und marktspezifischen Produkt- und Warengruppensortiments
- Knowhow zum Aufbau und zur Pflege des Markenimage

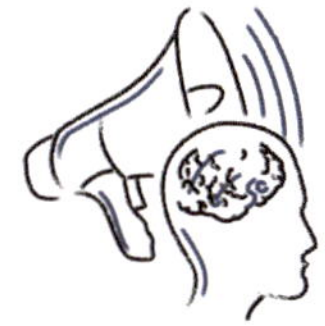

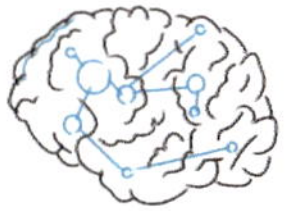

	Strategisches Marketing	Marketing-unterstützung
Marktforschung	1 2 **3** **4** **5**	**1** **2** 3 4 5
Marketingstrategie	1 **2** **3** **4** **5**	**1** 2 3 4 5
Entwicklung Marketingkonzepte	1 **2** **3** **4** **5**	**1** 2 3 4 5
Kundenansprache und Öffentlichkeitsarbeit	1 2 3 **4** **5**	**1** **2** **3** 4 5
Markenbildung und -pflege	1 2 **3** **4** **5**	**1** **2** 3 4 5
Risiko der Produktpositionierung	**1** **2** **3** **4** **5**	**1** 2 3 4 5
Preissetzungsrisiko	**1** **2** **3** **4** **5**	**1** **2** 3 4 5
Risiko von Marketingfehlern	**1** **2** **3** **4** **5**	**1** 2 3 4 5
Markenrisiko	**1** **2** **3** **4** **5**	**1** **2** 3 4 5
Risiko der Markenverletzung	**1** **2** **3** **4** **5**	**1** **2** 3 4 5
Geschützte immaterielle Werte	**1** **2** **3** **4** **5**	**1** **2** 3 4 5
Ungeschützte immaterielle Werte / Wettbewerbsfaktoren	**1** **2** **3** **4** **5**	**1** **2** 3 4 5

Anmerkung: Im Unterschied zu den Kernfunktionen Produktion und Vertrieb wird unterstellt, dass sich die Tätigkeitsprofile der Marketingunterstützung und des strategischen Marketings gegenseitig ausschließen; es erfolgt daher eine abweichende Darstellung der Funktionsprofile. Im Gegensatz dazu ist eine sich gegenseitig ausschließende Betrachtung bei den Marketingrisiken und Werttreibern nicht erforderlich, da sowohl das strategische Marketing als auch die Marketingunterstützung Marketingrisiken und Werttreiber mit Routinecharakter tragen beziehungsweise einsetzen. Für eine Erläuterung des Scorings siehe die Seiten 104 bis 107.

Referenzwerte

Zur Überprüfung der Fremdüblichkeit von Verrechnungspreisen einer gruppeninternen Marketingunterstützungsfunktion werden die jeweiligen gruppeninternen Renditekennziffern mit den Renditekennziffern von unabhängigen Marketingdienstleistern verglichen. Die übliche Renditekennziffer für die Marketingunterstützung ist der Kostenaufschlag auf die Vollkosten (also der Quotient aus EBIT und Vollkosten). Als Basis-Szenario zeigt die unten stehende Tabelle die Interquartilsbandbreite von Vollkostenaufschlägen eines breiten Sets von 3 398 Vergleichsunternehmen.

Basis-Szenario

Basis-Szenario	1. Quartil	Median	3. Quartil
Vollkostenaufschlag	**0,8 %**	**3,5 %**	**7,9 %**

Die dem Basis-Szenario zu Grunde liegenden Vergleichbarkeitsfaktoren sind in der rechts aufgeführten Tabelle dargestellt. In weiteren Szenarien werden auf den folgenden Seiten

- regionale Unterschiede,
- Größenunterschiede,
- verschiedene Zeiträume und
- der Zeitpunkt, also das Setzen oder Überprüfen der Verrechnungspreise,

analysiert. Ausgangspunkt ist jeweils das Basis-Szenario. Für andere Geschäftsmodelle wie das strategische Marketing sind die gezeigten Vollkostenaufschläge in der Regel nicht geeignet.

Grundsätzlich liefern die gezeigten Szenarien indikative Referenzwerte und erfüllen nicht die Anforderungen für steuerliche Zwecke (siehe Seite 102).

Vergleichbarkeitsfaktoren

Regionen	Paneuropäischer Ansatz
Branche	Alle Branchen
Größenunterschiede	Umsatz größer/gleich 1,0 Mio. Euro
Zeitpunkt	Überprüfung/Outcome Testing
Kennzahl	Vollkostenaufschlag
Zeitraum	2014 bis 2016

Regionen

Regionen	Gesamt-Europa	West-Europa	Ost-Europa	Süd-Europa	Nord-Europa
3. Quartil	7,9 %	8,2 %	9,3 %	7,1 %	11,9 %
Median	3,5 %	3,2 %	4,5 %	3,4 %	4,3 %
1. Quartil	0,8 %	0,5 %	1,3 %	0,8 %	0,7 %
Beobachtungen	3 398	883	540	1 702	273

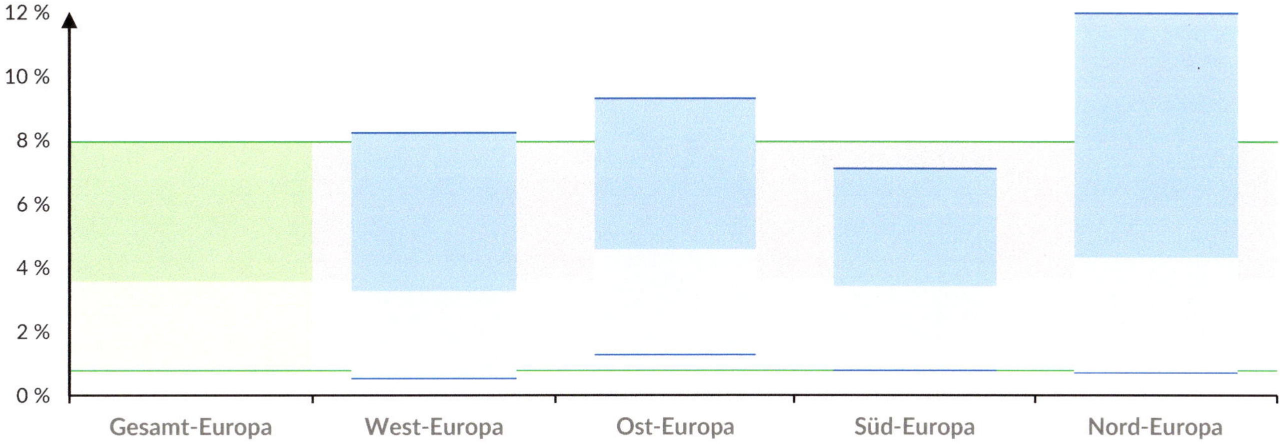

Größenunterschiede

Umsatz größer	1,0 Mio. Euro	2,5 Mio. Euro	5,0 Mio. Euro	10,0 Mio. Euro	15,0 Mio. Euro
3. Quartil	7,9 %	7,8 %	8,2 %	8,3 %	7,3 %
Median	3,5 %	3,5 %	3,5 %	3,1 %	3,0 %
1. Quartil	0,8 %	0,8 %	0,7 %	0,7 %	0,7 %
Beobachtungen	3 398	1 538	784	418	252

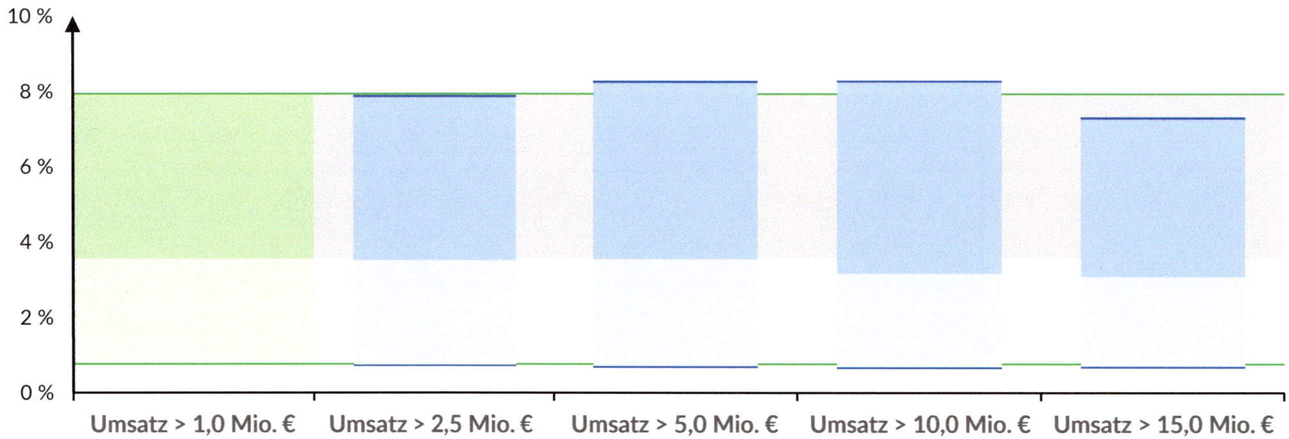

Zeitraum

Zeitraum	2014-2016	2013-2015	2012-2014	2016	2015	2014
3. Quartil	7,9 %	8,0 %	8,3 %	9,4 %	9,7 %	9,4 %
Median	3,5 %	3,7 %	3,8 %	3,9 %	4,0 %	3,7 %
1. Quartil	0,8 %	0,9 %	1,0 %	1,1 %	0,9 %	0,9 %
Beobachtungen	3 398	3 170	3 090	2 733	2 386	2 348

Zeitpunkt

Zeitpunkt	Überprüfung/Outcome Testing	Preis-Setzung/Price Setting
3. Quartil	7,9 %	9,4 %
Median	3,5 %	4,8 %
1. Quartil	0,8 %	2,2 %
Beobachtungen	3 398	2 767

»If you are not taking care of your customer, your competitors will.«

Bob Hooey

3.8

Vertrieb

Klassifizierung

Der Vertriebsfunktion kommt in Unternehmen eine zentrale Stellung zu, da sie für die Erzielung von Umsätzen verantwortlich ist. In der Praxis werden unter Bezugnahme auf die jeweiligen Funktions-, Risiko- und Wertschöpfungsprofile die folgenden Ausprägungen für Vertriebsgesellschaften unterschieden:

- Eigenhändler,
- Vertragshändler,
- Routinevertriebsgesellschaft und
- Kommissionär oder Handelsvertreter.

Bei der Ausgestaltung von Vertriebsgesellschaften ist zu beachten, dass im Rahmen des Aktionspunktes 7 der OECD-BEPS-Initiative Vertriebsstrukturen hinsichtlich ihrer Potenziale für Gewinnverlagerungen analysiert wurden. Insbesondere funktionsschwache Vertriebsgesellschaften in Form von Kommissionären und Handelsvertretern, die aufgrund ihrer Kundennähe die wesentliche Rolle beim Abschluss von Verträgen innehaben können, sind künftig einem höheren Betriebsstättenrisiko (in Form eines sogenannten abhängigen Vertreters) ausgesetzt. Die mit dieser Maßnahme verbundene Zielsetzung besteht darin, losgelöst von der vertraglichen Ausgestaltung einen zusätzlichen Anknüpfungspunkt für die Besteuerung in Form einer Betriebsstätte zu schaffen. Damit geht eine der wirtschaftlichen Wertschöpfung in einem Land entsprechende Gewinnallokation einher. Ob und falls ja, in welcher Höhe einer solchen Vertreterbetriebsstätte ein Gewinn zuzurechnen ist, wird maßgeblich durch das individuelle Funktions- und Risikoprofil sowie die Vergütung des Kommissionärs oder Handelsvertreters determiniert.

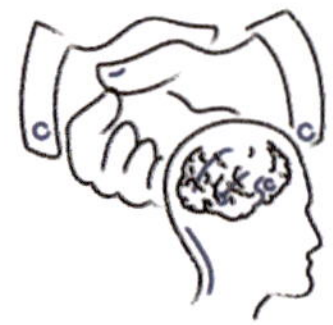

Eigenhändler

Eigenhändler kaufen und verkaufen Produkte in eigenem Namen und auf eigene Rechnung. Sie haben hohe Freiheitsgrade bei der Ausgestaltung ihrer Vertriebs- und Marketingaktivitäten. Abhängig vom Funktions-, Risiko- und Wertschöpfungsprofil sind in der Praxis allerdings unterschiedliche Ausprägungen des Eigenhändlers möglich.

Vertragshändler

Vertragshändler als besondere Ausprägung der Eigenhändler sind in die Absatzorganisation sowie die Werbemaßnahmen des beliefernden Unternehmens eingebunden. Üblicherweise wird ihnen ein Absatzgebiet unter Einräumung eines (Allein-)Vertriebsrechtes zugeteilt. Aufgrund der Abhängigkeiten ist der Vertragshändler zu umfassenden Berichten über die Vertriebsaktivitäten und Kunden verpflichtet.

Routinevertriebsgesellschaft

Routinevertriebsgesellschaften kaufen und verkaufen Produkte in eigenem Namen und auf eigene Rechnung, allerdings sind sie eng in die Absatzorganisation des beliefernden Unternehmens eingebunden. Die Abgrenzung zum Vertragshändler ist fließend, wobei Routinegesellschaften in der Tendenz geringere Risiken tragen.

Handelsvertreter oder Kommissionär

Handelsvertreter vermitteln in fremdem Namen und auf fremde Rechnung Geschäfte zwischen Kunden und Verkäufer. Kern ihrer Tätigkeit besteht in der Gewinnung und Vermittlung von Kunden und Umsätzen. Vergleichbar hierzu ist auch die Geschäftstätigkeit des Kommissionärs, wenngleich er formal in eigenem Namen und lediglich auf Rechnung des Kommittenten agiert.

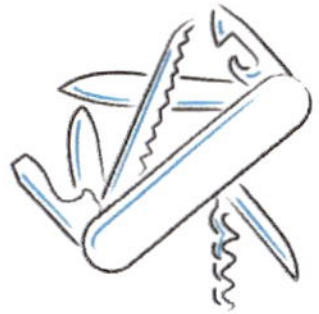  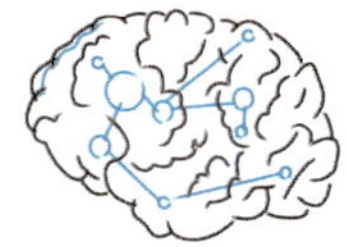

Funktion	Risiken	Werttreiber
Übernimmt grundsätzlich das volle Spektrum der Vertriebs- und Marketingaktivitäten. In Bezug auf die operativen Geschäftstätigkeiten können bestimmte Aufgaben auf verbundene oder unverbundene Vertriebsgesellschaften und Handelsvertreter ausgelagert werden.	Verantwortet die betreffenden Vertriebs- und Marketingaktivitäten und ist in seiner Geschäftstätigkeit unabhängig von Vorgaben der Lieferanten. Er verfügt über die fachlichen Kompetenzen, fundierte Entscheidungen zu treffen sowie Risiken zu managen und das Geschäftsmodell darauf anzupassen.	Zentrale Werttreiber für das Geschäftsmodell (etwa Marken, Kundenstamm, Werbeslogans) stehen im Eigentum des Eigenhändlers oder werden von diesem kontrolliert. Als Vergütung ist ihm ein Teil des Residualgewinns zuzurechnen.
Übernimmt ein breites Spektrum der Vertriebs- und Marketingaktivitäten. Wichtige Funktionen wie die Preisstrategie, Produktpositionierung und Auswahl der Zulieferer liegen jedoch beim beliefernden Unternehmen, in dessen Absatzorganisation der Vertragshändler eingebunden ist.	Verfügen über Entscheidungskompetenzen hinsichtlich der operativen Vertriebs- und Marketingaktivitäten. Allerdings sind sie an grundsätzliche Vorgaben (etwa Produktportfolio) gebunden und können nur begrenzt auf vertriebsspezifische Risiken reagieren.	Zentrale Werttreiber werden durch das beliefernde Unternehmen zur Verfügung gestellt (etwa Marken, Absatzgebiet). Aufgrund der Verpflichtung zur Offenlegung des Kundenstamms ist dieser dem beliefernden Unternehmen zuzurechnen. Die Vergütung wird auf Basis der Wiederkaufspreismethode/TNMM ermittelt.
Übernimmt ein klar abgegrenztes Spektrum der operativen Vertriebs- und Marketingaktivitäten mit einem Fokus auf den eigenen Produktvertrieb. Sie sind stärker in die Absatzorganisation des beliefernden Unternehmens eingebunden als Vertragshändler.	Verfügen über begrenzte Entscheidungskompetenzen hinsichtlich der operativen Vertriebs- und Marketingaktivitäten. Vielmehr führen sie das operative Tagesgeschäft nach den Vorgaben des beliefernden Unternehmens aus und können nur begrenzt auf vertriebsspezifische Risiken reagieren.	Zentrale Werttreiber werden durch das beliefernde Unternehmen zur Verfügung gestellt (etwa Marken, Kundenstamm, Absatzgebiet). Die Vergütung wird auf Basis der Wiederverkaufspreismethode/TNMM ermittelt. Die Marge ist grundsätzlich geringer als beim Vertragshändler.
Vermitteln Geschäfte und führen vergleichbare Vertriebs- und Marketingaktivitäten wie Routinegesellschaften aus. Sie erwerben kein Eigentum an den Waren und sind meist nicht mit der Lagerhaltung, dem Vertragsabschluss und der Auftragsabwicklung betraut.	Verantworten aufgrund ihrer vermittelnden Funktion nur einen sehr begrenzten Ausschnitt der Vertriebstätigkeit. Konsistent zum Dienstleistungscharakter ihrer Geschäftstätigkeit haben sie in der Regel keine Möglichkeiten zur Beeinflussung des Geschäftsmodells und der Steuerung vertriebsspezifischer Risiken.	Falls erforderlich werden zentrale Werttreiber dem Kommissionär oder Handelsvertreter zur Verfügung gestellt (etwa Marken, Kundenstamm, Absatzgebiet). Mangels Produkteigentum wird der Handelsvertreter/ Kommissionär meist auf Basis einer kostenorientierten Methode oder Provision vergütet.

Funktionsanalyse

Bei der Funktionsanalyse sind die wesentlichen Geschäftstätigkeiten zu identifizieren, um darauf aufbauend im Rahmen einer Gesamtschau eine Einordnung entsprechend der dargestellten Unternehmenstypen vorzunehmen. Die folgenden Beispiele sowie die vereinfachende Darstellung für die Unternehmensformen auf der nächsten Seite können als Startpunkt für eine Funktionsanalyse im Vertrieb verwendet werden, wobei den individuellen Gegebenheiten im eigenen Unternehmen besondere Beachtung geschenkt werden muss.

Marketing

Marktforschung sowie Entwicklung und Umsetzung von Vermarktungskonzepten für die eigenen Produkte entsprechend der Produkt- und Preisstrategie mit dem Ziel der Absatzsteigerung und emotionalen Bindung von Kunden an das eigene Unternehmen (siehe Seiten 161-169).

Preisstrategie

Preispositionierung der eigenen Produkte am Markt zur preisseitigen Abgrenzung gegenüber Konkurrenzprodukten.

Produktstrategie

Mittel- und langfristige Planung des Produktmix, Gestaltung des Produktsortiments sowie Positionierung der Produkteigenschaften am Markt zur Abgrenzung gegenüber Wettbewerbern.

Absatzplanung

Planung des erwarteten Absatzvolumens zur Projektion der benötigten Waren zur Befriedigung der Nachfrage bestehender Kunden und potenzieller Neukunden.

Entwicklung von Vertriebskanälen

Auswahl, Entwicklung, Steuerung und Koordination von Vertriebskanälen beispielsweise zur Erreichung eines höheren Distributionsgrades, einer höheren Kundenbindung durch Orientierung an den Kundenbedürfnissen oder von Synergien.

Einkauf

Produktbeschaffung entsprechend der Absatzplanung und konkreter Bestellungen, um die zeitplangemäße Belieferung der Kunden zu gewährleisten und die eigenen Beschaffungskosten zu optimieren (siehe Seiten 121-129).

Logistik

Planung, Koordination und Umsetzung der Beschaffungs- und Absatzlogistik vom Lieferanten bis zum Endkunden mit dem Ziel einer zeitplangemäßen Bereitstellung von Produkten (siehe Seiten 131-139).

Customer Relationship Management

Steuerung und Überwachung der Interaktionen mit Kunden zur Pflege von Kundenbeziehungen mit dem Ziel, die Kundenzufriedenheit zu steigern oder zu erhalten. Wichtiger Bestandteil ist die Ausrichtung des Unternehmens auf die Kundenanforderungen, die im Rahmen von strukturierten Erhebungen und Auswertungen kundenbezogener Daten eruiert werden.

Preisverhandlung und Vertragsabschluss

Verhandlung der Liefer- und Preiskonditionen mit potenziellen Kunden sowie Finalisierung des Kaufvertrags.

Auftragsabwicklung

Administrative Aufgaben zur Bearbeitung von Aufträgen, insbesondere die Überprüfung von Bestellungen, die Auftragserfassung und -bestätigung, die (interne) Warenbestellung sowie die Überwachung des Auftrags bis zur Auslieferung an den Kunden.

Rechnungsstellung

Erstellung und Versand von Rechnungen unter Beachtung der gesetzlichen Rechnungsanforderungen.

Forderungsmanagement

Analyse der Kundenbonität sowie Überwachung der Forderungsbestände, um Forderungsausfälle zu minimieren. Bei Zahlungsverzug werden Kunden gemahnt und gegebenenfalls Vollstreckungsmaßnahmen eingeleitet.

After Sales

Dem Verkauf nachgelagertes Produkt- und Dienstleistungsspektrum, um insbesondere die Funktionsfähigkeit eines Produktes herzustellen oder zu erhalten (Ersatzteilgeschäft, Wartung, Reparatur) und die Kundenbindung zu stärken (siehe Seiten 191-199).

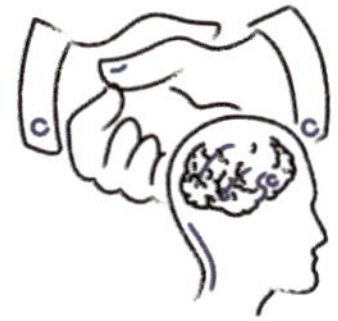			

	Eigenhändler	Vertragshändler	Routinevertriebs-gesellschaft	Handelsvertreter/Kommissionär
Marketing	❶❷❸❹❺	❶②③④⑤	❶②③④⑤	❶②③④⑤
Preisstrategie	❶❷❸❹❺	❶❷③④⑤	❶②③④⑤	❶②③④⑤
Produktstrategie	❶❷❸❹❺	❶❷❸④⑤	❶②③④⑤	❶②③④⑤
Absatzplanung	❶❷❸❹❺	❶❷❸❹❺	❶❷❸④⑤	❶②③④⑤
Entwicklung von Vertriebskanälen	❶❷❸❹❺	❶❷❸❹❺	❶❷③④⑤	❶❷③④⑤
Einkauf	❶❷❸❹❺	❶❷❸❹⑤	❶❷❸④⑤	①②③④⑤
Logistik	❶❷❸❹❺	❶❷❸④⑤	❶❷③④⑤	①②③④⑤
Customer Relationship Management	❶❷❸❹❺	❶❷❸❹❺	❶❷❸④⑤	❶❷③④⑤
Preisverhandlung und Vertragsabschluss	❶❷❸❹❺	❶❷❸❹❺	❶❷❸④⑤	❶❷③④⑤
Auftragsabwicklung	❶❷❸❹❺	❶❷❸❹❺	❶❷❸④⑤	❶②③④⑤
Rechnungsstellung	❶❷❸❹❺	❶❷❸❹❺	❶❷❸❹❺	①②③④⑤
Forderungsmanagement	❶❷❸❹❺	❶❷❸❹❺	❶❷❸❹❺	①②③④⑤
After Sales	❶❷❸❹❺	❶❷❸❹❺	❶❷❸④⑤	①②③④⑤

Anmerkung: Eine Erläuterung des zu Grunde liegenden Scoring-Modells finden Sie auf den Seiten 104 bis 107.

Risikoanalyse

In der Risikoanalyse sind die wesentlichen Geschäftsrisiken mit einem besonderen Fokus auf den Vertrieb von Produkten und Dienstleistungen zu identifizieren und zu evaluieren. Die folgenden Beispiele sowie die vereinfachende Darstellung der Risikozuordnung auf der nächsten Seite können als Startpunkt für eine Risikoanalyse im Vertriebsbereich verwendet werden, wobei den individuellen Gegebenheiten im eigenen Unternehmen besondere Beachtung geschenkt werden muss.

Marktrisiko

Risiko einer rückläufigen Produktnachfrage mit der Folge abnehmender Umsätze und sinkender Margen, zum Beispiel infolge von Wirtschaftszyklen, des Eintritts von Konkurrenzprodukten oder Nachfrageveränderungen.

Preisrisiko

Risiko einer Reduzierung der am Markt für das eigene Produkt durchsetzbaren Preise, beispielsweise als Folge von Konkurrenzprodukten oder technologischen Neuerungen.

Lagerhaltungsrisiko

Risiko der Beschädigung und Entwendung von Vorratsvermögen sowie dessen technische und wirtschaftliche Überalterung oder Verderb.

Logistikrisiko

Risiko, dass absatzseitig fertige Produkte nicht rechtzeitig am Bestimmungsort zur Verfügung stehen und die Ursache in der Logistik liegt. Dieses Risiko materialisiert sich häufig durch zusätzliche Logistikkosten oder die Geltendmachung von Schadenersatzforderungen.

Transportrisiko

Risiko, dass Produkte während des Transports beschädigt werden und es dadurch zu Zusatzkosten infolge von Schadensbeseitigungen, Ersatzbeschaffungen oder Schadensersatzforderungen, beispielsweise aus Produktionsausfällen, kommt.

Reputationsrisiko

Risiko, dass Produkte den Spezifikationen und Qualitätsanforderungen des Kunden nicht entsprechen und zu einem Reputationsverlust führen können.

Gewährleistungsrisiko

Gewährleistungen können sich aus rechtlichen Verpflichtungen, aber auch aus Kulanz ohne vertragliche oder gesetzliche Verpflichtung ergeben, denen sich der Verkäufer aufgrund der vorherrschenden Wettbewerbssituation nicht entziehen kann. Das Risiko für die Erbringung von Gewährleistungen materialisiert sich insbesondere in zusätzlichen Aufwendungen für Reparatur- oder Ersatzmaßnahmen.

Währungsrisiko

Risiko von Währungsschwankungen bei in ausländischer Währung fakturierten Rechnungen, das sich in Währungsverlusten materialisiert.

Zahlungsausfallsrisiko

Risiko des Zahlungsausfalls von Schuldnern und der damit verbundenen (teilweisen) Uneinbringlichkeit von Forderungen.

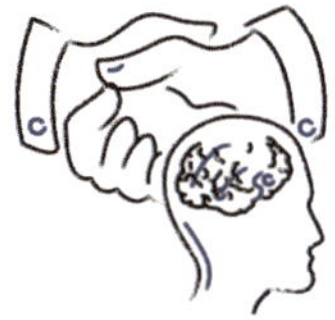

	Eigenhändler	Vertragshändler	Routinevertriebs-gesellschaft	Handelsvertreter/ Kommissionär
Marktrisiko	1 2 3 4 5	1 2 3 4 5	1 2 3 4 5	1 2 3 4 5
Preisrisiko	1 2 3 4 5	1 2 3 4 5	1 2 3 4 5	1 2 3 4 5
Lagerhaltungsrisiko	1 2 3 4 5	1 2 3 4 5	1 2 3 4 5	1 2 3 4 5
Logistikrisiko	1 2 3 4 5	1 2 3 4 5	1 2 3 4 5	1 2 3 4 5
Transportrisiko	1 2 3 4 5	1 2 3 4 5	1 2 3 4 5	1 2 3 4 5
Reputationsrisiko	1 2 3 4 5	1 2 3 4 5	1 2 3 4 5	1 2 3 4 5
Gewährleistungsrisiko	1 2 3 4 5	1 2 3 4 5	1 2 3 4 5	1 2 3 4 5
Währungsrisiko	1 2 3 4 5	1 2 3 4 5	1 2 3 4 5	1 2 3 4 5
Zahlungsausfallsrisiko	1 2 3 4 5	1 2 3 4 5	1 2 3 4 5	1 2 3 4 5

Anmerkung: Eine Erläuterung des zu Grunde liegenden Scoring-Modells finden Sie auf den Seiten 104 bis 107.

Werttreiberanalyse

Bei der Analyse der wesentlichen Werttreiber sind die materiellen und immateriellen Werte zu identifizieren. Die folgenden Beispiele sowie die vereinfachende Darstellung der Werttreiberzuordnung auf der nächsten Seite können als Startpunkt für eine Analyse der Werttreiber im Vertriebsbereich verwendet werden, wobei den individuellen Gegebenheiten im eigenen Unternehmen besondere Beachtung geschenkt werden muss.

Geschützte marketingbezogene immaterielle Werte

Geschützte marketingbezogene immaterielle Werte umfassen die Teilmenge der immateriellen Werte, die zur umsatzsteigernden Vermarktung der eigenen Produkte und Dienstleistungen eingesetzt werden und gegen die unerlaubte Verwertung durch Dritte geschützt sind. Dies sind insbesondere

- Markenrechte wie Wort- und Bildmarken,
- Produktnamen,
- geschützte Werbeslogans und
- Vertriebsrechte.

Ungeschützte marketingbezogene immaterielle Werte

Die ungeschützten marketingbezogenen immateriellen Werte umfassen insbesondere

- spezifisches Vertriebs-Knowhow,
- Marketingkonzepte,
- Daten und Informationen über Kundenwünsche und -verhalten,
- Kundenstamm und
- ungeschützte Werbeslogans.

	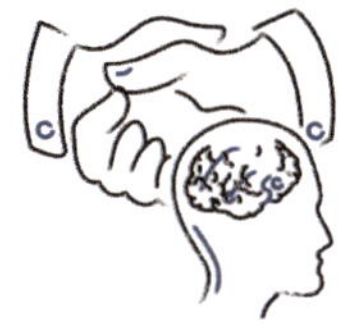 Eigenhändler	 Vertragshändler	 Routinevertriebs-gesellschaft	 Handelsvertreter/ Kommissionär
Geschützte marketingbezogene immaterielle Werte	**1 2 3 4 5**	**1 2** 3 4 5	**1 2** 3 4 5	**1 2** 3 4 5
Ungeschützte marketingbezogene immaterielle Werte	**1 2 3 4 5**	**1 2 3** 4 5	**1 2** 3 4 5	**1 2** 3 4 5

Anmerkung: Eine Erläuterung des zu Grunde liegenden Scoring-Modells finden Sie auf den Seiten 104 bis 107.

Auf einen Blick: Verrechnungspreisanalyse Vertriebsfunktion

Die nebenstehende Darstellung fasst vier der zentralen Meilensteine aus der Verrechnungspreis-Roadmap für die typischen Ausprägungen von Vertriebsgesellschaften schematisch zusammen und gibt einen Überblick über deren Charakteristika in Bezug auf die Verrechnungspreisanalyse.

① Mithilfe eines Netzdiagramms werden typisierte Wertschöpfungsprofile unter Berücksichtigung von drei Wertschöpfungsdimensionen (Werttreiber, Funktionen, Risiken) dargestellt.

② Aufbauend auf den Wertschöpfungsprofilen ist für Verrechnungspreiszwecke eine indikative Unternehmenscharakterisierung für die einzelnen Unternehmenstypen dargestellt. Entsprechend den Vorgaben der deutschen Finanzverwaltung erfolgt eine Differenzierung in Entrepreneur, Hybridunternehmen und Routineunternehmen.

③ Die Unternehmenscharakterisierung bildet zusammen mit der Datenverfügbarkeit das zentrale Kriterium für die Wahl einer geeigneten Verrechnungspreismethode. Grundsätzlich gilt für den Vertrieb, dass Eigenhändler einen Anteil am Residualgewinn vereinnahmen (Residualgewinnmethode, Profit Split), Vertragshändler und Routinegesellschaften auf Grundlage der Wiederverkaufspreismethode/umsatzbasierten TNMM vergütet werden und Handelsvertreter/Kommissionäre eine Vergütung auf Grundlage der kostenbasierten TNMM oder der Preisvergleichsmethode erhalten, falls vergleichbare Provisionen mit Dritten beobachtet werden können.

④ Fremdvergleichsdaten können aus verschiedenen Quellen extrahiert werden. Benchmarking mittels Datenbankstudien auf Grundlage der TNMM ist nach Auffassung der deutschen Finanzverwaltung allerdings nur für Routineunternehmen zulässig. Ob für einzelne Unternehmenstypen ein Benchmarking üblicherweise möglich, unter gewissen Bedingungen möglich oder nicht möglich ist, wird durch ein entsprechendes Daumenzeichen symbolisiert.

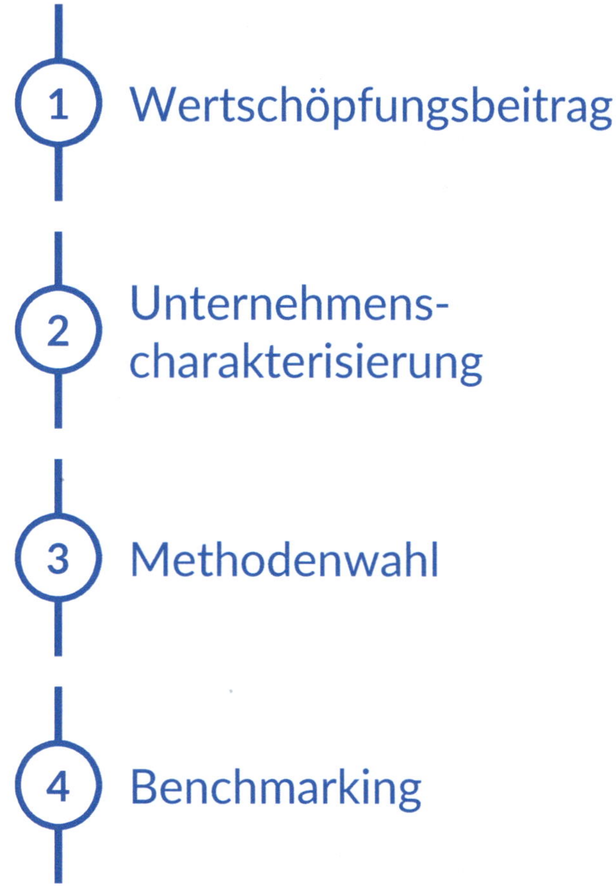

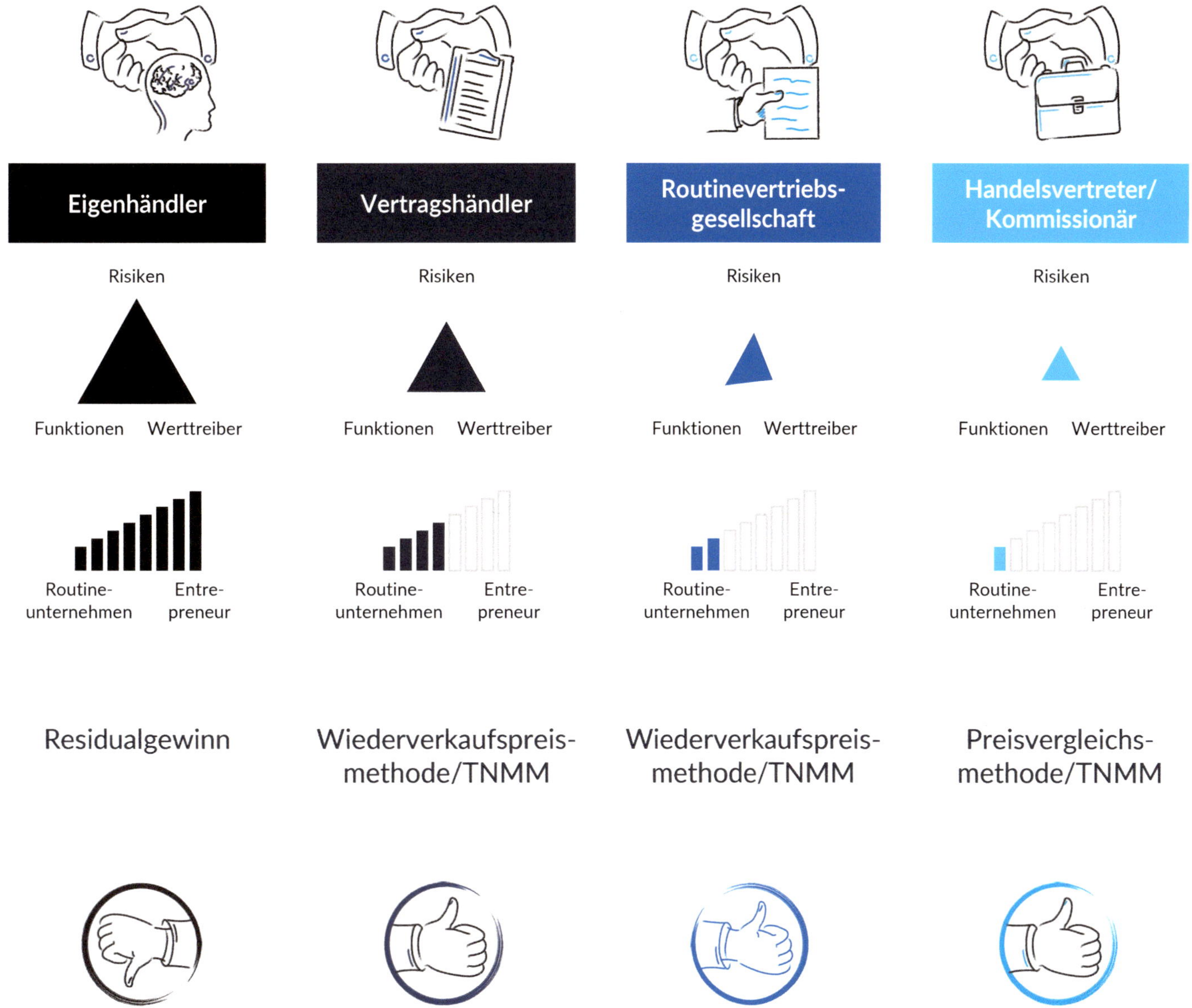
Eigenhändler
Vertragshändler
Routinevertriebs-gesellschaft
Handelsvertreter/Kommissionär
Risiken
Funktionen
Werttreiber
Risiken
Funktionen
Werttreiber
Risiken
Funktionen
Werttreiber
Risiken
Funktionen
Werttreiber
Routine-unternehmen
Entre-preneur
Routine-unternehmen
Entre-preneur
Routine-unternehmen
Entre-preneur
Routine-unternehmen
Entre-preneur
Residualgewinn
Wiederverkaufspreis-methode/TNMM
Wiederverkaufspreis-methode/TNMM
Preisvergleichs-methode/TNMM

Funktionen
Zeitpunkt
Regionen
Basis-Szenario
Branchen
Größen
Zeitraum

Referenzwerte

Zur Überprüfung der Fremdüblichkeit von Verrechnungspreisen der gruppeninternen Vertriebsfunktion werden die jeweiligen gruppeninternen Renditekennziffern mit den Renditekennziffern von unabhängigen Vertriebsunternehmen verglichen. Die übliche Renditekennziffer für den Vertrieb ist die operative EBIT-Marge (Quotient aus EBIT und Umsatz). Je nach Ausgestaltung oder zur Verifikation kann aber auch die Berry Ratio (Quotient aus Bruttomarge und operativen Kosten) relevant sein. Als Basis-Szenario zeigt die unten stehende Tabelle die Interquartilsbandbreite von operativen EBIT-Margen eines breiten Sets von 31 742 Vergleichsunternehmen.

Basis-Szenario

Basis-Szenario	1. Quartil	Median	3. Quartil
EBIT-Marge	**0,8 %**	**2,1 %**	**4,2 %**

Die dem Basis-Szenario zu Grunde liegenden Vergleichbarkeitsfaktoren sind in der rechts aufgeführten Tabelle dargestellt. In weiteren Szenarien werden auf den folgenden Seiten

- regionale Unterschiede,
- Branchenunterschiede,
- Größenunterschiede,
- verschiedene Zeiträume,
- der Zeitpunkt, also das Setzen oder Überprüfen der Verrechnungspreise,
- und unterschiedliche Kennzahlen wie die Berry Ratio,

analysiert. Ausgangspunkt ist jeweils das Basis-Szenario.

Bei den Branchenunterschieden werden die Branchen Automobil, Chemie, Elektronik, Lebensmittel, Rohstoffe, Pharma, Maschinen und Konsumgüter jeweils über die Dreijahreszeiträume betrachtet.

Die gezeigten Referenzwerte sind für Vertragshändler, Routinevertriebsgesellschaften sowie Kommissionäre und Handelsvertreter geeignet. Für den Vertragshändler und die Routinevertriebsgesellschaft wird in der Regel die EBIT-Marge herangezogen. Kommissionäre oder Handelsvertreter werden oftmals mittels der Berry Ratio gebenchmarkt. Für den Eigenhändler sind die Referenzwerte nicht geeignet. Grundsätzlich liefern die gezeigten Szenarien indikative Referenzwerte und erfüllen nicht die Anforderungen für steuerliche Zwecke (siehe Einführung Seite 102).

Vergleichbarkeitsfaktoren

Regionen	Paneuropäischer Ansatz
Branche	Alle Branchen
Größenunterschiede	Umsatz größer/gleich 2,5 Mio. Euro
Zeitpunkt	Überprüfung/Outcome Testing
Kennzahl	Operative EBIT-Marge
Zeitraum	2014 bis 2016

Regionen

EBIT-Marge	Gesamt-Europa	West-Europa	Ost-Europa	Süd-Europa	Nord-Europa
3. Quartil	4,2 %	4,2 %	5,2 %	3,9 %	6,3 %
Median	2,1 %	2,1 %	2,5 %	1,9 %	3,1 %
1. Quartil	0,8 %	0,7 %	1,1 %	0,7 %	1,0 %
Beobachtungen	31 742	6 724	5 128	18 430	1 460

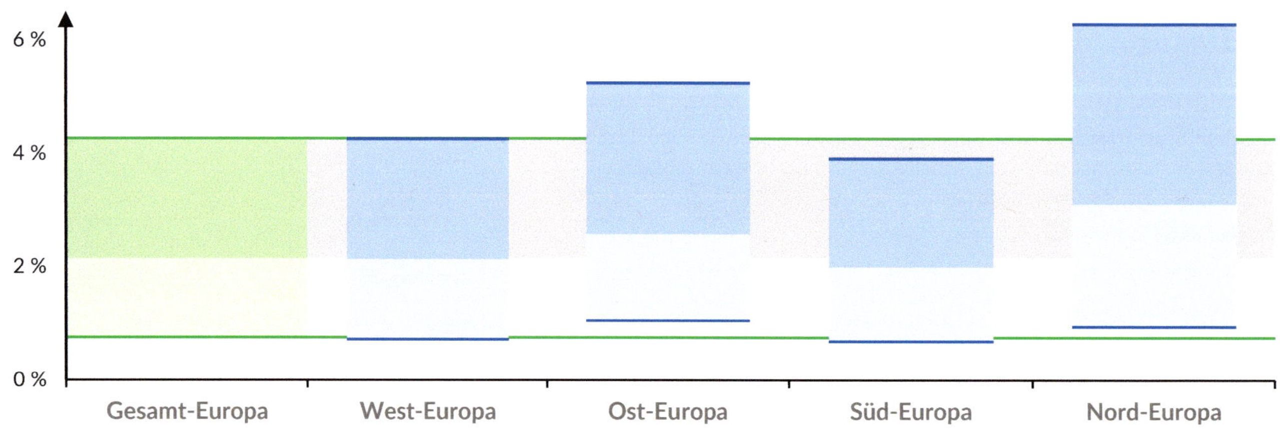

Branchen

Branchen	Alle	Automobil	Chemie	Elektronik	Lebensmittel	Rohstoffe	Pharma	Maschinen	Konsumgüter
3. Quartil	4,2 %	5,4 %	4,1 %	5,3 %	3,1 %	4,1 %	8,1 %	6,2 %	4,9 %
Median	2,1 %	2,9 %	1,9 %	2,7 %	1,6 %	2,1 %	3,7 %	3,4 %	2,7 %
1. Quartil	0,8 %	1,4 %	0,8 %	1,1 %	0,6 %	0,8 %	1,6 %	1,6 %	1,0 %
Beobachtungen	31 742	1 013	1 417	1 289	7 806	760	907	2 579	2 589

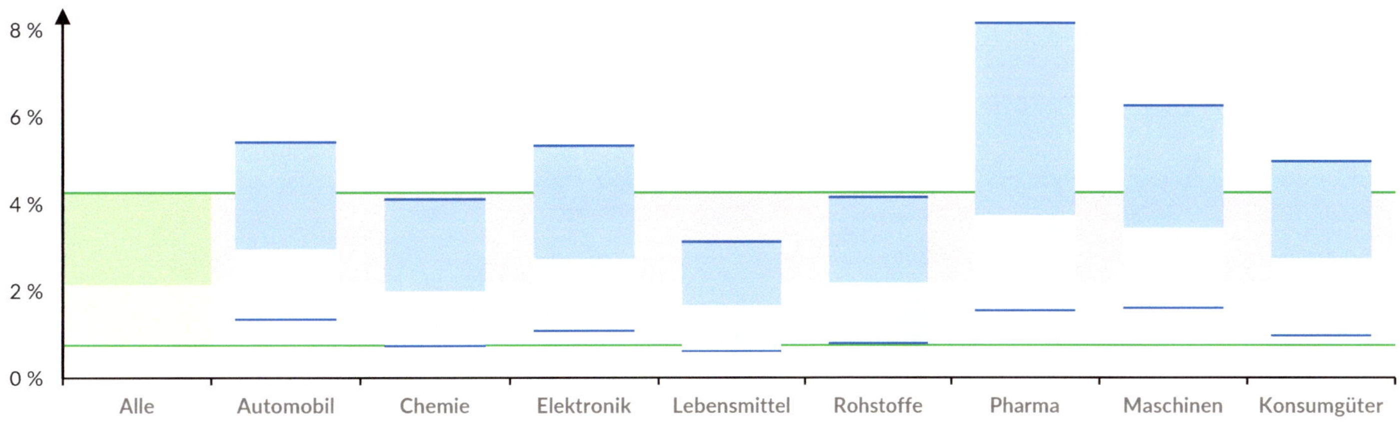

Größenunterschiede

Umsatz größer	2,5 Mio. Euro	5,0 Mio. Euro	10,0 Mio. Euro	15,0 Mio. Euro	20,0 Mio. Euro
3. Quartil	4,2 %	4,0 %	3,8 %	3,7 %	3,5 %
Median	2,1 %	2,0 %	1,9 %	1,8 %	1,7 %
1. Quartil	0,8 %	0,8 %	0,7 %	0,7 %	0,7 %
Beobachtungen	31 742	17 468	9 185	6 167	4 546

Kennzahl

Kennzahl	EBIT-Marge	Berry Ratio
3. Quartil	4,2 %	126,2 %
Median	2,1 %	112,2 %
1. Quartil	0,8 %	104,6 %
Beobachtungen	31 742	23 977

Zeitraum

Zeitraum	2014-2016	2013-2015	2012-2014	2016	2015	2014
3. Quartil	4,2 %	4,3 %	4,4 %	4,7 %	4,8 %	4,8 %
Median	2,1 %	2,1 %	2,2 %	2,3 %	2,3 %	2,2 %
1. Quartil	0,8 %	0,8 %	0,9 %	0,9 %	0,8 %	0,8 %
Beobachtungen	31 742	30 795	30 287	24 350	23 201	23 198

Zeitpunkt

Zeitpunkt	Überprüfung/Outcome Testing	Preis-Setzung/Price Setting
3. Quartil	4,2 %	4,6 %
Median	2,1 %	2,5 %
1. Quartil	0,8 %	1,2 %
Beobachtungen	31 742	28 025

Branchen über verschiedene Zeiträume

Automobil

EBIT-Marge	2014-2016	2013-2015	2012-2014
3. Quartil	5,4 %	5,4 %	5,5 %
Median	2,9 %	3,0 %	3,1 %
1. Quartil	1,4 %	1,5 %	1,6 %
Beobachtungen	1 013	1 003	999

Chemie

EBIT-Marge	2014-2016	2013-2015	2012-2014
3. Quartil	4,1 %	4,0 %	4,1 %
Median	1,9 %	1,9 %	2,1 %
1. Quartil	0,8 %	0,8 %	0,9 %
Beobachtungen	1 417	1 355	1 313

Elektronik

EBIT-Marge	2014-2016	2013-2015	2012-2014
3. Quartil	5,3 %	5,2 %	5,4 %
Median	2,7 %	2,8 %	2,9 %
1. Quartil	1,1 %	1,2 %	1,2 %
Beobachtungen	1 289	1 266	1 236

Lebensmittel

EBIT-Marge	2014-2016	2013-2015	2012-2014
3. Quartil	3,1 %	3,1 %	3,1 %
Median	1,6 %	1,6 %	1,6 %
1. Quartil	0,6 %	0,6 %	0,7 %
Beobachtungen	7 806	7 441	7 227

Rohstoffe

EBIT-Marge	2014-2016	2013-2015	2012-2014
3. Quartil	4,1 %	4,4 %	4,6 %
Median	2,1 %	2,3 %	2,6 %
1. Quartil	0,8 %	1,0 %	1,1 %
Beobachtungen	760	774	762

Pharma

EBIT-Marge	2014-2016	2013-2015	2012-2014
3. Quartil	8,1 %	8,2 %	8,6 %
Median	3,7 %	3,7 %	3,8 %
1. Quartil	1,6 %	1,7 %	1,7 %
Beobachtungen	907	864	846

Maschinen

EBIT-Marge	2014-2016	2013-2015	2012-2014
3. Quartil	6,2 %	6,1 %	6,1 %
Median	3,4 %	3,5 %	3,4 %
1. Quartil	1,6 %	1,8 %	1,7 %
Beobachtungen	2 579	2 502	2 462

Konsumgüter

EBIT-Marge	2014-2016	2013-2015	2012-2014
3. Quartil	4,9 %	5,0 %	5,1 %
Median	2,7 %	2,7 %	2,8 %
1. Quartil	1,0 %	1,0 %	1,2 %
Beobachtungen	2 589	2 488	2 535

»After-Sales is the hidden champion in many business models.«

Stefan Stein

3.9

After-Sales

Klassifizierung

Das After-Sales-Geschäft zielt auf die Befriedigung der Kundenbedürfnisse nach Abschluss des eigentlichen Verkaufsgeschäfts. Beim After-Sales-Geschäft ist häufig der Dienstleistungscharakter (Installation, Wartung, Reparatur, Updates) prägend, der regelmäßig wiederkehrende Umsätze ermöglicht. Diese wiederkehrenden Umsätze gründen einerseits auf einem Login-Effekt mit Abschluss des Verkaufsgeschäfts (zum Beispiel Drucker-Tinten-Patronengeschäft oder Rasierer-Klingen-Geschäft) und andererseits auf der Wahrnehmung eines expliziten Zusatznutzens des After-Sales-Angebots durch die Kunden. Aufgrund der besonderen Charakteristika des After-Sales-Geschäfts ist dieses häufig margenträchtig und trägt in einigen Branchen zu einem erheblichen Teil zum Gesamterfolg des Geschäftsmodells bei. Gleichzeitig schafft es die Basis für den Aufbau und die Pflege von Kundenbeziehungen als Grundlage für die Generierung von Wiederholungs- und Zusatzkäufen.

Auch aus Verrechnungspreissicht kann das After-Sales-Geschäft ein wichtiges Element für die Beurteilung der Wertschöpfung innerhalb multinationaler Unternehmen sein. Dies gilt insbesondere dann, wenn aus dem After-Sales-Geschäft ein erhebliches Gewinnpotenzial hervorgeht und dieses stark in das Geschäftsmodell integriert ist. Für die weiteren Analysen werden die folgenden drei Ausprägungen unterschieden und näher erläutert:

- After-Sales als eigenes Geschäftsmodell
- After-Sales als integratives Geschäftsmodell
- After-Sales als Unterstützungsleistungen

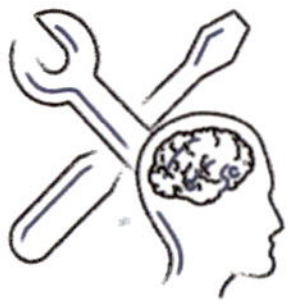

After-Sales als eigenes Geschäftsmodell

Der After-Sales-Bereich kann als eigenes Geschäftsmodell ausgestaltet sein, sofern nur geringe Interdependenzen mit dem originären Verkaufsgeschäft existieren. Dies setzt in der Regel voraus, dass die maßgebliche Landesgesellschaft sowohl den Vertrag mit dem Kunden abschließt als auch über die immateriellen Werte zur Ausführung des After-Sales-Geschäfts verfügt. Mangels wechselseitiger Effekte auf die preisbildenden Faktoren beider Geschäftsbereiche nehmen Kunden diese meist als unabhängige Geschäftsfelder wahr.

After-Sales als integratives Geschäftsmodell

Nicht selten ist das After-Sales-Geschäft mit dem originären Verkaufsgeschäft eng verbunden. Aufgrund von Interdependenzen zwischen den Geschäftsmodellen ist es für Verrechnungspreiszwecke erforderlich, beide Geschäftsmodelle zusammengefasst zu analysieren. Erst dann können die wechselseitigen Effekte auf die preisbildenden Faktoren sachgerecht erfasst werden. Ein Anwendungsbereich sind strategische Preisdifferenzierungen im Rahmen des Hauptgeschäfts, die durch eine Mischkalkulation mit dem After-Sales-Geschäft ermöglicht werden.

After-Sales als Unterstützungsleistungen

Das After-Sales-Geschäft hat in bestimmten Geschäftsmodellen einen nur unterstützenden Charakter in Bezug auf das Hauptgeschäft. In diesen Fällen übernimmt der After-Sales-Bereich häufig Dienstleistungen im Zusammenhang mit dem Beschwerdemanagement oder einfache Reparatur- und Instandsetzungsarbeiten. Hinsichtlich ihrer Komplexität und Wertschöpfung fallen die Aktivitäten des After-Sales-Geschäfts stark hinter das Hauptgeschäft zurück und werden meist von den Kunden auch nicht als eigenständiger Geschäftsbereich wahrgenommen.

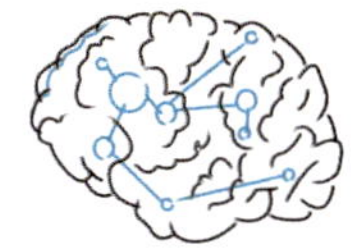

Funktion	Risiken	Werttreiber
Führt die wesentlichen Funktionen für das Geschäftsmodell eigenständig aus, ohne Wechselwirkungen zu den vorgelagerten Funktionen des Verkaufsgeschäfts. Im Rahmen des After-Sales benötigte Ersatz- oder Verschleißteile werden eigenverantwortlich von den Produktionsgesellschaften bezogen.	Verantwortet den Wertschöpfungsprozess im Anschluss an ein Verkaufsgeschäft und verfügt über die fachlichen Kompetenzen, Entscheidungen fundiert treffen zu können. Risiken können daher aktiv gesteuert und das eigene Geschäftsmodell auf Veränderungen der ökonomischen und unternehmensspezifischen Rahmenbedingungen angepasst werden.	Die zentralen Werttreiber (zum Beispiel Service-Verträge, technische Zeichnungen, Wartungs-Knowhow) stehen im Eigentum oder unter der Kontrolle des After-Sales-Bereichs. Aufgrund der Vereinigung der zentralen Werttreiber vereinnahmen die verantwortlichen Landesgesellschaften des After-Sales-Bereichs den Residualgewinn aus dem After-Sales-Geschäft.
Führt die wesentlichen Funktionen für das Geschäftsmodell eigenständig aus, allerdings mit einem engen wirtschaftlichen Bezug zu den vorgelagerten Funktionen des Verkaufsgeschäfts. Benötigte Ersatz- oder Verschleißteile werden eigenverantwortlich von den Produktionsgesellschaften bezogen.	Verantworten den Wertschöpfungsprozess im Anschluss an ein Verkaufsgeschäft. Allerdings sind hinsichtlich der Preisdifferenzierung und des Leistungsportfolios zwischen Verkaufsgeschäft und After-Sales-Geschäft weitere Entscheidungsträger aus anderen Bereichen involviert. Durch die funktionsübergreifende Steuerung bedingen sich die Risiken von Verkaufsgeschäft und After-Sales-Geschäft wechselseitig.	Die zentralen Werttreiber stehen meist im Eigentum oder unter der Kontrolle des After-Sales-Bereichs. Aufgrund der starken Verflechtung zwischen dem Verkaufsgeschäft und dem After-Sales-Geschäft erfolgt eine aggregierte Analyse beider Geschäftsmodelle und eine Aufteilung des Gesamtgewinns entsprechend den jeweiligen Wertschöpfungsbeiträgen, beispielsweise im Rahmen einer Lizenz oder eines Profit Split.
Übernimmt eine unterstützende Funktion und ist dabei eng in das Geschäftsmodell des Verkaufsgeschäfts eingebunden. Das Aufgabenspektrum ist klar abgegrenzt und umfasst Dienstleistungen im Zusammenhang mit dem Beschwerdemanagement oder einfache Reparatur- und Instandsetzungsarbeiten.	Die Freiheitsgrade des After-Sales-Bereichs in Bezug auf die Ausgestaltung und Steuerung der Wertschöpfungsprozesse im Anschluss an ein Verkaufsgeschäft sowie damit verbundene Entscheidungsbefugnisse sind untergeordnet. Folglich können dem After-Sales-Bereich auch nur geringe Risiken zugerechnet werden.	Übt lediglich einfache Funktionen aus, die keine zentralen Werttreiber insbesondere in Form von immateriellen Werten erfordern. Aufgrund des Hilfscharakters des After-Sales-Bereichs erhalten die Landesgesellschaften häufig ein Dienstleistungsentgelt für ihre Routinetätigkeiten auf Basis der Kostenaufschlagsmethode.

Funktionsanalyse

Marketingstrategie und Kundenansprache

Die Marketingstrategie definiert die Ziele und den Maßnahmenkatalog der Kundenansprache und Kundengewinnung. Darauf basierend werden konkrete Marketingmaßnahmen für das After-Sales-Geschäft entwickelt und umgesetzt.

Preisstrategie

Die Preisstrategie ist die Grundlage für die Preispositionierung der eigenen Produkte am Markt, wobei zwischen dem Hauptgeschäft und dem After-Sales-Geschäft eine strategische Preisdifferenzierung stattfinden kann.

Customer Relationship Management

Inhalt des Customer Relationship Managements ist die Steuerung und Überwachung der Interaktionen mit Kunden im Nachgang zum Verkauf eines Produkts oder einer Dienstleistung. Ziel dieser Interaktion mit dem Kunden ist es, die Kundenzufriedenheit zu steigern oder zu erhalten und den Kunden zu Folgeumsätzen zu animieren.

Kundenbetreuung

Kundenbetreuung umfasst Geschäftstätigkeiten, die dem Kunden Hilfestellung bei der korrekten und effizienten Verwendung der erworbenen Produkte geben. Hierzu zählen beispielsweise die Installation und Einrichtung eines Produkts sowie Schulungen zur Nutzung eines Produkts.

Wartung und Reparatur

Die Funktion bezieht sich auf alle Geschäftstätigkeiten zum Erhalt funktionsfähiger Produkte (Wartung) oder der Wiederherstellung der Funktionsfähigkeit defekter oder beschädigter Produkte (Reparatur).

Verhandlung und Vertragsabschluss

Diese Funktion umfasst die Verhandlung der Liefer- und Preiskonditionen sowie Vertragsabschlüsse für das After-Sales-Geschäft.

Beschwerdemanagement

Das Beschwerdemanagement übernimmt Organisation und Abwicklung von Kundenbeschwerden und Kulanzforderungen. Zum Leistungsspektrum gehört beispielsweise die Überprüfung von Schadenersatz- und Kulanzansprüchen und deren Abwicklung nach erfolgter Qualifikation.

Risikoanalyse

Marktrisiko

Risiko einer rückläufigen Nachfrage nach After-Sales-Produkten und Leistungen mit der Folge abnehmender Umsätze und sinkender Margen, zum Beispiel infolge von Wirtschaftszyklen, des Eintritts von Konkurrenzangeboten oder Nachfrageveränderungen.

Preisrisiko

Risiko einer Reduzierung der am Markt für das eigene Produkt durchsetzbaren Preise, beispielsweise als Folge des Markteintritts von Konkurrenzprodukten oder technologischen Neuerungen.

Qualitätsrisiko

Risiko, dass die Installation, Wartung oder Reparatur nicht den Qualitätsanforderungen entsprechen und Schadenersatzforderungen oder einen Reputationsverlust nach sich ziehen können.

Risiko von Marketingfehlern

Unsachgerecht ausgeführte oder mangelhafte Marketingmaßnahmen bergen das Risiko, dass sich der Erfolg einer Marketingmaßnahme nicht wie geplant einstellt und zu einer rückläufigen Produktnachfrage führt.

Werttreiberanalyse

Geschützte immaterielle Werte

- Wartungs- und Serviceverträge
- Patente
- geschützte Verfahren

Reparatur-Knowhow (Wartungspläne)

- technisches Produkt-Knowhow
- technische Zeichnungen und Wartungspläne
- Reparatur- und Wartungs-Knowhow

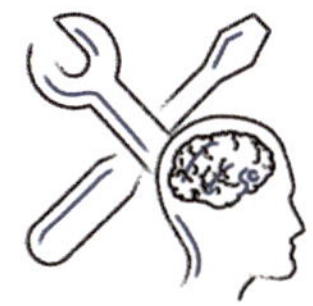

		als eigenes Geschäftsmodell	als integratives Geschäftsmodell	als Unterstützungs-leistungen
	Marketingstrategie und Kundenansprache	**1** **2** 3 4 5	**1** **2** 3 (4) (5)	**1** (2) (3) (4) (5)
	Preisstrategie	**1** **2** 3 4 5	**1** **2** 3 (4) (5)	**1** (2) (3) (4) (5)
	Customer Relationship Management	**1** **2** **3** 4 5	**1** **2** **3** 4 5	**1** **2** (3) (4) (5)
	Kundenbetreuung	**1** **2** **3** **4** 5	**1** **2** **3** **4** 5	**1** **2** **3** (4) (5)
	Wartung und Reparatur	**1** **2** **3** **4** **5**	**1** **2** **3** **4** **5**	**1** **2** **3** **4** **5**
	Verhandlung und Vertragsabschluss	**1** **2** **3** **4** 5	**1** **2** **3** **4** 5	**1** **2** **3** (4) (5)
	Beschwerdemanagement	**1** **2** **3** **4** **5**	**1** **2** **3** **4** **5**	**1** **2** **3** **4** **5**
	Marktrisiko	**1** **2** 3 4 5	**1** **2** 3 (4) (5)	**1** (2) (3) (4) (5)
	Preisrisiko	**1** **2** **3** 4 5	**1** **2** **3** 4 (5)	**1** (2) (3) (4) (5)
	Qualitätsrisiko	**1** **2** **3** **4** 5	**1** **2** **3** **4** 5	**1** **2** (3) (4) (5)
	Risiko von Marketingfehlern	**1** **2** **3** **4** **5**	**1** **2** **3** **4** **5**	**1** **2** **3** (4) (5)
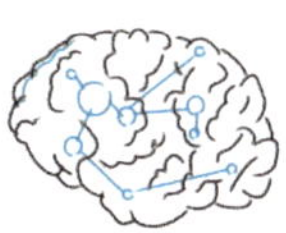	Geschützte immaterielle Werte	**1** **2** 3 4 5	**1** **2** 3 (4) (5)	**1** **2** (3) (4) (5)
	Reparatur-Knowhow (Wartungspläne)	**1** **2** 3 4 5	**1** **2** 3 4 (5)	**1** **2** (3) (4) (5)

Anmerkung: Eine Erläuterung des zu Grunde liegenden Scoring-Modells finden Sie auf den Seiten 104 bis 107.

Referenzwerte

Zur Überprüfung der Fremdüblichkeit von Verrechnungspreisen einer gruppeninternen After-Sales-Unterstützungsfunktion werden die jeweiligen gruppeninternen Renditekennziffern mit den Renditekennziffern von unabhängigen After-Sales-Dienstleistern verglichen. Die übliche Renditekennziffer für die After-Sales-Dienstleistungsfunktion ist der Kostenaufschlag auf die Vollkosten (also der Quotient aus EBIT und Vollkosten). Als Basis-Szenario zeigt die unten stehende Tabelle die Interquartilsbandbreite von Vollkostenaufschlägen eines breiten Sets von 3 659 Vergleichsunternehmen.

Basis-Szenario

Basis-Szenario	1. Quartil	Median	3. Quartil
Vollkostenaufschlag	**2,2 %**	**2,8 %**	**5,8 %**

Die dem Basis-Szenario zu Grunde liegenden Vergleichbarkeitsfaktoren sind in der nebenstehenden Tabelle dargestellt. In weiteren Szenarien werden auf den folgenden Seiten

- regionale Unterschiede,
- Größenunterschiede,
- verschiedene Zeiträume und
- der Zeitpunkt, also das Setzen oder Überprüfen der Verrechnungspreise,

analysiert. Ausgangspunkt ist jeweils das Basis-Szenario. Für andere Geschäftsmodelle wie After-Sales als eigenes oder integratives Geschäftsmodell sind die gezeigten Vollkostenaufschläge in der Regel nicht geeignet.

Grundsätzlich liefern die gezeigten Szenarien indikative Referenzwerte und erfüllen nicht die Anforderungen für steuerliche Zwecke (siehe Seite 102).

Vergleichbarkeitsfaktoren

Regionen	Paneuropäischer Ansatz
Branche	Alle Branchen
Größenunterschiede	Umsatz größer/gleich 1,0 Mio. Euro
Zeitpunkt	Überprüfung/Outcome Testing
Kennzahl	Vollkostenaufschlag
Zeitraum	2014 bis 2016

Regionen

Regionen	Gesamt-Europa	West-Europa	Ost-Europa	Süd-Europa	Nord-Europa
3. Quartil	5,8 %	4,9 %	8,2 %	5,4 %	9,1 %
Median	2,8 %	2,4 %	4,0 %	2,6 %	4,1 %
1. Quartil	2,2 %	0,8 %	1,4 %	0,8 %	1,5 %
Beobachtungen	3 659	677	360	2 337	285

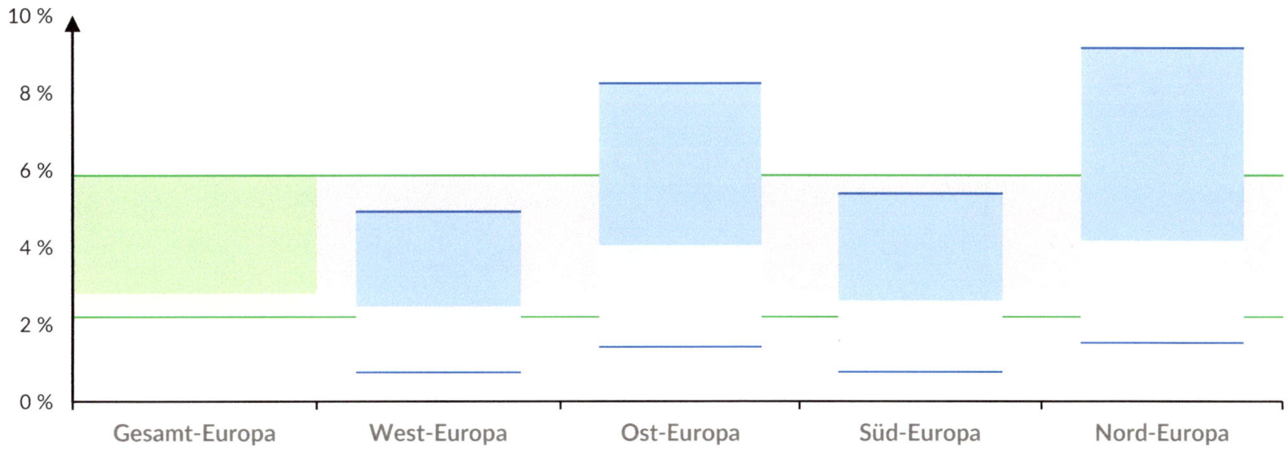

Größenunterschiede

Umsatz größer	1,0 Mio. Euro	2,5 Mio. Euro	5,0 Mio. Euro	10,0 Mio. Euro	15,0 Mio. Euro
3. Quartil	5,8 %	5,7 %	5,6 %	5,9 %	6,1 %
Median	2,8 %	2,6 %	2,4 %	2,6 %	2,6 %
1. Quartil	2,2 %	0,9 %	0,9 %	0,9 %	0,9 %
Beobachtungen	3 659	1 430	624	282	170

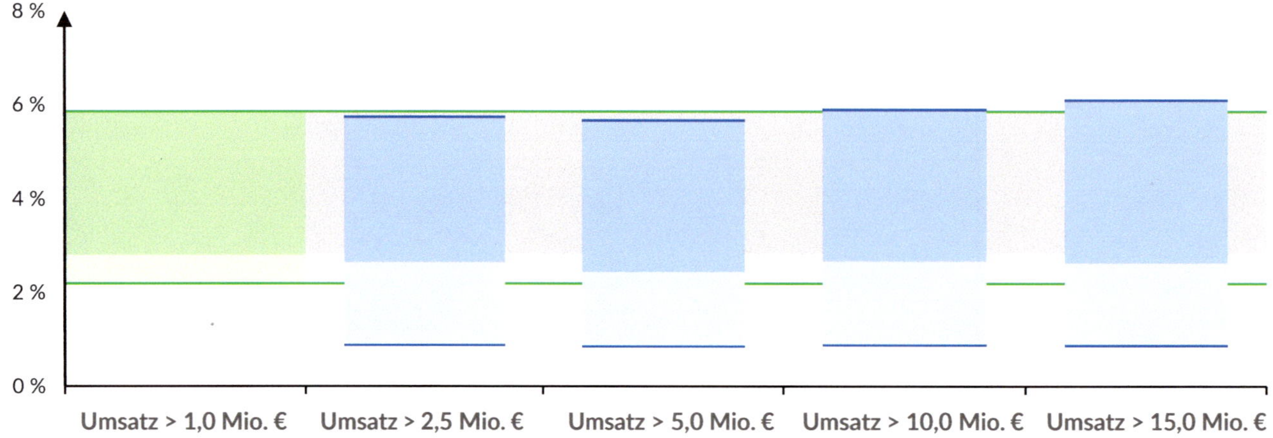

Zeitraum

Zeitraum	2014-2016	2013-2015	2012-2014	2016	2015	2014
3. Quartil	5,8 %	5,9 %	6,2 %	6,8 %	7,0 %	6,9 %
Median	2,8 %	2,9 %	3,0 %	3,3 %	3,4 %	3,3 %
1. Quartil	2,2 %	1,0 %	1,1 %	1,3 %	1,4 %	1,2 %
Beobachtungen	3 659	3 491	3 427	2 748	2 564	2 530

Zeitpunkt

Zeitpunkt	Überprüfung/Outcome Testing	Preis-Setzung/Price Setting
3. Quartil	5,8 %	6,7 %
Median	2,8 %	3,5 %
1. Quartil	2,2 %	1,7 %
Beobachtungen	3 659	3 068

»Low-value adding services are the glue that holds the corporate structure together to support its main functions.«

EU Joint Transfer Pricing Forum

3.10

Dienst-
leistungen

Beispiele für gruppeninterne Dienstleistungen

Nachstehend erfolgt in Anlehnung an die Leitlinien des EU Joint Transfer Pricing Forums für konzerninterne Dienstleistungen mit geringer Wertschöpfung eine beispielhafte Aufstellung von Hilfsdienstleistungen, die innerhalb von Konzernen zur Standardisierung konzerninterner Prozesse sowie zur Erzielung von Synergien oftmals in einer Konzern- und Spartenobergesellschaft oder Shared Service Centern zentralisiert werden.

Informations-technologie (IT)

- Aufbau, Ausbau und Verwaltung des Informationssystems
- Prüfung, Entwicklung, Installation und Wartung von Software
- Prüfung, Entwicklung, Installation und Wartung von Hardware
- Bereitstellung und Übertragung von Daten
- Dienstleistungen zur Datensicherung
- IT-Help-Desk für Anwenderfragen

Personaldienst-leistungen (HR)

- Aufgaben der Personalverwaltung betreffend Vertrags-angelegenheiten, Sozialversicherung und Steuern
- Auswahl und Anstellung von Personal
- Unterstützung bei der Planung von Berufslaufbahnen
- Unterstützung bei der Festlegung der Vergütung und der Leistungssysteme (einschließlich Aktienoptionspläne)
- Festlegung des Personalbewertungsverfahrens
- Schulung des Personals

Management-dienstleistungen

- Dienstleistungen zur Strategie- und Unternehmensentwicklung mit Bezug zu bestimmten Gruppengesellschaften
- Unternehmenssicherheit
- Maßnahmen zur Kostensenkung
- Bereitstellung von Qualitätsstrategien und -standards für die Produktion und die Erbringung von Dienstleistungen
- Entwicklung und Umsetzung von Kundenzufriedenheits-programmen
- Unterstützung bei unternehmensbezogenem Controlling

Back Office

- Erstellung und Versand von Rechnungen
- Unterstützung beim Kreditrisikomanagement und der Eintreibung von Forderungen
- Service-Hotline
- Reinigungs- und Wartungsdienste

Juristische Dienstleistungen

- Verfassen und Überprüfen von Verträgen/ Rechtsberatung
- Beauftragung Dritter mit Rechts- und Steuergutachten
- Unterstützung bei der Erfüllung rechtlicher Verpflichtungen
- Unterstützung bei Gerichtsverfahren
- Schutz immaterieller Vermögenswerte

Rechnungslegung und Steuern

- (Unterstützung bei der) Erstellung der Buchhaltung und von Jahresabschlüssen
- Unterstützung bei der Erfüllung der steuerlichen Pflichten, wie beispielsweise Abgabe von Steuer-erklärungen, Datenverarbeitung, Entrichten von Steuern oder Studien zu Verrechnungspreisen
- Rechnungsprüfung bei Tochtergesellschaften und Steuerung des Rechnungslegungsverfahrens

Finance

- Definition der Finanzstrategie und von Finanzierungsrichtlinien
- (Unterstützung) bei der Beschaffung erforderlicher Finanzmittel
- Abschluss von Sicherungsgeschäften gegen Preis-, Wechselkurs- und Zinsänderungen
- Disposition und Anlage überschüssiger liquider Mittel
- Planung und Steuerung des Kapital- und Liquiditätsbedarfs

Wann sind Dienstleistungen verrechenbar?

Betriebliche Veranlassung

Ob gruppeninterne Dienstleistungen dem Grunde nach verrechenbar sind, kann unter Bezugnahme auf das Abgrenzungsmerkmal der betrieblichen Veranlassung beim Leistungsempfänger bestimmt werden. Von einer derartigen betrieblichen Veranlassung ist auszugehen, wenn die verrechneten Dienstleistungen objektiv mit dem Betrieb zusammenhängen und subjektiv dem Betrieb zu dienen bestimmt sind. Liegt eine betriebliche Veranlassung beim Leistungsempfänger vor und sind tatsächlich Leistungen erbracht worden, so ist auch aus Sicht des Leistungserbringers von einer Verrechenbarkeit dem Grunde nach auszugehen.

Nutzen-Prinzip

Eine weitergehende Konkretisierung erfährt die Voraussetzung der betrieblichen Veranlassung durch das Nutzen-Prinzip. Dieses fordert, dass die Dienstleistungen (zumindest zum Teil) im Interesse des Leistungsempfängers erbracht werden. Hiervon ist auszugehen, wenn zum Zeitpunkt der Leistungserbringung ein Nutzen für den Leistungsempfänger in Form von Vorteilen oder der Ersparnis eigener Kosten vernünftigerweise erwartetet werden kann.

Abgrenzbarkeit und Messbarkeit

Grundsätzlich ist jede Dienstleistung dem Grundsatz der Einzelerfassung folgend jeweils für sich zu analysieren. Der Nutzen aus einer Dienstleistung für den Leistungsempfänger muss dem Grunde nach eindeutig abgrenzbar und messbar sein. Die Umsetzung dieser Forderung ist in der Praxis bei gruppeninternen Dienstleistungen nicht immer problemlos möglich. Häufig kann nur ein Leistungsfluss festgestellt werden, innerhalb dessen eine einzelne Dienstleistung kaum mehr nachweisbar ist. Deshalb ist neben einer direkten Einzelverrechnung auch eine vereinfachende Dienstleistungsumlage nach der indirekten Methode möglich.

Nicht verrechenbare Leistungen

Zusätzlich zu den allgemeinen Prinzipien der Dienstleistungsverrechnung gibt es Leistungsformen, denen kein expliziter Leistungsaustausch zugrunde liegt oder die beim Leistungsempfänger keinen Nutzen stiften:

- Der *Rückhalt im Konzern* umfasst Vorteile eines Gruppenunternehmens, die sich allein aus der Zugehörigkeit zu einer Unternehmensgruppe und unter völliger Passivität der Obergesellschaft ergeben. Insoweit tragen alle Gruppengesellschaften zum Rückhalt im Konzern bei und profitieren auch von selbigem (etwa höhere Bonität aus Gruppenrating).
- *Shareholder-Kosten* stehen in einem sachlichen Zusammenhang mit Gruppenbeteiligungen, allerdings entstehen sie ausschließlich aus Gründen der Sicherstellung und Verwaltung von Beteiligungen. Sie stiften keinen unmittelbaren Nutzen für die Beteiligungen und sind daher von der Muttergesellschaft zu tragen (etwa Kosten für die Erstellung und Prüfung von Konzernabschlüssen, Kosten der Überwachung von Beteiligungen, Kosten im Zusammenhang mit Investorenbeziehungen).
- *Duplizierende Kosten* beschreiben Dienstleistungen, die eine andere Gruppengesellschaft bereits in Eigenleistung erbracht oder von einer anderen Gesellschaft bezogen hat. Aufgrund des duplizierenden Charakters fehlt es beim Leistungsempfänger im Allgemeinen an dem für eine Verrechnung erforderlichen Nutzenzuwachs.

Dienstleistungen auf Abruf

Abweichend vom Erfordernis der tatsächlichen Leistungserbringung ist es grundsätzlich auch möglich, die bloße Bereitstellung von Dienstleistungen zu verrechnen (beispielsweise für die Ressourcenbereitstellung bei Netzwerk- und IT-Problemen). Voraussetzung einer Verrechnung ist jedoch, dass ein Dritter für diese auf Abruf bereitstehenden Dienstleistungen ein Entgelt entrichten würde und entsprechende Leistungen innerhalb eines mehrjährigen Zeitraums auch tatsächlich in Anspruch genommen werden.

Welche Formen der Verrechnung gibt es?

Stiftet eine Dienstleistung dem Grunde nach einen Nutzen für den Leistungsempfänger, ist in einem zweiten Schritt zu prüfen, welche Form der Leistungsverrechnung im jeweiligen Einzelfall gewünscht beziehungsweise möglich ist. Ein zentrales Abgrenzungskriterium ist, ob der Leistungserbringung ein schuldrechtlicher Leistungsaustausch zugrunde liegt oder ob es sich um eine Kostengemeinschaft auf Basis eines Umlagevertrags handelt. Im Falle eines schuldrechtlichen Leistungsaustauschs kann weiter zwischen einer Einzelverrechnung und einer Dienstleistungsumlage unterschieden werden.

Einzelverrechnung

Die Einzelverrechnung von Dienstleistungen erfolgt mittels der direkten Methode. Bei dieser Methode können die Empfänger einer Leistung unmittelbar bestimmt und die maßgeblichen Kosten zuzüglich eines angemessenen Gewinnelements der jeweiligen Leistung direkt zugerechnet werden.

Dienstleistungsumlage

Bei der Dienstleistungsumlage werden die verrechenbaren Dienstleistungen mittels der indirekten Methode bestimmt. Im Unterschied zur Einzelverrechnung werden hierbei die Gesamtkosten der Leistungserbringung zuzüglich eines angemessenen Gewinnelements auf Grundlage eines geeigneten Allokationsschlüssels, wie exemplarisch auf der folgenden Seite dargestellt, auf die Leistungsempfänger verteilt.

Diese vereinfachte Dienstleistungsverrechnung wird durch Praktikabilitätserwägungen getragen und kommt insbesondere dann zur Anwendung, wenn eine direkte Leistungsabgrenzung nicht möglich oder aus Kosten-Nutzen-Erwägungen wirtschaftlich nicht praktikabel ist.

Ergänzend zu diesen Praktikabilitätserwägungen ist sicherzustellen, dass die kaufmännischen Aspekte des Einzelfalls etwa durch die Wahl eines geeigneten Allokationsschlüssels adäquat umgesetzt werden, Schutzmechanismen gegen Manipulation vorgesehen sind und die Grundsätze ordnungsmäßiger Buchführung beachtet werden. Trotz der Einschränkungen hinsichtlich der Abgrenzbarkeit und Messbarkeit müssen die internen Vorkehrungen bei Anwendung der indirekten Methode sicherstellen, dass die berechneten Vergütungen zumindest approximativ in Einklang mit den tatsächlichen oder erwarteten Vorteilen für den Leistungsempfänger stehen.

Umlageverträge

Die Leistungsverrechnung im Rahmen von Umlageverträgen beruht auf dem Poolkonzept. Demnach werden Dienstleistungen durch einzelne oder mehrere Gruppengesellschaften unter Berücksichtigung eines gemeinsamen Nutzens und für gemeinsames Risiko des Pools erbracht. Hiervon ist insbesondere dann auszugehen, wenn die beteiligten Gruppengesellschaften (Poolmitglieder) die Leistungen in wirtschaftlich gleicher Weise nutzen.

Neuerdings sind Wertbeiträge zu einem Aufwandspool grundsätzlich mit Fremdvergleichspreisen anzusetzen. Allerdings ist es nicht zu beanstanden, wenn nur eine geringe Differenz zwischen einer Kostenverrechnung und einer Verrechnung zu Fremdvergleichspreisen besteht, eine Verrechnung der laufenden Beiträge aus Vereinfachungsgründen zu Kosten vorzunehmen.

Allokationsschlüssel und Anwendungsbereiche

Allokationsschlüssel dienen einer Vereinfachung der internen Dienstleistungsverrechnung und unterstellen eine Proportionalität der Kosten zu einer gewählten Bezugsgröße. Trotz oder gerade wegen dieser Vereinfachungsfunktion muss der Allokationsschlüssel oder auch eine Kombination verschiedener Allokationsschlüssel so ausgewählt werden, dass diese im jeweiligen Einzelfall eine sachgerechte Aufteilung ermöglichen. Aus Verrechnungspreissicht ist dann von einer sachgerechten Aufteilung im Rahmen der indirekten Verrechnung auszugehen, wenn die mittels Allokationsschlüssel zugerechneten Kosten näherungsweise dem empfangenen Nutzen des Leistungsempfängers entsprechen. Nachstehend werden exemplarisch verschiedene Bezugsgrößen und mögliche Anwendungsbereiche für bestimmte Leistungsarten dargestellt:

Schlüssel	IT	Rechnungs-legung	Steuern	Finanzen	Rechtsberatung	HR	Management-dienstleistungen
Umsatz		👍	👍	👍	👍		👍
Bilanzsumme		👍	👍		👍		👍
Finanzpositionen				👍			
Anzahl Buchungen		👍					
Anzahl Mitarbeiter						👍	
Anzahl Nutzer	👍						
Anzahl Lizenzen	👍						
Lohnsumme						👍	

In welcher Höhe sind Leistungen verrechenbar?

Anzuwendende Verrechnungspreismethode

Für gruppeninterne Dienstleistungen mit schuldrechtlichem Leistungsaustausch kommt üblicherweise die Preisvergleichsmethode oder eine kostenbasierte Verrechnungspreismethode zur Anwendung. Da branchenübliche Preise wegen der Differenzierung der Leistungen meist nicht zu beobachten sind, kommen häufig kostenbasierte Verrechnungspreismethoden zur Anwendung.

Verrechenbare Kosten

Unter dem Fremdvergleichsgrundsatz sind demnach sämtliche Kostenbestandteile in die Preisbestimmung einzubeziehen, die regelmäßig auch die Grundlage einer Preisforderung gegenüber Dritten bilden würden. Dies sind üblicherweise die Selbstkosten einer Dienstleistung, die den betriebswirtschaftlich vernünftigen Maßstab bilden und nachstehend exemplarisch angeführt werden:

- *Personalkosten,* zum Beispiel Gehälter, Sozialabgaben des Arbeitgebers, erfolgsabhängige Vergütungen, Personalverwaltungskosten
- *Reisekosten,* zum Beispiel Fahrt- und Übernachtungskosten
- *Kosten des Bürobetriebs,* zum Beispiel Raummiete, anteilige Gebäudeabschreibung, Kosten der Büroeinrichtung, Kommunikationskosten, IT-Kosten
- *Kosten für Fremdleistungen,* zum Beispiel Materialkosten, bezogene IT-Dienstleistungen oder Kosten für Gutachten

Kostenbasis für den Gewinnaufschlag

Im Anschluss an die Ermittlung der Kostenbasis ist zu beurteilen, ob sämtliche Kosten unter Fremdvergleichsgesichtspunkten mit einem Gewinnelement zu beaufschlagen sind oder ein Teil als Durchlaufkosten ohne Gewinnaufschlag zu berechnen ist. Als Durchlaufkosten können beispielsweise Kosten für Fremdleistungen oder gruppenintern verrechnete Kosten, die bereits ein Gewinnelement enthalten, qualifiziert werden, sofern auch unabhängige Geschäftspartner bei der Inrechnungstellung derartiger Kosten üblicherweise auf die Berücksichtigung eines Gewinnelements verzichten würden.

Gewinnaufschlag für Dienstleistungen mit geringer Wertschöpfung

Als Dienstleistungen mit geringer Wertschöpfung sind solche Leistungen einzustufen, die (i) lediglich unterstützenden Charakter haben, (ii) nicht Teil der Kerntätigkeit der Unternehmensgruppe sind, (iii) zu deren Erbringung keine einzigartigen und werthaltigen immateriellen Werte benötigt werden und (iv) für deren Erbringung kein hohes Risiko eingegangen wird. Für derartige Dienstleistungen mit geringer Wertschöpfung liegt ein angemessener Aufschlagssatz auf die Vollkosten nach Ansicht des EU Joint Transfer Pricing Forums sowie der OECD-Verrechnungspreisleitlinien häufig um 5 Prozent. In Ergänzung zu dieser pauschalen Aussage werden auf den folgenden Seiten dezidierte Referenzwerte für verschiedene Dienstleistungskategorien dargestellt.

BEISPIELE: BENEFIT TEST

Der **Nachweis** der **Leistungserbringung** dem **Grunde nach** kann beispielsweise über Dokumente (Gutachten, Stellungnahmen, Präsentationen, Protokolle), Korrespondenz (Briefe, E-Mails, Aktennotizen) oder sonstige Datenquellen (Kalendereinträge, Reisekostenabrechnungen) erbracht werden.

Der **Nutzen von Dienstleistungen** ist teilweise auch in einem **weltweiten Gesamtkontext** zu erläutern, wenn Landesgesellschaften nur indirekt von zentralen Dienstleistungen profitieren. Als Beispiel hierfür sei der Nutzen weltweiter Werbetätigkeiten (etwa der Auftritt bei internationalen Messen) für einzelne Landesgesellschaften genannt, die von der globalen Werbewirkung profitieren.

Verrechenbare Geschäftsführerkosten übergeordneter Gesellschaften können durch eine Gegenüberstellung der Tätigkeiten mit einem ausschließlichen Nutzen für die eigene Gesellschaft (etwa Kundenakquise, Betreuung eigener Rechnungslegungs-, Rechts-, Finanzierungs- und Steuerthemen) und Tätigkeiten mit einem (teilweisen) Nutzen für andere Gesellschaften (etwa Verbandsarbeit, Entwicklung gesellschaftsübergreifender Geschäftsmodelle, Standards, Richtlinien und Handlungsanweisungen) näherungsweise bestimmt werden.

Duplizierende Dienstleistungen können zum Beispiel dadurch ausgeschlossen werden, dass sich der Bedarf an zusätzlichen Dienstleistungen aus zeitlichen, fachlichen oder personellen Restriktionen oder aus Gründen der Risikoreduktion (Einholung einer Zweitmeinung) ergibt.

Eine **transparente Darstellung** der Kostenbasis erhöht die **Akzeptanz** der **Kostenverrechnung der Höhe** nach. Hierbei stehen insbesondere die Schlüsselung von Konten zu einer Dienstleistungsart, die Salden der einzelnen Aufwandskonten, der Umfang der direkt verrechneten Kosten und der nicht verrechenbaren Shareholder-Kosten im Fokus.

Die sachgerechte Bestimmung der Kostenbasis entsprechend den vertraglichen Rahmenbedingungen muss nachvollziehbar dargestellt werden. Mit der betriebswirtschaftlichen Prüfung nach **ISAE 3000 KANN DIE EINHALTUNG VERTRAGLICHER VORGABEN** von einem unabhängigen Prüfer validiert und bescheinigt werden.

Funktionen

Zeitpunkt

Regionen

Basis-Szenario

Branchen

Größen

Zeitraum

Referenzwerte

Zur Überprüfung der Fremdüblichkeit von Verrechnungspreisen für gruppeninterne Dienstleistungen mit geringer Wertschöpfung, insbesondere in den Bereichen IT, Finance/Legal, Accounting, Management, Human Resources (HR) und Backoffice, werden die jeweiligen gruppeninternen Renditekennziffern mit den Renditekennziffern von unabhängigen Dienstleistungsunternehmen verglichen. Die übliche Renditekennziffer für die Dienstleistungsverrechnung ist der Kostenaufschlag auf die Vollkosten (Quotient aus EBIT und Vollkosten). Als Basis-Szenario zeigt die unten stehende Tabelle die Interquartilsbandbreite von Vollkostenaufschlägen eines breiten Sets von 11 736 Vergleichsunternehmen aus den oben genannten Dienstleistungskategorien.

Basis-Szenario

Basis-Szenario	1. Quartil	Median	3. Quartil
Vollkostenaufschlag	**1,3 %**	**4,7 %**	**13,5 %**

Die dem Basis-Szenario zu Grunde liegenden Vergleichbarkeitsfaktoren sind in der rechts aufgeführten Tabelle dargestellt. In weiteren Szenarien werden auf den folgenden Seiten

- regionale Unterschiede,
- Unterschiede in der Dienstleistungskategorie,
- Größenunterschiede,
- verschiedene Zeiträume,
- der Zeitpunkt, also das Setzen oder Überprüfen der Verrechnungspreise,

analysiert. Ausgangspunkt ist jeweils das Basis-Szenario.

Aufgrund der Vielzahl möglicher Dienstleistungsarten wird die weitergehende Analyse auf die typischen Fälle Informationstechnologie (IT), Finanzen, Rechtsberatung, Accounting, Management, Human Resources (HR) und Backoffice beschränkt. Grundsätzlich liefern die gezeigten Szenarien indikative Referenzwerte und erfüllen nicht die Anforderungen für steuerliche Zwecke (siehe Seite 102).

Vergleichbarkeitsfaktoren

Regionen	Paneuropäischer Ansatz
Branche	Alle Branchen
Größenunterschiede	Umsatz größer/gleich 1,0 Mio. Euro
Zeitpunkt	Überprüfung/Outcome Testing
Kennzahl	Vollkostenaufschlag auf eigene Kosten
Zeitraum	2014 bis 2016

Regionen

Regionen	Gesamt-Europa	West-Europa	Ost-Europa	Süd-Europa	Nord-Europa
3. Quartil	13,5 %	15,7 %	16,7 %	9,0 %	23,1 %
Median	4,7 %	5,2 %	5,3 %	3,6 %	7,6 %
1. Quartil	1,3 %	1,4 %	1,4 %	1,0 %	2,0 %
Beobachtungen	11 736	4 267	1 285	4 517	1 667

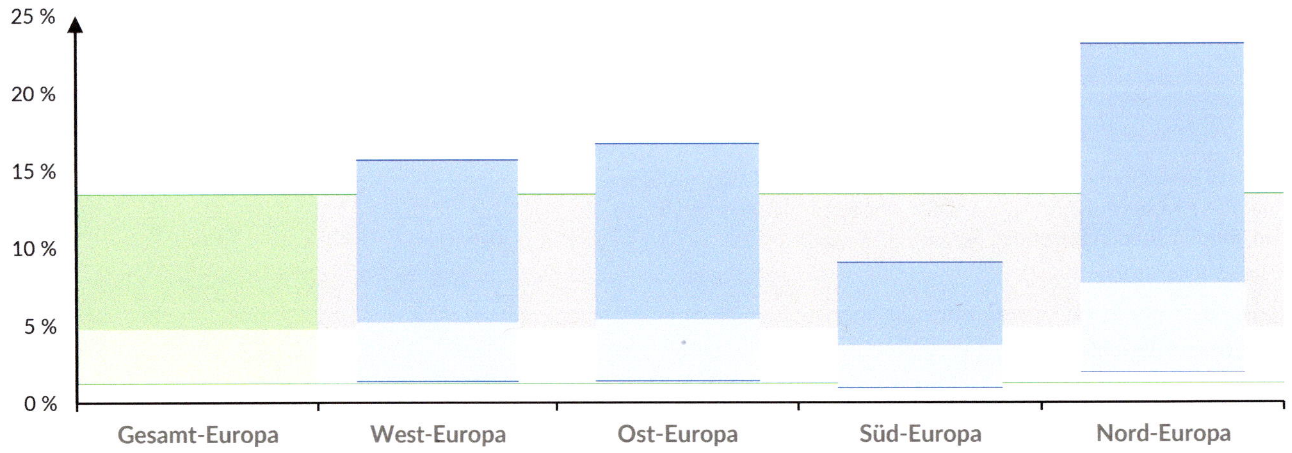

Kategorien

Branchen	Alle	IT	Finance/Legal/ Accounting	Management	HR	Backoffice
3. Quartil	13,5 %	12,2 %	25,7 %	10,4 %	5,3 %	4,7 %
Median	4,7 %	5,5 %	6,9 %	4,4 %	2,5 %	1,7 %
1. Quartil	1,3 %	2,2 %	1,6 %	1,1 %	1,1 %	0,5 %
Beobachtungen	11 736	2 771	4 557	2 506	460	1 442

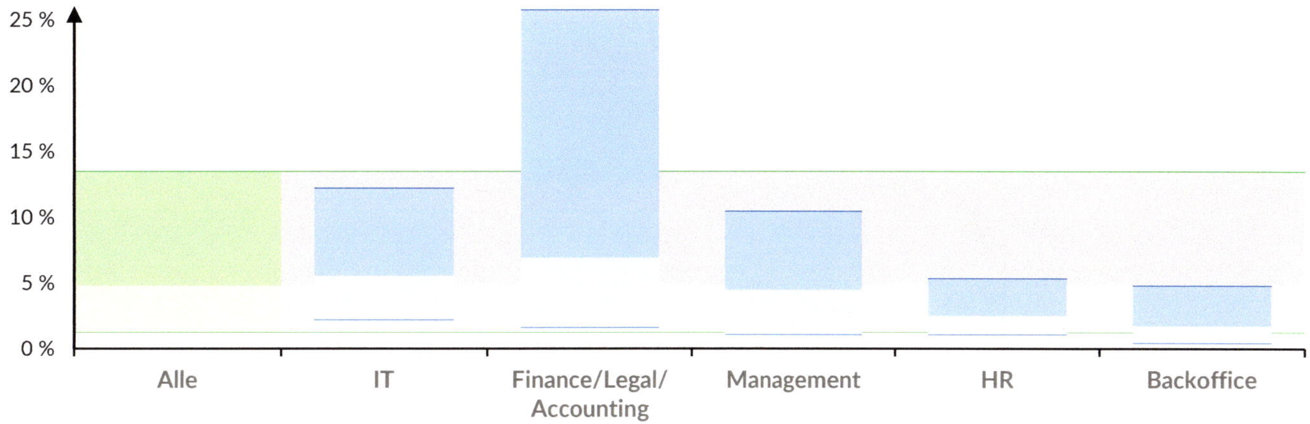

Größenunterschiede

Umsatz größer	1,0 Mio. Euro	2,5 Mio. Euro	5,0 Mio. Euro	10,0 Mio. Euro	15,0 Mio. Euro
3. Quartil	13,5 %	13,0 %	12,4 %	11,6 %	10,8 %
Median	4,7 %	4,6 %	4,6 %	4,5 %	4,4 %
1. Quartil	1,3 %	1,4 %	1,4 %	1,4 %	1,5 %
Beobachtungen	11 736	6 895	4 848	3 598	3 016

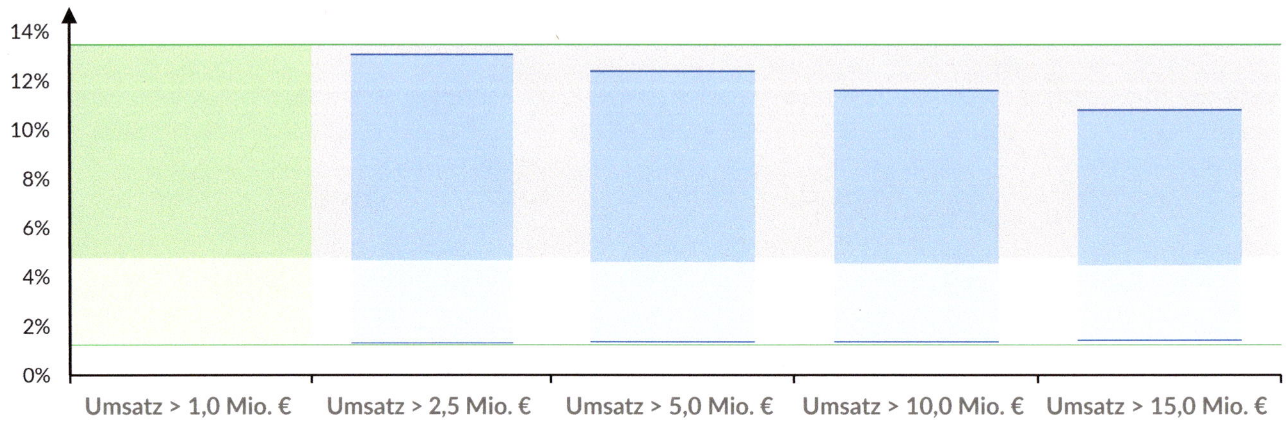

Zeitraum

Zeitraum	2014-2016	2013-2015	2012-2014	2016	2015	2014
3. Quartil	13,5 %	13,6 %	13,6 %	15,1 %	15,6 %	15,5 %
Median	4,7 %	4,7 %	4,9 %	5,1 %	5,2 %	5,2 %
1. Quartil	1,3 %	1,3 %	1,4 %	1,4 %	1,3 %	1,2 %
Beobachtungen	11 736	10 725	10 340	10 411	9 123	8 875

Zeitpunkt

Zeitpunkt	Überprüfung/Outcome Testing	Preis-Setzung/Price Setting
3. Quartil	13,5 %	16,4 %
Median	4,7 %	6,1 %
1. Quartil	1,3 %	2,5 %
Beobachtungen	11 736	10 168

4 Verrechnungs-preisprozesse managen

»Die Zukunft wird uns immer überraschen, aber sie sollte uns nicht überrumpeln.«

Buckminster Fuller

4.1 Monitoring

Monitoring und Verrechnungspreisanpassungen

In der Praxis kommt dem Verrechnungspreis-Monitoring als wichtigem Element des Tax-Compliance-Management-Systems multinationaler Unternehmensgruppen eine große Bedeutung zu. Mittels institutionalisierter Prozesse, Richtlinien und Regelungen wird die gruppeninterne Leistungsverrechnung hinsichtlich ihrer Fremdüblichkeit überwacht. Durch einen Vergleich geeigneter Renditekennziffern auf Grundlage von Ist-Werten mit am Markt beobachtbaren Renditekennziffern vergleichbarer unabhängiger Unternehmen (Fremdvergleichswerte) können dabei Abweichungen erkannt und dann geeignete Maßnahmen eingeleitet werden.

Liegt die Renditekennziffer einer Gruppengesellschaft außerhalb der Interquartilsbandbreite von Fremdvergleichswerten, bestehen grundsätzlich zwei Möglichkeiten der Adjustierung: Berücksichtigung einer einmaligen retrospektiven Anpassung zum Jahresende bei jährlicher Überprüfung oder eine zukunftsgerichtete Anpassung der Verrechnungspreise bei unterjähriger Überprüfung. Beide Ansätze zielen gleichermaßen darauf ab, eine fremdübliche Aufteilung der Gewinne zwischen den Gruppengesellschaften auf Jahressicht zu gewährleisten.

1 Jahresendanpassung

In der Praxis sind zur »Aussteuerung« von Routineunternehmen auf eine fremdübliche Renditekennziffer sehr häufig Jahresendanpassungen anzutreffen. Der Vorteil dieses Ansatzes liegt in dem geringeren Aufwand, da das relevante Zahlenmaterial nur einmal im Jahr entsprechend aufbereitet werden muss. Durch die Ausstellung einer Rechnung oder Gutschrift können die verrechneten Preise und damit implizit auch die Renditekennziffern einzelner Gruppengesellschaften retrospektiv angepasst werden, sodass diese letztlich im Einklang mit dem Fremdvergleichsgrundsatz stehen. Da bei Jahresendanpassungen erst zu einem späten Zeitpunkt korrigierend auf die verrechneten Preise eingewirkt wird, sind in der Regel höhere Korrekturvolumina zu beobachten.

Betriebsprüfungen sehen diesen pragmatischen Ansatz in der Praxis zum Teil mit Argwohn und stellen strenge Anforderungen an Jahresendanpassungen. Das gilt insbesondere hinsichtlich der Notwendigkeit im vorhinein definierter Preisbestimmungsfaktoren und festgelegter Rechenvorgänge.

2 Unterjährige Verrechnungspreisanpassungen

Eine Alternative zur Jahresendanpassung stellen unterjährige Anpassungen dar. Diese sind allerdings mit einem erheblich höheren administrativen Aufwand verbunden. Durch eine regelmäßige (zum Beispiel quartalsweise) Überprüfung der gruppeninternen Leistungsverrechnung können Abweichungen der Ist-Zahlen gegenüber Fremdvergleichswerten zu einem frühen Zeitpunkt identifiziert und durch Preisanpassungen entsprechend adjustiert werden. Infolge einer Erhöhung oder Absenkung der künftig zu verrechnenden Preise können die Renditekennziffern einzelner Gruppengesellschaften im Jahresverlauf korrigiert werden, sodass auf Jahressicht die Profitabilität im Einklang mit dem Fremdvergleichsgrundsatz steht.

Aber auch aus zollrechtlicher Sicht können unterjährige Verrechnungspreisanpassungen zweckmäßig sein, da die Anerkennung nachträglicher Verrechnungspreisanpassungen in Form von Erstattungen problematisch sein kann (siehe hierzu FG München, Urteil vom 15.9.2016, 14 K 1974/15; EuGH, Entscheidung vom 20.12.2017, C-529/16).

1 Jahresendanpassung

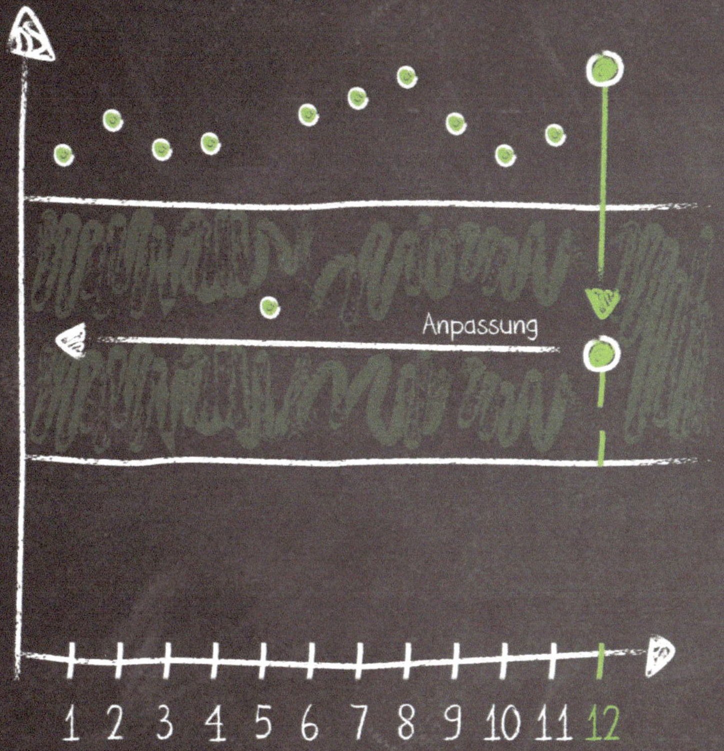

2 Unterjährige Verrechnungspreisanpassungen

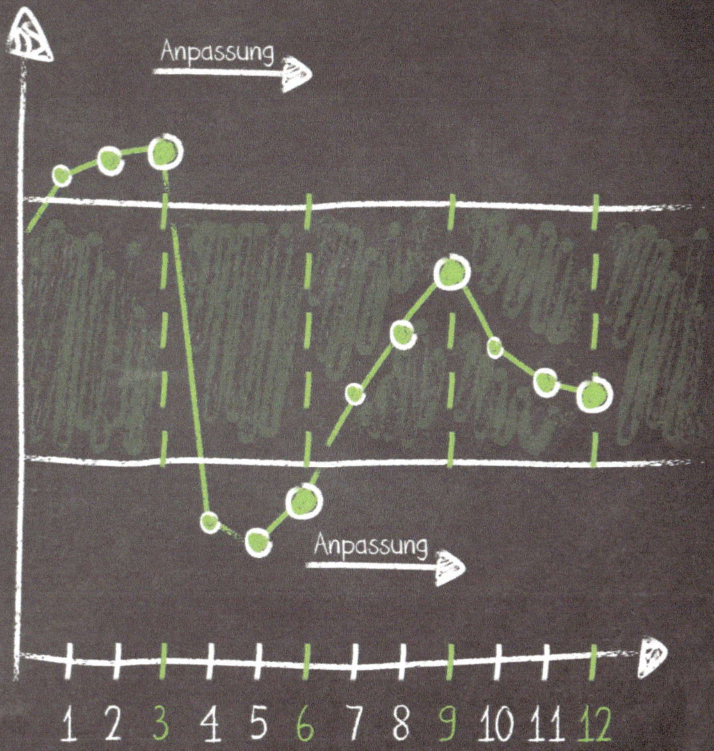

»Wir sind nicht nur verantwortlich für das, was wir tun, sondern auch für das, was wir nicht tun.«

Jean-Baptiste Poquelin (Molière)

4.2 Dokumentation

Wieso muss eine Verrechnungspreisdokumentation erstellt werden?

Pflicht zur Sachverhaltsaufklärung durch Finanzbehörden

Finanzbehörden müssen steuerliche Sachverhalte von Amts wegen ermitteln und tragen grundsätzlich die Beweislast im Falle von Verrechnungspreisanpassungen. Allerdings enden Ermittlungsbefugnisse der Finanzbehörde meist an der Grenze des jeweiligen Staates, sodass Prüfer nicht zur Sachverhaltsermittlung im Ausland eingesetzt werden können. Ohne weitergehende Mitwirkungspflichten würden sich Betriebsprüfungen zu Verrechnungspreissachverhalten oftmals als »zahnloser Tiger« erweisen.

Mitwirkungspflichten des Steuerpflichtigen

Daher verpflichtet das Gesetz inländische Steuerpflichtige zur Mitwirkung bei der Sachverhaltsaufklärung. Diese ist bei Auslandssachverhalten erhöht. Zusätzlich müssen Aufzeichnungen zu grenzüberschreitenden Geschäftsbeziehungen innerhalb multinationaler Unternehmensgruppen erstellt werden. Die rechtliche Grundlage dafür findet sich in § 90 Absatz 3 AO und in der Gewinnabgrenzungsaufzeichnungsverordnung (GAufzV), die durch die Verwaltungsgrundsätze-Verfahren um die Ansichten der Finanzverwaltung ergänzt werden. In dieser sogenannten Verrechnungspreisdokumentation sind sämtliche Tatsachen anzugeben, die sich auf gruppeninterne Geschäftsvorfälle und diesen zugrunde liegenden Preise auswirken und steuerliche Bedeutung haben. Die inländische Gruppengesellschaft trifft insoweit eine Beweisvorsorgepflicht. Dies bedeutet, dass eine rechtliche und tatsächliche Unmöglichkeit zur Beweismittelbeschaffung dann keinen Rechtfertigungsgrund darstellt, Daten und Informationen vorzulegen, wenn im Zeitpunkt der Vereinbarung einer Geschäftsbeziehung die Möglichkeit bestand, Beweismittel zu beschaffen oder sich ein entsprechendes Beschaffungsrecht einräumen zu lassen. Die Beweisvorsorgepflicht gilt allerdings nur insoweit, als die Beschaffung von Unterlagen der inländischen Gruppengesellschaft rechtlich und tatsächlich auch möglich ist.

Darlegung der Einhaltung des Fremdvergleichsgrundsatzes

Die zentrale Frage bei Verrechnungspreisdokumentationen ist, ob diese ausreichend und nachvollziehbar sind. Der Beurteilungsmaßstab dafür ist in dem Grundsatz verankert, dass die Aufzeichnungen das ernsthafte Bemühen des Steuerpflichtigen darstellen müssen, seine Geschäftsbeziehungen unter Beachtung des Fremdvergleichsgrundsatzes zu gestalten. Insbesondere muss es einem sachverständigen Dritten möglich sein, innerhalb einer angemessenen Frist festzustellen, welche Sachverhalte im Rahmen grenzüberschreitender Geschäftsbeziehungen verwirklicht wurden und ob und inwieweit der Fremdvergleichsgrundsatz dabei berücksichtigt wurde.

Grundsätzliche Aufzeichnungspflicht in deutscher Sprache

Trotz des internationalen Charakters von Verrechnungspreisen sind Aufzeichnungen grundsätzlich in deutscher Sprache zu erstellen. Es besteht allerdings die Möglichkeit, zu Beginn einer Betriebsprüfung einen Antrag zu stellen, die Dokumentation in einer anderen Sprache vorzulegen. In der Praxis wird dem Antrag häufig gefolgt, wenn die Dokumentation in englischer Sprache erstellt ist und auf Anforderung der Betriebsprüfung Teile der Dokumentation übersetzt werden.

Wer muss welche Dokumentationen erstellen und Anzeigepflichten erfüllen?

Welche Unternehmensgruppen eine Verrechnungspreisdokumentation erstellen müssen, hängt maßgeblich vom Umfang der gruppeninternen Geschäftsbeziehungen und der Höhe der Umsätze ab. Aus Vereinfachungsgründen sind Landesgesellschaften multinationaler Unternehmensgruppen mit geringfügigen grenzüberschreitenden Geschäftsbeziehungen (»kleinere Unternehmen«) von der Pflicht zur Erstellung einer Verrechnungspreisdokumentation in Schriftform ausgenommen. Abhängig von verschiedenen Umsatzgrenzen sind seit dem Geschäftsjahr 2017 in Deutschland abgeschichtet (i) eine landesspezifische, unternehmensbezogene Dokumentation (englisch »Local File«), (ii) eine länderübergreifende Stammdokumentation (englisch »Master File«) sowie (iii) eine länderspezifische Berichterstattung (englisch »Country-by-Country Reporting« (kurz CbCR) zu erstellen beziehungsweise vorzulegen. Die folgende Tabelle gibt einen Überblick über die Dokumentationsverpflichtungen in Abhängigkeit von den individuellen Umsatzgrenzen.

Klassifizierung	Umsatzgrenzen		Local File	Master File	CbCR
klein	≤ 6 000 000 Euro	Umsatz der deutschen Landesgesellschaften aus grenzüberschreitenden Lieferungen an Gruppengesellschaften oder Betriebsstätten im Geschäftsjahr			
		und			
	≤ 600 000 Euro	Umsatz der deutschen Landesgesellschaften aus grenzüberschreitenden Leistungen mit Gruppengesellschaften oder Betriebsstätten im Geschäftsjahr			
mittelgroß	> 6 000 000 Euro	Umsatz der deutschen Landesgesellschaften aus grenzüberschreitenden Lieferungen an Gruppengesellschaften oder Betriebsstätten im Geschäftsjahr			
		oder			
	> 600 000 Euro	Umsatz der deutschen Landesgesellschaften aus grenzüberschreitenden Leistungen mit Gruppengesellschaften oder Betriebsstätten im Geschäftsjahr			
groß		Voraussetzungen für mittelgroße multinationale Unternehmensgruppen			
		und			
	≥ 100 000 000 Euro	Gesamtumsatz einer deutschen Landesgesellschaft einer multinationalen Unternehmensgruppe im vorangegangenen Geschäftsjahr			
sehr groß		Voraussetzungen für große multinationale Unternehmensgruppen			
		und			
	≥ 750 000 000 Euro	im Konzernabschluss ausgewiesene, konsolidierte Umsatzerlöse der multinationalen Unternehmensgruppe im vorangegangenen Geschäftsjahr			

Welche Elemente hat das Local File?

Das Local File enthält detaillierte Informationen zu spezifischen gruppeninternen Geschäftsvorfällen. Letztlich geht es darum, sachgerechte Angaben für die Analyse und Überprüfung grenzüberschreitender Verrechnungspreise durch die Finanzbehörden zu geben. Die Auswahl der relevanten Informationen sollte zielgerichtet auf den Zweck der Verrechnungspreisdokumentation erfolgen, das ernsthafte Bemühen zur Einhaltung des Fremdvergleichsgrundsatzes durch den Steuerpflichtigen darzulegen. Das Local File setzt sich aus den folgenden drei Berichtselementen zusammen, die in der Checkliste auf der nächsten Seite näher erläutert werden:

1 Sachverhaltsdokumentation

Die Sachverhaltsdokumentation soll einen Überblick über den organisatorischen Aufbau der Landesgesellschaft sowie über die ökonomischen und unternehmensbezogenen Rahmenbedingungen geben.

In einem zweiten Teil sind die verwirklichten grenzüberschreitenden Geschäftsvorfälle mit anderen Gruppengesellschaften und Betriebsstätten unter Berücksichtigung der jeweiligen Wertschöpfungsbeiträge (Werttreiber-, Funktions- und Risikoanalyse) zu erläutern. Hierbei kann direkt auf die in Kapitel 2 dargestellten betriebswirtschaftlichen Konzepte zurückgegriffen werden.

2 Angemessenheitsdokumentation

Die Angemessenheitsdokumentation knüpft an die Ausführungen der Sachverhaltsdokumentation an und soll die ergriffenen Maßnahmen zur Einhaltung des Fremdvergleichsgrundsatzes erläutern. Hierzu sind die wirtschaftlichen und rechtlichen Bedingungen (mit einem Fokus auf die vereinbarten Preise), die Angemessenheit der Verrechnungspreismethode sowie die herangezogenen Fremdvergleichsdaten aus Sicht des Steuerpflichtigen darzustellen. Ergänzend ist anzugeben, welche Informationen zum Zeitpunkt der Verrechnungspreisbestimmung vorgelegen haben.

Da sich die Angemessenheitsdokumentation an dem Grundsatz der Darstellung des ernsthaften Bemühens zu orientieren hat, können die Anforderungen an die Angemessenheitsdokumentation seitens der Finanzverwaltung nicht zu streng ausgelegt werden.

3 Dokumentation außergewöhnlicher Geschäftsvorfälle (§ 3 GAufZV)

Die inhaltlichen Anforderungen an die Dokumentation außergewöhnlicher Geschäftsvorfälle sind deckungsgleich mit denen der Sachverhalts- und Angemessenheitsdokumentation.

Die Besonderheit besteht darin, dass aufgrund des außergewöhnlichen Charakters Geschäftsvorfälle zeitnah zu dokumentieren sind, also spätestens bis zu sechs Monaten nach Ende des Geschäftsjahres, in dem ein solcher Geschäftsvorfall verwirklicht wurde.

Als außergewöhnliche Geschäftsvorfälle zählen beispielsweise:

- Abschluss oder Änderung langfristiger Verträge mit erheblicher Auswirkung auf die Höhe der Einkünfte
- Vermögensübertragungen
- Funktionsverlagerungen
- Anpassung der Geschäftsstrategie
- Abschluss von Umlageverträgen

	Bereich		Bestandteile	☑
Sachverhalts-dokumentation	Allgemeines	1.	Darstellung der Beteiligungsverhältnisse zu nahestehenden Personen (zum Beispiel mittels Gruppenchart und tabellarische Darstellung der gruppeninternen Transaktionsparteien)	☐
		2.	Darstellung der organisatorischen und operativen Konzernstruktur inklusive Betriebsstätten und Beteiligungen an Personengesellschaften (zum Beispiel durch eine Grafik und kurze Beschreibung der Reporting-Lines sowie des organisatorischen Aufbaus)	☐
		3.	Beschreibung des Geschäftsbetriebs und der Geschäftsstrategie, meist ergänzt um eine Industrieanalyse, im Rahmen derer die Markt- und Wettbewerbsverhältnisse dargestellt werden (zum Beispiel durch eine Darstellung der Wertschöpfungskette und des Geschäftsmodells durch Business Model Canvas)	☐
	Transaktions-analyse	4.	Übersicht über Art und Umfang der Geschäftsbeziehungen zu nahestehenden Personen (etwa durch tabellarische Darstellung der Transaktionsvolumen je Transaktionsgruppe und Landesgesellschaft)	☐
		5.	Übersicht der wesentlichen immateriellen Werte, die dem Steuerpflichtigen gehören und die er im Rahmen seiner Geschäftsbeziehungen nutzt oder zur Nutzung überlässt	☐
	Funktions- und Risikoanalyse	6.	Transaktionsbezogene Informationen über die ausgeübten Funktionen und übernommenen Risiken	☐
		7.	Transaktionsbezogene Informationen über die eingesetzten wesentlichen Vermögenswerte	☐
		8.	Transaktionsbezogene Informationen über die vereinbarten Vertragsbeziehungen	☐
		9.	Transaktionsbezogene Informationen über die gewählte Geschäftsstrategie	☐
		10.	Transaktionsbezogene Informationen über die bedeutsamen Markt- und Wettbewerbsverhältnisse	☐
		11.	Gegebenenfalls Beschreibung und Darstellung der Wertschöpfungsbeiträge	☐
Angemessenheits-dokumentation	Verrechnungs-preisanalyse	12.	Zeitpunkt der Verrechnungspreisbestimmung, inklusive zu diesem Zeitpunkt verfügbarer und bedeutsamer Informationen zur Preisbestimmung	☐
		13.	Darstellung der angewandten Verrechnungspreismethode	☐
		14.	Begründung der Geeignetheit der Verrechnungspreismethode	☐
		15.	Unterlagen über die Berechnung bezogen auf die gewählte Verrechnungspreismethode	☐
		16.	Auflistung und Beschreibung verwendeter vergleichbarer interner oder externer Geschäftsvorfälle	☐
		17.	Darstellung der Suchstrategie, einschließlich der Kriterien, des Suchergebnisses und außerhalb der Datenbank durchgeführter Selektionsprozesse bei Verwendung von Datenbank-Benchmarkings	☐
	Ergänzungen	18.	Weitere Informationen, beispielsweise Kostenumlagen, Verständigungs- oder Schiedsverfahren, sowie Vorabzusagen, Aufzeichnungen über Verluste	☐

Welche Elemente hat das Master File?

Das Master File liefert ergänzend zum Local File einen »High-Level«-Überblick über die weltweite Geschäftstätigkeit einer multinationalen Unternehmensgruppe und die angewandten Grundsätze der Verrechnungspreisbestimmung. Durch die Schaffung einer zusätzlichen Transparenz soll das Master File dazu beitragen, einen Überblick über das gruppenweite Verrechnungspreissystem zu gewinnen. Es enthält standardisierte Informationen, die für alle Landesgesellschaften einer multinationalen Unternehmensgruppe relevant sind. Ziel dieses aggregierenden Berichtselements ist es, die Ausführungen im Local File in einen wirtschaftlichen, rechtlichen, finanziellen und steuerlichen Gesamtkontext zu stellen. Bei der Erstellung des Master File sollten sich Unternehmen hinsichtlich des Detaillierungsgrads von den Prinzipien einer vernünftigen kaufmännischen Beurteilung zur Erstellung eines »High-Level«-Überblicks leiten lassen.

Das Master File soll Finanzverwaltungen dabei unterstützen, die Konsistenz der Gewinnverteilung gemäß den Angaben im Local File mit der globalen Wertschöpfung einer multinationalen Unternehmensgruppe zu plausibilisieren. Auf dieser Grundlage sollen materielle Risiken aus Verrechnungspreisgestaltungen evaluiert und Anknüpfungspunkte für eine zielgerichtete Verrechnungspreisprüfung abgeleitet werden. Insbesondere vor dem Hintergrund, dass Finanzbehörden aller betroffenen Staaten das Master File anfordern können, ist einzelfallbezogen zu überlegen, welche Informationen im Master File und welche im Local File dargestellt werden. Denn im Unterschied zum Master File wird das Local File nur den Finanzbehörden vorgelegt, die unmittelbar von den dokumentierten Geschäftsvorfällen betroffen sind. Die nebenstehende Checkliste enthält die Pflichtbestandteile des Master File. Die abgefragten Inhalte werden in den folgenden vier Punkten zusammengefasst.

1 Gruppenüberblick

Überblickartige Darstellung und Beschreibung des rechtlichen und organisatorischen Aufbaus der Unternehmensgruppe, des Geschäftsmodells sowie der wichtigsten Geschäftsfelder und Märkte.

Hierzu sind für die wichtigsten Produktgruppen und Dienstleistungen die Lieferketten darzustellen, wodurch ein Einblick in die Wertschöpfung der Unternehmensgruppe ermöglicht werden soll.

2 Immaterielle Werte

Als wichtiger Faktor der Gewinnverteilung sind die Gruppenstrategie sowie die Aufgaben und Verantwortlichkeiten der Gruppengesellschaften bei der Entwicklung, Verbesserung, Erhaltung, Patentierung und Verwertung immaterieller Werte zu beschreiben. Ziel ist es, einen Einblick in die Forschungs- und Entwicklungsprozesse und einen wertschöpfungsorientierten Überblick zu geben.

3 Finanzierungen

Gruppeninterne Finanzierungen werden von der OECD als potentielles Instrument zur Aushöhlung von Besteuerungsgrundlagen und Verlagerung von Gewinnen gesehen. Im Master File sind daher Angaben zur Organisation des Finanz- und Liquiditätsmanagements, zu den zentralen Finanzierungsbeziehungen sowie zu den angewandten Verrechnungspreismethoden bei Finanztransaktionen zu machen.

4 Absprachen

Weitergehende Transparenz soll auch dadurch erreicht werden, dass sowohl bilaterale (Vorab-)Verständigungsverfahren als auch einseitige Absprachen mit Finanzverwaltungen betreffend die grenzüberschreitende Aufteilung von Gewinnen im Master File dargestellt werden müssen.

Bereich		Bestandteile	☑
Organisationsstruktur	1.	(Graphische) Darstellung des Organisationsaufbaus (Rechts- und Eigentümerstruktur)	☐
	2.	(Graphische) Darstellung der Verteilung der Gesellschaften und Betriebsstätten	☐
	3.	Übersicht über bedeutende Faktoren für den Gesamtgewinn der Unternehmensgruppe (Werttreiber)	☐
	4.	Beschreibung der Lieferketten für die 5 Produkte / Dienstleistungen mit den höchsten Umsatzerlösen	☐
	5.	Beschreibung der Lieferketten für weitere Produkte / Dienstleistungen mit mehr als 5 % Umsatzerlösen	☐
	6.	Beschreibung der wichtigsten geographischen Märke	☐
Geschäftsmodell	7.	Auflistung und zusammenfassende Beschreibung wichtiger Dienstleistungsvereinbarungen, einschließlich einer Beschreibung der Kapazitäten der Hauptstandorte für die Dienstleistungserbringung sowie der Verrechnungspreispolitik für die Zuordnung von Dienstleistungskosten und die Bestimmung der zu zahlenden Preise	☐
	8.	Zusammenfassende Funktions- und Risikoanalyse, einschließlich einer Beschreibung der Hauptbeiträge einzelner Unternehmen zur Wertschöpfung	☐
	9.	Beschreibung von Umstrukturierungen im Wirtschaftsjahr sowie Auflistung und zusammenfassende Beschreibung von bedeutsamen Unternehmenskäufen und -verkäufen	☐
	10.	Allgemeine Beschreibung der Gesamtstrategie für immaterielle Werte (Entwicklung, Eigentum, Schutz und Verwertung) inklusive Auflistung der Standorte der wichtigsten Forschungs- und Entwicklungseinrichtungen und der Standorte des Forschungs- und Entwicklungsmanagements	☐
Immaterielle Werte	11.	Auflistung bedeutender immaterieller Werte, einschließlich deren rechtliche Eigentümer oder Inhaber	☐
	12.	Auflistung wichtiger Vereinbarungen zu immateriellen Werten, inklusive Kostenumlagevereinbarungen, sowie wesentlicher Forschungsdienstleistungs- und Lizenzvereinbarungen	☐
	13.	Beschreibung der Verrechnungspreispolitik zu Forschung und Entwicklung sowie zu immateriellen Werten	☐
	14.	Beschreibung wichtiger Übertragungen von Rechten an immateriellen Werten während eines Geschäftsjahres, einschließlich der Informationen zu den entsprechenden Unternehmen, Staaten und Vergütungen	☐
Finanzaktivitäten	15.	Beschreibung der Finanzierungart sowie Darstellung bedeutender Finanzierungsbeziehungen zu Dritten	☐
	16.	Angabe der Unternehmen mit zentralen Finanzierungs-, Cash-Management- oder Asset-Management-Funktionen, einschließlich anwendbares Organisationsrecht und Ort der tatsächlichen Geschäftsleitung	☐
	17.	Beschreibung der Verrechnungspreisstrategie der Unternehmensgruppe zu Finanzierungsbeziehungen	☐
Vorabzusagen	18.	Konzernabschluss für das betreffende Wirtschaftsjahr	☐
	19.	Auflistung und kurze Beschreibung gültiger Verrechnungspreis-Rulings (Advanced Pricing Agreements) sowie anderer Vorabzusagen (verbindliche Auskünfte) zur Aufteilung der Erträge zwischen den Staaten	☐

Wann sind Dokumentationen zu erstellen und vorzulegen?

1 Erstellung

Finanzbehörden in Deutschland sollen für **gewöhnliche Geschäftsvorfälle** die Vorlage von Verrechnungspreisdokumentationen nur für die Durchführung einer Außenprüfung verlangen. Wann eine Verrechnungspreisdokumentation zu erstellen ist, wird hingegen gesetzlich nicht definiert. Das Erstellungsdatum kann daher maximal bis zum Ende der Vorlagefrist hinausgezögert werden. In der Praxis zeigt sich jedoch, dass die Daten- und Informationsbeschaffung oftmals schwieriger wird, je weiter das Erstellungsdatum von dem zu dokumentierenden Geschäftsjahr entfernt ist. Unabhängig davon sind multinationale Unternehmensgruppen dazu angehalten, die Fremdüblichkeit ihrer Verrechnungspreise aktiv zu steuern (etwa durch gruppenweit einheitliche Verrechnungspreisvorgaben) und stetig zu validieren.

Für **außergewöhnliche Geschäftsvorfälle** sieht das Gesetz (§ 90 Absatz 3 Satz 8 AO; § 3 GAufZV) jedoch eine zeitnahe Erstellung von Verrechnungspreisdokumentationen vor. Zeitnah bedeutet in diesem Kontext einen Zeitraum von bis zu sechs Monaten nach Ende des Geschäftsjahres, in dem ein außergewöhnlicher Geschäftsvorfall verwirklicht wurde. Hierdurch wird sichergestellt, dass die relevanten Informationen und Daten in einem engen zeitlichen Zusammenhang zum Geschäftsvorfall zusammengestellt und dadurch Informations- und Datenbeschaffungsprobleme reduziert werden.

2 Vorlage

Für **gewöhnliche Geschäftsvorfälle** regelt das Gesetz eine Vorlagefrist für die Verrechnungspreisdokumentation von 60 Tagen nach Anforderung durch eine Betriebsprüfung (§ 90 Absatz 3 Satz 7 AO). Der Gesetzgeber geht davon aus, dass die 60-Tage-Frist für die Vorlage ausreichend ist, da die erforderlichen Unterlagen für die Dokumentation bereits erstellt sein sollten.

Für **außergewöhnliche Geschäftsvorfälle** besteht eine verkürzte Vorlagefrist für die Verrechnungspreisdokumentation von 30 Tagen. Die verkürzte Frist ist darauf zurückzuführen, dass außergewöhnliche Geschäftsvorfälle zeitnah zu dokumentieren sind und somit im Zeitpunkt der Anforderung durch die Betriebsprüfung in der Regel bereits erstellt sind.

1

Gewöhnliche Geschäftsvorfälle

Außergewöhnliche Geschäftsvorfälle

2

Gewöhnliche Geschäftsvorfälle

Außergewöhnliche Geschäftsvorfälle

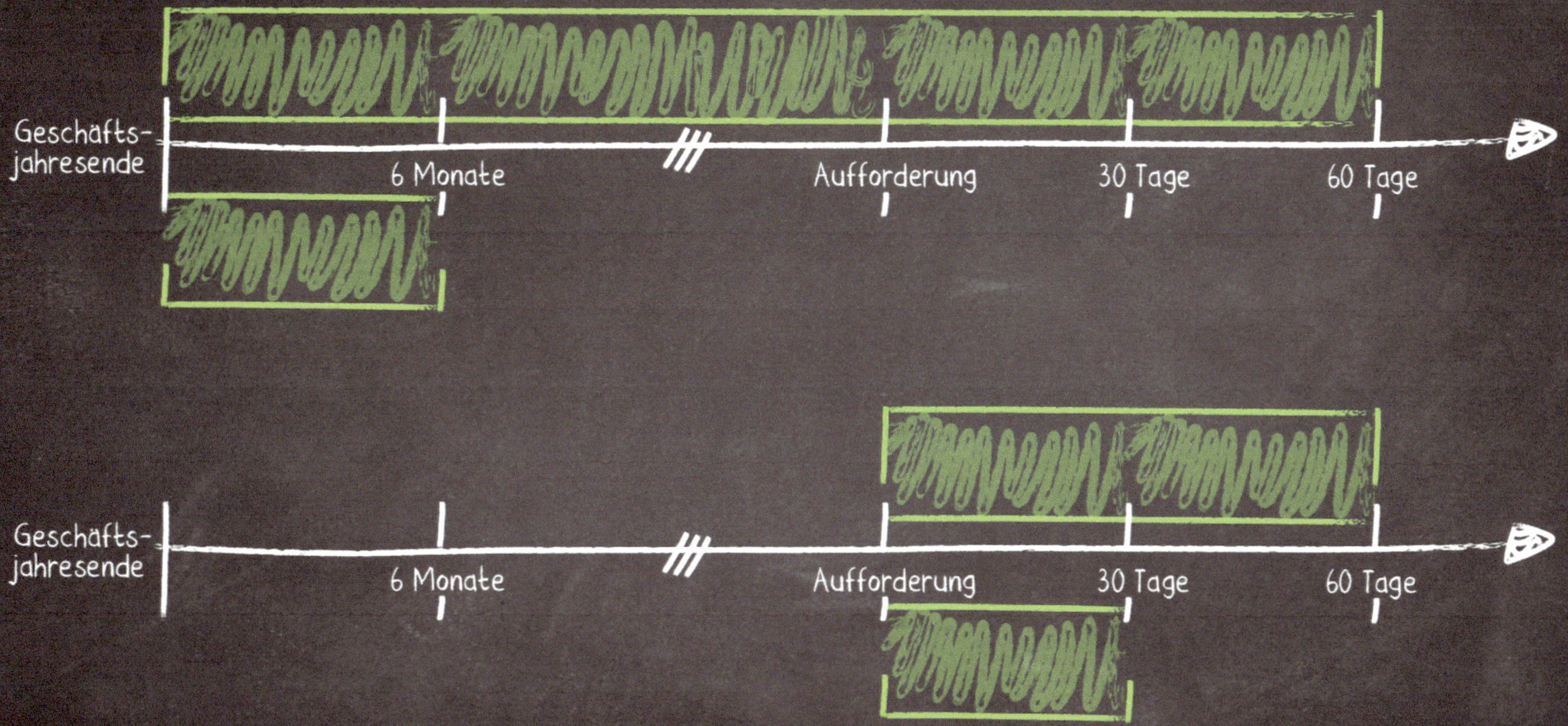
Geschäfts-
jahresende
6 Monate
Aufforderung
30 Tage
60 Tage
Geschäfts-
jahresende
6 Monate
Aufforderung
30 Tage
60 Tage

Wie können Dokumentations- und Mitwirkungspflichten verletzt werden?

1 Fristgerecht vorgelegte, verwertbare Dokumentation

Verrechnungspreisdokumentationen müssen es einem sachverständigen Dritten ermöglichen, innerhalb einer angemessenen Frist festzustellen, welche Sachverhalte der Steuerpflichtige im Zusammenhang mit seinen gruppeninternen Geschäftsbeziehungen verwirklicht hat und ob und inwieweit dabei der Fremdvergleichsgrundsatz beachtet wurde. Erfüllt eine Dokumentation diese Anforderungen, ist sie als verwertbar einzustufen. Wird eine verwertbare Dokumentation fristgerecht vorgelegt, schützt diese vor steuerlichen Sanktionen und schränkt die Möglichkeiten für Verrechnungspreiskorrekturen wegen des Grundsatzes der Gesetzmäßigkeit der Verwaltung stark ein.

2 Verspätet vorgelegte, verwertbare Dokumentation

Verrechnungspreisdokumentationen sind auf Anforderung einer Betriebsprüfung vorzulegen. Die Vorlagefrist beträgt grundsätzlich 60 Tage. Bei außergewöhnlichen Geschäftsvorfällen verkürzt sie sich auf 30 Tage. Da der Gesetzgeber davon ausgeht, dass die erforderlichen Aufzeichnungen bereits erstellt sind, gilt die Vorlage einer Verrechnungspreisdokumentation nach dieser Frist als verspätet und kann sanktioniert werden.

3 Nicht zeitnah erstellte Dokumentation

Die Dokumentation für außergewöhnliche Geschäftsvorfälle ist zeitnah, bis 6 Monate nach Ende des Geschäftsjahres, in dem ein außergewöhnlicher Geschäftsvorfall verwirklicht wurde, zu erstellen. Werden außergewöhnliche Geschäftsvorfälle nicht innerhalb dieser Frist dokumentiert, liegt ein Verstoß gegen die Mitwirkungspflichten vor, der entsprechend sanktioniert werden kann. Allerdings sind die Informationen aus einer verspätet erstellten Dokumentation im Rahmen einer Schätzung zu berücksichtigen, weshalb unseres Erachtens ein Absenken des Beweismaßes in Fällen einer verwertbaren und plausiblen, aber verspätet erstellten Dokumentation schwierig sein dürfte.

4 Vorlage einer unverwertbaren Dokumentation

Eine Dokumentation ist unverwertbar, wenn ein sachverständiger Dritter nicht in angemessener Frist feststellen kann, welche gruppeninternen Geschäftsbeziehungen verwirklicht wurden und ob und inwieweit der Fremdvergleichsgrundsatz beachtet wurde. Die Unvollständigkeit oder Fehlerhaftigkeit einzelner Dokumentationsteile führt grundsätzlich nicht zur Unverwertbarkeit der gesamten Dokumentation. Eine Unverwertbarkeit kann anzunehmen sein, wenn eine Dokumentation ohne vorherige Genehmigung in einer anderen Sprache als Deutsch vorgelegt wird. Stellt die Finanzbehörde fest, dass Aufzeichnungen im Wesentlichen unverwertbar sind, hat sie den Steuerpflichtigen unverzüglich darauf hinzuweisen und ihn zur Nachbesserung oder Übersetzung (auf notwendiges Maß beschränkt) aufzufordern. Unabhängig davon ist im Einzelfall zu prüfen, ob es der Finanzbehörde möglich und zumutbar ist, die Verwertbarkeit ohne weitere Mitwirkung des Steuerpflichtigen herbeizuführen.

5 Keine Vorlage einer Dokumentation

Multinationale Unternehmensgruppen sind zur Vorlage einer Verrechnungspreisdokumentation verpflichtet, sofern sie nicht als kleinere Unternehmen gemäß § 6 GAufZV einzustufen sind. Erfolgt auf Anforderung der Betriebsprüfung keine Vorlage und verletzt der Steuerpflichtige dadurch seine Mitwirkungspflichten, können die Finanzbehörden den Sanktionsrahmen vollumfänglich ausschöpfen.

Welche Sanktionen drohen bei Verstößen gegen die Dokumentationspflichten?

		1	2	3	4	5
Verspätungszuschläge	Es kann ein Zuschlag von mindestens 100 Euro für jeden vollen Tag der Fristüberschreitung, maximal 1 000 000 Euro festgesetzt werden. (§ 162 Absatz 4 Satz 3 AO)		✓			
Strafzuschläge	Es kann ein Zuschlag zwischen 5 und 10 Prozent des Korrekturbetrags, für den keine oder keine verwertbare Dokumentation vorgelegt wurde, mindestens aber 5 000 Euro festgesetzt werden. (§ 162 Absatz 4 Satz 1 und 2 AO)				✓	✓
Reduzierte Ermittlungspflicht	Es erfolgt eine Minderung der Ermittlungspflichten der Finanzbehörde. Allerdings muss sich die Finanzbehörde bemühen, im Rahmen der Zumutbarkeit den Sachverhalt aufzuklären. (Textziffer 4.3 VerwGr-Verfahren 2005)			✓	✓	✓
Reduziertes Beweismaß	Kann ein Sachverhalt nicht mit an Sicherheit grenzender Wahrscheinlichkeit (Regelbeweismaß) aufgeklärt werden, reicht ein geringerer Wahrscheinlichkeitsgrad für die Besteuerung aus. (Textziffer 4.4 VerwGr-Verfahren 2005)			(✓)	✓	✓
Beweislastumkehr	Es besteht eine widerlegbare gesetzliche Vermutung, dass die erklärten inländischen Einkünfte gemessen am Fremdvergleichsgrundsatz zu gering sind. In diesen Fällen trifft den Steuerpflichtigen die Beweisführungslast, dass es zu keiner Einkünfteminderung gekommen ist. (§ 162 Absatz 3 Satz 1 AO)			✓	✓	✓
Schätzung	Ist zur Bestimmung der Einkünfte eine Schätzung erforderlich und können für diese nur eine Bandbreite von Werten ermittelt werden, kann diese Bandbreite zu Lasten des Steuerpflichtigen ausgeschöpft werden. Die Schätzung muss allerdings in sich schlüssig, wirtschaftlich vernünftig und möglichst zutreffend sein, denn Zweck einer Schätzung ist es, diejenigen Besteuerungsgrundlagen anzusetzen, die die größte Wahrscheinlichkeit der Richtigkeit für sich haben und der Wirklichkeit am nächsten kommen. Bewusste und willkürliche Abweichungen von diesem Grundsatz zum Nachteil des Steuerpflichtigen sind nicht erlaubt, da Schätzungen nicht zur Sanktionierung genutzt werden dürfen. (§ 162 Absatz 3 Satz 2 AO)			(✓)	✓	✓

✓ Sanktion ist anwendbar. (✓) Sanktion ist zwar grundsätzlich vorgesehen, allerdings ist unseres Erachtens eine Absenkung des Beweismaßes aufgrund einer verspäteten Erstellung sowie eine abweichende vernünftige Schätzung unter Berücksichtigung der vorgelegten, verspätet erstellten Dokumentation schwierig durchsetzbar.

Welche Elemente hat das Country-by-Country Reporting (CbCR)?

Zielsetzung

Das Country-by-Country Reporting (CbCR) bildet die dritte Säule der Dokumentationspflichten. In Ergänzung zum deskriptiven Master File verpflichtet das CbCR sehr große multinationale Unternehmensgruppen mit einem konsolidierten Konzernumsatz von mehr als 750 Millionen Euro zur Offenlegung von Finanzdaten und Mitarbeiterzahlen in aggregierter Form für alle Länder, in denen zumindest eine Landesgesellschaft oder Betriebsstätte besteht (siehe § 138a AO). Hierdurch sollen Finanzbehörden weitergehende Einblicke in die globale Wertschöpfung sowie Gewinn- und Steuerlastverteilung innerhalb multinationaler Unternehmensgruppen erhalten. Das CbCR ist in Deutschland explizit kein Bestandteil von Verrechnungspreisdokumentationen, sondern ein Berichtselement eigener Natur mit eigenen Abgabe- und Sanktionsregelungen.

Erstellung und Einreichung

Das CbCR ist im Regelfall durch die Gruppenobergesellschaft zu erstellen und bei der verantwortlichen nationalen Steuerbehörde (in Deutschland dem Bundeszentralamt für Steuern) einzureichen. Die Verteilung der CbCR an die berechtigten Finanzbehörden erfolgt dann unter den Finanzverwaltungen. In Ausnahmefällen können allerdings auch nationale Gruppengesellschaften zur Einreichung eines CbCR verpflichtet werden, wenn diese zur Abgabe des CbCR durch die Gruppenobergesellschaft beauftragt werden oder die Gruppenobergesellschaft ihrer Verpflichtung zur Abgabe eines CbCR nicht nachkommt, beziehungsweise das Bundeszentralamt kein CbCR erhält. Grundsätzlich sind CbCR innerhalb eines Jahres nach Ablauf eines Wirtschaftsjahres zu übermitteln.

1 Berichtsteil 1

Berichtsteil 1 enthält quantitative Angaben zu verschiedenen Finanzzahlen und der Anzahl der Beschäftigten je Steuerhoheitsgebiet, in welchen die einzubeziehenden Gruppengesellschaften ansässig sind. Es sind Daten zu internen und externen Umsatzerlösen, Vorsteuergewinnen, Steuerzahllasten, gezahlten und erstatteten Steuern sowie Vermögenswerten, thesaurierten Gewinnen, Eigenkapital und Mitarbeiteranzahl anzugeben.

Aus diesen Daten können BEPS-relevante Kennzahlen abgeleitet werden, die Aufschluss über die Gewinnverteilung unter den Gruppengesellschaften geben sollen.

2 Berichtsteil 2

In Berichtsteil 2 sind für alle Gesellschaften und Betriebsstätten weltweit die wichtigsten Geschäftstätigkeiten anzugeben. Hierbei ist auf die funktionale Wertschöpfung abzustellen, wobei insbesondere die folgenden Funktionen angelegt sind: Forschung und Entwicklung, Besitz und Eigentum von immateriellen Werten, Einkauf, Produktion, Marketing, Vertrieb, Dienstleistung, Finanzierung, Finanzdienstleistung, Versicherung, Besitz von Wertpapieren mit Beteiligungscharakter sowie ruhende Tätigkeiten. Trifft keine der vorgegebenen Funktionen auf die wesentlichen Geschäftstätigkeiten einer Gruppengesellschaft zu, ist ein Kreuz bei »Sonstige« zu machen und im Berichtsteil 3 zu erläutern.

3 Berichtsteil 3

Berichtsteil 3 ist ein Freitextfeld, in dem ergänzende Angaben zu den ersten beiden Berichtsteilen gegeben werden können. Die Angaben sind erläuternder Natur und sollen dazu beitragen, Rückfragen seitens der Steuerverwaltungen zu vermeiden. Die Angaben können ebenfalls dazu genutzt werden, den gewählten Ansatz für die Datenaggregation oder die Auswahl und Zuordnung wichtiger Geschäftstätigkeiten zu erläutern.

Europa	1. Quartil	Median	3. Quartil	Mittelwert
Umsatz/Mitarbeiter in kEUR	163	316	640	910
EBIT/Mitarbeiter in kEUR	3	11	30	48
EBIT/Vermögenswerte * 100	2	6	12	8
EBIT/Eigenkapital * 100	7	19	39	43
Steuern/EBIT in %	9	22	31	18

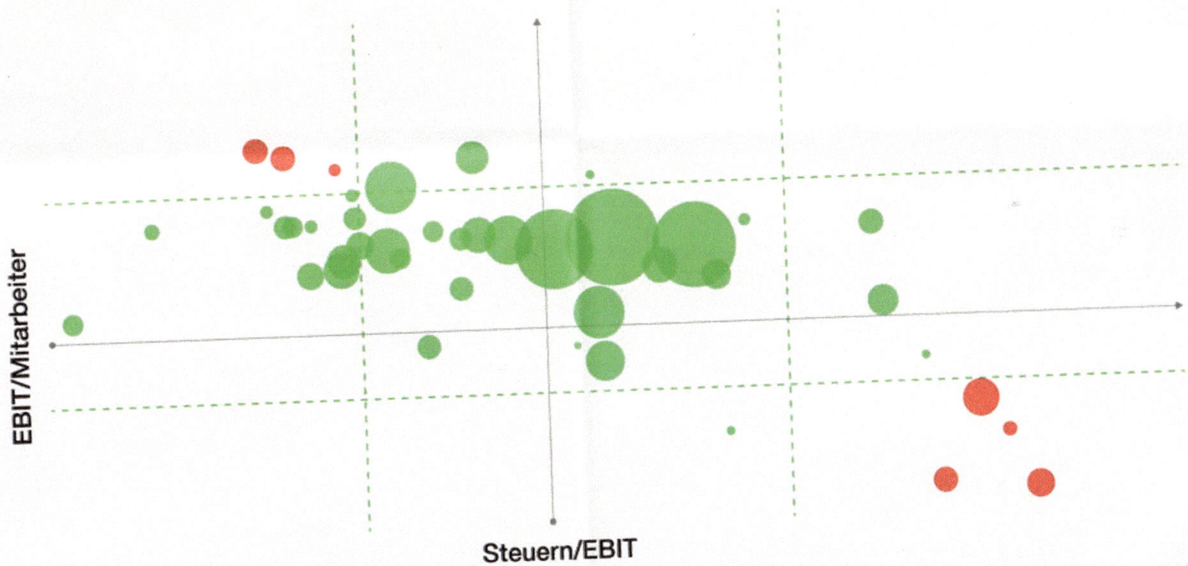

»Der Prozess ist nicht nur die Summe der einzelnen Tätigkeiten.«

William Edwards Deming

4.3 Prozesse

Tax-Compliance-Management-Systeme

Innerbetriebliche Kontrollsysteme fassen Grundsätze (beispielsweise Verrechnungspreis-Leitlinien) und Prozesse (etwa ein regelmäßiges Verrechnungspreis-Monitoring) zur Umsetzung von Compliance-Zielen zusammen. In Bezug auf Steuern stellen diese Compliance-Management-Systeme regelkonformes Verhalten sicher und verhindern steuerliche Rechtsverstöße. Durch die BEPS-Initiative haben die zu erfüllenden Compliance-Anforderungen im Bereich Verrechnungspreise stark zugenommen. Die zukünftige steuerliche Transparenz insbesondere auf Basis des Country-by-Country Reporting sowohl hinsichtlich verrechnungspreisrelevanter Kennziffern (beispielsweise EBIT-Margen über die Wertschöpfungskette) als auch der ökonomischen Substanz (beispielsweise EBIT pro Mitarbeiter) erfordern eine intensivere Auseinandersetzung und Steuerung der verrechnungspreisbezogenen Prozesse. Sachgerecht implementierte Tax-Compliance-Management-Systeme können ein Indiz darstellen, das gegen das Vorliegen eines Vorsatzes oder der Leichtfertigkeit einer Steuerverkürzung spricht.

Damit ein Tax-Compliance-Management-System insbesondere in Bezug auf Verrechnungspreise effizient gelebt und der Fremdvergleichsgrundsatz auf Transaktionsebene eingehalten wird, sind die auf dieser Doppelseite dargestellten sieben Schritte zur Sicherstellung der verrechnungspreisspezifischen Compliance empfehlenswert.

1 Kultur

Voraussetzung für ein gelebtes Tax-Compliance-Management-System ist zuallererst die Etablierung einer positiven Compliance-Kultur. Bei Verrechnungspreisen ist hierbei zu beachten, dass sich dies nicht nur auf die Steuerabteilung beschränkt, sondern das Spezialthema Verrechnungspreise auch in angrenzende Fachabteilungen wie Controlling und IT sowie in das operative Management getragen wird.

2 Ziele

Compliance-Ziele sind aus den allgemeinen Unternehmenszielen abzuleiten. In Bezug auf Verrechnungspreise sind diese in eine programmatische Verrechnungspreisstrategie zu überführen, die häufig in einer Verrechnungspreisrichtlinie formal festgehalten wird.

3 Risiken

Compliance-Risiken aus Verstößen gegen einzuhaltende Regelungen müssen identifiziert und hinsichtlich ihrer Materialität und Eintrittswahrscheinlichkeit analysiert werden. Insbesondere gegenüber dem operativen Management kann es sinnvoll sein, die oftmals sehr hohe Materialität aus Verstößen bei Verrechnungspreisen klar und transparent offenzulegen.

4 Programm

Die Einführung von Grundsätzen und Maßnahmen zur Begrenzung von Compliance-Risiken und zur Vermeidung von Compliance-Verstößen sowie die Definition von Maßnahmen zur Reaktion auf Compliance-Verstöße sind die Eckpfeiler eines allgemeinen Compliance-Programms. Im Bereich Verrechnungspreise sind diese Eckpfeiler häufig in Verrechnungspreisrichtlinien zusammengefasst. Sie dienen insbesondere dem operativen Management als Richtgröße bei Verrechnungspreissachverhalten.

5 Organisation

Die Regelung von Rollen und Verantwortlichkeiten in Bezug auf die verschiedenen Aufgaben in einem Tax-Compliance-Management-System müssen organisiert werden. Hierbei sind konkrete Prozessbeschreibungen und -diagramme zu erstellen und Verantwortlichkeiten zu definieren. Durch die abteilungsübergreifende Relevanz von Verrechnungspreisen sind gerade bei den Prozessen auf organisatorisch klare und eindeutige Verantwortlichkeiten, beispielsweise mittels des RACI-Konzepts, wie später erläutert, zu achten.

6 Kommunikation

Die definierten Prozesse und Verantwortlichkeiten sind dann wiederum zu kommunizieren, so dass der jeweilige Mitarbeiter seine Rolle und Aufgabe im Tax-Compliance-Management-System versteht und sachgerecht erfüllen kann. In der Praxis können hier Workshops beziehungsweise Schulungen die Akzeptanz erhöhen.

7 Monitoring

Zuletzt sind die einmal definierten Prozesse, Verantwortlichkeiten und die Umsetzung, aber auch deren Effizienz vor dem Hintergrund der sich dynamisch verändernden regulatorischen Rahmenbedingungen regelmäßig zu überwachen und auf Aktualität zu überprüfen.

Compliance

Dokumentationsprozess

Eine Verrechnungspreisdokumentation muss erstellt werden. Aber wie? Diese Frage wird auch für mittelständische Unternehmen zunehmend wichtiger, denn Betriebsprüfungen fordern regelmäßig auch Verrechnungsdokumentationen bei mittelständischen Unternehmen an. Der dargestellte Prozess beschreibt in sechs Schritten einen effizienten Ansatz zur Erstellung einer Verrechnungspreisdokumentation, sofern die erforderlichen Unterlagen nicht bereits stetig erstellt und zentral zusammengeführt werden (vergleiche hierfür die in Kapitel 2 dargestellte Verrechnungspreis-Roadmap).

1 Dokumentationsanforderungen

Die Dokumentationsanforderungen und damit auch die zu erhebenden Daten unterscheiden sich erheblich. Daher ist in einem ersten Schritt zu klären, ob eine landesspezifische, unternehmensbezogene Dokumentation (Local File), eine Stammdokumentation (Master File), oder ein Country-by-Country Reporting zu erstellen sind, oder ob die erleichterten Anforderungen für »kleine« Unternehmen gelten.

2 Erstellung Fragenkatalog und Definition der Verantwortlichkeiten

Sind die spezifischen Dokumentationsanforderungen definiert, sollten in einem zweiten Schritt alle zu erhebenden Informationen in einen konkreten Fragenkatalog überführt werden. Es bietet sich an, an dieser Stelle bereits Verantwortlichkeiten für die einzelnen Informationspakete zu benennen. Ebenso ist zu empfehlen, konkrete Zeitangaben für die Informationserhebung zu definieren. So kann dieser Fragenkatalog im weiteren auch als Status Report dienen, um den weiteren Prozess der Dokumentationserstellung zu überwachen.

3 Sichtung vorhandener Informationen

Die im Rahmen der Dokumentationsanforderungen zu erhebenden Informationen sind üblicherweise nicht zentral im Unternehmen erfasst. Um nicht die gleichen Daten durch aufwendige eigene Recherchearbeit oder Interviews neu erheben zu müssen, sind typische erste Anlaufpunkte zum Erhalt bereits existierender Informationen:

- Unternehmenspräsentationen,
- Produktbroschüren,
- Marktstudien,
- Organigramme,
- Finanzanalysen (Bilanzen, segmentierte Gewinn- und Verlustrechnungen) und
- Internet- und Intranet Auftritt.

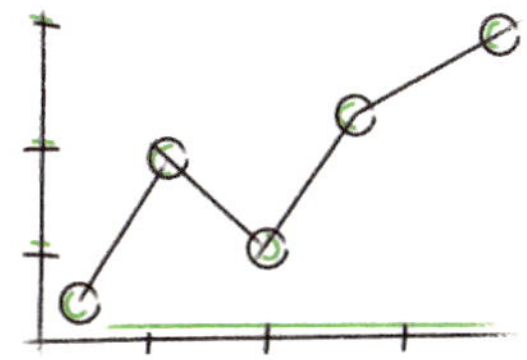

4 Schließung von Informationslücken

Falls nach der Sichtung bestehender Unterlagen die notwendigen Dokumentationsanforderungen noch nicht erfüllt werden können, sind weitere Daten mittels weitergehender Analysen oder der Durchführung von Interviews mit Experten zu erheben. Typischerweise werden dabei leitende Mitarbeiter aus den Bereichen Forschung und Entwicklung, Produktion, Marketing, Vertrieb, Finanzen und des allgemeinen Managements befragt.

5 Analyse der gesammelten Daten

Die ermittelten Daten sind nun hinsichtlich der Verwertbarkeit im Rahmen der Verrechnungspreisdokumentation zu analysieren. Hier spielen insbesondere die Vergleichbarkeit von Transaktionen sowie die Analyse von Funktionen und Risiken, der ökonomischen Substanz und der vertraglichen Vereinbarungen eine zentrale Rolle.

6 Dokumentation

Abschließend werden die aus den Daten extrahierten Informationen in der Sachverhaltsdokumentation und der Angemessenheitsdokumentation zusammengefasst. Diese sollten zur Bestätigung beziehungsweise im Rahmen des Vieraugenprinzips dann in Teilen wieder an die Interviewpartner beziehungsweise an geeignete Personen weitergeleitet werden. Die folgenden Seiten geben hierzu nochmal einen Überblick, wie ein solcher Dokumentations-Prozess organisiert werden kann.

Verantwortlichkeiten im Dokumentationsprozess managen

Neben einer guten chronologischen Strukturierung des Dokumentationsprozesses sollten auch die Verantwortlichkeiten und Aufgaben einzelner Personen und Unternehmensbereiche im Vorfeld klar abgestimmt werden. Dies ist deshalb von so großer Bedeutung, weil für die Erhebung der erforderlichen Daten und Informationen die Hilfe verschiedener Abteilungen (zum Beispiel Controlling, Treasury, Forschung und Entwicklung, Vertrieb) benötigt werden. Nicht selten werden diese Abteilungen jedoch zu kurzfristig in den Dokumentationsprozess involviert, sodass oftmals nur wenig Zeit zur Daten- und Informationsaufbereitung verbleibt. Es bietet sich daher an, die Verantwortlichkeiten des Dokumentationsprozesses von Anfang an klar und eindeutig zu regeln. Für die Definition der Verantwortlichkeiten kann beispielsweise auf das etablierte RACI-Konzept zurückgegriffen werden. Ausgehend von der Steuerabteilung, die die Verantwortung für den Dokumentationsprozess häufig innehat (Accountable), werden geeignete Personen aus anderen Abteilungen mit der Erhebung der erforderlichen Daten und Informationen beauftragt (Responsible). Die erhobenen Daten- und Informationen werden wieder an die Steuerabteilung zurückgespielt, die diese zu einer Verrechnungspreisdokumentation zusammenfügt. Falls hierbei Auffälligkeiten auftreten, können weitere Personen zur Sachverhaltsaufklärung oder Lösungsfindung herangezogen werden (Consulted). Häufig sind in multinationalen Unternehmensgruppen interne Stakeholder über den Prozessfortschritt und die Ergebnisse einer Verrechnungspreisdokumentation zu informieren (Informed).

Ziel des Dokumentationsprozesses und der klaren und eindeutigen Zuordnung von Verantwortlichkeiten ist es, dass die erhobenen Daten und Informationen in einer steuerlichen Betriebsprüfung einer – häufig bei Verrechnungspreisen auch sehr kontroversen – Diskussion standhalten. Die folgende Seite skizziert ein Template für die strukturierte Daten- und Informationserhebung auf Basis des RACI-Konzepts und dient der Koordination zwischen den verschiedenen Abteilungen in einer multinationalen Unternehmensgruppe.

Responsible

Responsible sind Personen mit der Verantwortung, die entsprechenden Daten zu erheben.

Accountable

Accountable sind Personen, die die erhobenen Daten, darauf aufbauende Analysen und getroffene Schlussfolgerungen überprüfen und validieren.

Consulted

Consulted Personen können bei Unstimmigkeiten zwischen Responsible oder Accountable Personen vermitteln und zur Lösungsfindung beitragen.

Informed

Informed Personen werden über den Verlauf des Dokumentationsprozesses und die Ergebnisse regelmäßig informiert.

Start Einfügen Seitenlayout Formeln Daten Überprüfen Ansicht
L20
A B C D E F G
Master File
R esponsoble zuständig, führt aus
A ccountable verantwortlich, Entscheider
C onsulted konsultieren vor einer Entscheidung
I nformed Informieren nach einer Entscheidung
Steuerabteilung
Controlling
sonstige Funktionen
Geschäftsführung
Tätigkeiten/Zuständigkeiten
1 Schaubild, das die Rechts- und Eigentümerstruktur des UN und die geographische Zugehörigkeit zu den operativen Einheiten veranschaulicht.
A/R
2 Allgemeine schriftliche Beschreibung der Gefschäftstätigkeit des UN einschließlich:
A/R
3 Wichtige Treiber des Unternehmensgewinns
A R R I
4 Eine Beschreibung der Lieferkette für die fünf größten Produkte und/oder Dienstleistungsangebote der Gruppe nach Umsatz plus alle anderen Produkte und/oder Dienstleistungen, die mehr als 5 Prozent des Gruppenumsatzes ausmachen. Die gewünschte Beschreibung kann in Form einer Grafik oder eines Diagramms erfolgen.
A R R I

»So many books, so little time.«

Frank Zappa

Referenzen, Quellen und Abkürzungen

Referenzen und Quellen

Rechtsgrundlagen als Textsammlung

Nientimp, Axel/Schreiber, Rolf: *Verrechnungspreise* (Textsammlung), Herne 2018

Internationale Regelungen

EU Joint Transfer Pricing Forum (2010): Guidelines on low value adding intra-group services, DOC: JTPF/020/REV3/2009/EN

Europäische Union (20.08.1990): EU-Schiedskonvention 90/436/EWG, Amtsblatt L 225, S. 10-24.

OECD (2015): Aligning Transfer Pricing Outcomes with Value Creation. Actions 8-10: 2015 final Reports. Paris: OECD (OECD/G20 base erosion and profit shifting project)

OECD (2015): Transfer Pricing Documentation and Country-by-Country Reporting. Action 13: 2015 final Report. Paris: OECD (OECD/G20 base erosion and profit shifting project)

OECD (2017): Transfer Pricing Guidelines for Multinational Enterprises and Tax Administrations. Paris: OECD

Nationale Verwaltungsanweisungen

Bundesfinanzministerium, Schreiben vom 28.02.1983: Grundsätze für die Prüfung der Einkunftsabgrenzung bei international verbundenen Unternehmen (*Verwaltungsgrundsätze 1983*) , IV C 5 -S 1341 - 4/83, BStBl 1983 I, S. 218

Bundesfinanzministerium, Schreiben vom 12.04.2005: Grundsätze für die Prüfung der Einkunftsabgrenzung zwischen nahestehenden Personen mit grenzüberschreitenden Geschäftsbeziehungen in Bezug auf Ermittlungs- und Mitwirkungspflichten, Berichtigungen sowie auf Verständigungs- und EU-Schiedsverfahren (*Verwaltungsgrundsätze Verfahren – VerwGr-Verfahren*), IV B 4 – S 1341 – 1/05, in: BStBl. I 2005, S. 570.

Bundesfinanzministerium, Schreiben vom 13.10.2010: Grundsätze für die Prüfung der Einkunftsabgrenzung zwischen nahestehenden Personen in Fällen von grenzüberschreitenden Funktionsverlagerungen (*Verwaltungsgrundsätze Funktionsverlagerung*), IV B 5 – S 1341/08/10003, in: BStBl. I 2010, S. 774.

Bundesfinanzministerium, Schreiben vom 30.03.2016: Nichtanwendungserlass gegen die BFH-Urteile vom 17.12.2014 und vom 24.06.2015, IV B 5 - S 1341/11/10004-07.

Bundesfinanzministerium, Schreiben vom 23.05.2016: Anwendungserlass zu § 153 AO, IV A 3 - S 0324/15/10001 / IV A 4 - S 0324/14/10001

Bundesfinanzministerium, Schreiben vom 07.04.2017: Namensnutzung im Konzern, IV B 5 – S 1341/16/10003, BStBl. I, S. 701.

Bundesfinanzministerium, Schreiben vom 22.12.2016: Grundsätze für die Anwendung des Fremdvergleichsgrundsatzes auf die Aufteilung der Einkünfte zwischen einem inländischen Unternehmen und seiner ausländischen Betriebsstätte und auf die Ermittlung der Einkünfte der inländischen Betriebsstätte eines ausländischen Unternehmens nach § 1 Absatz 5 des Außensteuergesetzes und der Betriebsstättengewinnaufteilungsverordnung (*Verwaltungsgrundsätze Betriebsstättengewinnaufteilung – VWG BsGa)*, IV B 5 – S 1341/12/10001 – 03, BStBl. I 2017, 182.

Bundesfinanzministerium, Schreiben vom 05.07.2018: Grundsätze für die Prüfung der Einkunftsabgrenzung durch Umlageverträge zwischen international verbundenen Unternehmen (*Verwaltungsgrundsätze Umlageverträge*), IV B 5 - S 1341/0 :003.

Ausgewählte Aufsätze der Autoren

Quantitative Verrechnungspreise

Schwarz, Christian/Stein, Stefan (2017): Die Vergleichbarkeit von Unternehmen bei pan-europäischen Benchmarkstudien. *Die Unternehmensbesteuerung* Heft 3, S. 149-154 (mit Holinski, Nils; Hoffmann, Sebastian)

Schwarz, Christian/Stein, Stefan (2016): Kostenaufschläge bei der Verrechnung von konzerninternen Dienstleistungen. *Der Betrieb,* Heft 49, S. 2857-2861 (mit Holinski, Nils; Hoffmann, Sebastian)

Schwarz, Christian; Stein, Stefan (2016): Der datenbankgestützte Fremdvergleich bei Produktionseinheiten. *Der Betrieb* 2016, Heft 40, S. 2307-2311 (mit Holinski, Nils; Hoffmann, Sebastian)

Schwarz, Christian/Stein, Stefan (2015): Parallelimporte und Provisionen bei der Wahl von Vertriebsstrategien in der Pharmaindustrie. *Die Unternehmensbesteuerung,* Heft 12, S. 699-704 (mit Nientimp, Axel)

Digitale Geschäftsmodelle

Schwarz, Christian/Stein, Stefan (2017): Industrie 4.0: Verrechnungspreise und digitale Geschäftsmodelle. *Transfer Pricing International,* Heft 3, S. 134-138

Schwarz, Christian/Stein, Stefan (2017): Industrie 4.0: Quantifizierung von Wertschöpfungsbeiträgen in digitalen Netzwerken. *Der Betrieb,* Heft 27/28, S. 1525-1530

Schwarz, Christian/Stein, Stefan (2018): Fairness and the Arm's Length Principle in a Digital Economy, *Forschungsberichte Fachbereichs Wirtschaftswissenschaften HSD,* 42, 6/2018 (mit Greil, Stefan)

Immaterielle Werte und Funktionsverlagerungen

Stein, Stefan/Schwarz, Christian (2017): Bewertung schwer bewertbarer immaterieller Werte. *Transfer Pricing International,* Heft 5, S. 239-248

Stein, Stefan/Schwarz, Christian (2017): BMF-Schreiben zur Namensnutzung im Konzern: Das erwartet Steuerpflichtige in Betriebsprüfungen. *Betriebs-Berater,* Heft 27/28, S. 1566-1570

Stein, Stefan/Schwarz, Christian (2017): Funktionales Eigentum und Wertschöpfungsbeitragsanalysen: Steuerliche Erfolgsermittlung bei immateriellen Werten mithilfe betriebswirtschaftlicher Konzepte. *Deutsches Steuerrecht,* Heft 2, S. 118-125 (mit Holinski, Nils)

Stein, Stefan (2016): Immaterielle Werte in der Post-BEPS-Welt: Eine ertragsteuerliche und zollrechtliche Standortanalyse. *Deutsches Steuerrecht,* S. 2871-2878 (mit Hundebeck, Michael; Nientimp, Axel)

BEPS

Schwarz, Christian/Stein, Stefan (2017): Country-by-Country-Reporting und die Substanzfrage – Ich sehe was, was Du nicht siehst. *Der Betrieb,* Heft 47, S. 2742-2748 (zusammen mit Holinski, Nils; Nientimp, Axel)

Schwarz, Christian/Stein, Stefan (2017): Country-by-Country Reporting: materielle Vermögensgegenstände als Referenzgröße für Substanz. *Transfer Pricing International,* Heft 2, S. 87-90

Stein, Stefan (2016): Die Vertriebsfunktion in der Post BEPS Welt – Eine Analyse aus Sicht der Beraterpraxis. *Die Unternehmensbesteuerung,* Heft 10, S. 603-612 (mit Freudenberg, Michael; Weskamp, Alexander)

Buchempfehlungen

Andresen, Ulf/Ditz, Xaver/Wassermeyer, Franz (Hrsg.) (2018): *Betriebsstätten Handbuch. Gewinnermittlung und Besteuerung in- und ausländischer Betriebsstätten.* 2. Auflage. Köln.

Baumhoff, Hubertus/Flick, Hans/Schönfeld, Jens/Wassermeyer, Franz (2018): *Außensteuerrecht: Kommentar.* Köln.

Baumhoff, Hubertus/Wassermeyer, Franz (Hrsg.) (2014): *Verrechnungspreise international verbundener Unternehmen.* Köln.

Borstell, Thomas/Engler, Gerhard/Vögele, Alexander (2015): *Verrechnungspreise. Betriebswirtschaft, Steuerrecht.* 4. Auflage. München.

Brösel, Gerrit/Döring, Ulrich/Wöhe, Günter (2016): *Einführung in die allgemeine Betriebswirtschaftslehre.* 26. Auflage. München.

Cooper, Robert G. (2017): *Winning at new products. Creating value through innovation.* 5. Auflage. New York.

Dawid, Roman (2016): *Verrechnungspreise: Grundlagen und Praxis.* 2. Auflage. Wiesbaden.

Ewert, Ralf/Wagenhofer, Alfred (2014): *Interne Unternehmensrechnung.* 8. Auflage. Berlin.

Gosch, Dietmar (Hrsg.) (2015): *Körperschaftsteuergesetz. Kommentar.* 3. Auflage. München.

Horváth, Péter (2012): *Controlling.* 12. Auflage. München.

Jacobs, Otto H./Endres, Dieter/Spengel, Christoph (Hrsg.) (2016): *Internationale Unternehmensbesteuerung. Deutsche Investitionen im Ausland, ausländische Investitionen im Inland.* 8. Auflage. München.

Kerzner, Harold/Majetschak, Beate (2008): *Projekt-Management. Ein systemorientierter Ansatz zur Planung und Steuerung.* 2. Auflage. Bonn.

Klein, Robert/Scholl, Armin (2012): *Planung und Entscheidung. Konzepte, Modelle und Methoden einer modernen betriebswirtschaftlichen Entscheidungsanalyse.* 2. Auflage. München.

Kraft, Gerhard (Hrsg.) (2009): *Außensteuergesetz.* München.

Kroppen, Heinz-Klaus/Rasch, Stephan (Hrsg.) (2017): *Handbuch Internationale Verrechnungspreise.* Köln.

Lehner, Moris/Vogel, Klaus (2015): *Doppelbesteuerungsabkommen der Bundesrepublik Deutschland auf dem Gebiet der Steuern vom Einkommen und Vermögen. Kommentar auf der Grundlage der Musterabkommen.* 6. Auflage. München.

Looks, Christian/Heinsen, Oliver (2017): *Betriebsstättenbesteuerung,* 2. Auflage. München.

Macho, Roland/Ruess, Stefan/Steiner, Gerhard (2011): *Verrechnungspreise kompakt. Transfer-Pricing in der Gestaltungs- und Prüfungspraxis.* 2. Auflage. Stuttgart, Wien.

Mössner, Jörg M. (Hrsg.) (2018): *Steuerrecht international tätiger Unternehmen. Handbuch der Besteuerung von Auslandsaktivitäten inländischer Unternehmen und von Inlandsaktivitäten ausländischer Unternehmen.* 5. Auflage. Köln.

Nientimp, Axel (2017): Kommentierung von § 1 Abs. 1, § 1 Abs. 2 und § 1 Abs. 3 AStG. In: Fuhrmann, Sven (Hrsg.): *Außensteuergesetz Kommentar.* 3. Auflage. Herne.

Osterwalder, Alexander/Pigneur, Yves (2011): *Business Model Generation. Ein Handbuch für Visionäre, Spielveränderer und Herausforderer.* Frankfurt, New York.

Renz, Martin/Wilmanns, Jobst (2013): *Internationale Verrechnungspreise. Handbuch für Praktiker.* Weinheim.

Schaumburg, Harald (Hrsg.) (2017): *Internationales Steuerrecht.* 4. Auflage. Köln.

Abkürzungen

AO	Abgabenordnung
BEPS	Initiative zur Vermeidung einer Aushöhlung steuerlicher Bemessungsgrundlagen und Gewinnverlagerungen, englisch »Base Erosion and Profit Shifting«
BFH	Bundesfinanzhof
CbCR	Country-by-Country-Reporting
CUP	Preisvergleichsmethode, englisch »comparable uncontrolled price«
d.h.	dass heißt
DEMPE	Entwicklung, Verbesserung, Aufrechterhaltung, Schutz und Verwertung, englisch »development, enhancement, maintenance, protection, and exploitation«
€	Euro
EBIT	Gewinn vor Zinsen und Steuern, englisch »earnings before interest and taxes«
EU	Europäische Union
EuGH	Gerichtshof der Europäischen Union, englisch »European Court of Justice«
ff.	fortfolgende
FG	Finanzgericht
G20	Gruppe der 20 (wichtigsten Industrie- und Schwellenländer)
GAufzV	Gewinnabgrenzungsaufzeichnungsverordnung
HR	Human Resources
IDW	Institut der Wirtschaftsprüfer
IP	Intellectual Property
IT	Informationstechnologie
Mio.	Million(en)
NACE Codes	Systematik der Wirtschaftszweige in der EU, französisch »Nomenclature statistique des activités économiques dans la Communauté européenne«
OECD	Organisation für wirtschaftliche Zusammenarbeit und Entwicklung, englisch »organisation for economic co-operation and development«
§	Paragraf
%	Prozent
RACI	Durchführungsverantwortung, Gesamtverantwortung, konsultiert, informiert, englisch »responsible, accountable, consulted, informed«
SWOT	Stärken und Schwächen, externe Chancen und Risiken, englisch »strengths, weaknesses, opportunities, threats«
TNMM	Transaktionsbezogene Nettomargenmethode
VerwGr-Verfahren 2005	Grundsätze für die Prüfung der Einkunftsabgrenzung zwischen nahestehenden Personen mit grenzüberschreitenden Geschäftsbeziehungen in Bezug auf Ermittlungs- und Mitwirkungspflichten, Berichtigungen sowie auf Verständigungs- und EU-Schiedsverfahren

Über die Autoren

Prof. Dr. Christian Schwarz

befasst sich als quantitativ-orientierter Volkswirt seit mehr als sieben Jahren mit Verrechnungspreisen. Er hat in der Verrechnungspreisabteilung einer Big-4-Gesellschaft sowohl börsennotierte Konzerne als auch mittelständisch geprägte Unternehmensgruppen beraten. Zuletzt als Partner bei der QUANTUM Steuerberatungsgesellschaft mbH.

Im Rahmen einer Professur für empirische Wirtschaftsforschung und Entwicklung von Geschäftsmodellen an der Hochschule Düsseldorf vertritt er das Forschungsfeld quantitative Methoden im Bereich Verrechnungspreise aktiv in der Wissenschaft. Christian ist Autor deutsch- und englischsprachiger Buchbeiträge und veröffentlicht regelmäßig Aufsätze, insbesondere zu quantitativen Verrechnungspreisfragestellungen in diversen nationalen und internationalen Fachzeitschriften.

Dr. Stefan Stein

ist Steuerberater und Fachberater für Internationales Steuerrecht und hat in der Verrechnungspreisabteilung einer Big-4-Gesellschaft sowohl börsennotierte Konzerne als auch mittelständisch geprägte Unternehmensgruppen beraten. Er befasst sich seit mehr als neun Jahren mit aktuellen Fragestellungen zu Verrechnungspreisen und Betriebsstätten aus Sicht der steuerlichen Beratung und Wissenschaft. Zuletzt als Partner bei der QUANTUM Steuerberatungsgesellschaft mbH. Er ist weiterhin als Steuerberater bei Stein & Partner mbB tätig.

Stefan ist Autor von deutsch- und englischsprachigen Buchbeiträgen und veröffentlicht regelmäßig Aufsätze zu aktuellen Verrechnungspreisfragestellungen und der Betriebsstättengewinnaufteilung in diversen nationalen und internationalen Fachzeitschriften. Des Weiteren referiert Stefan regelmäßig zu aktuellen Verrechnungspreisthemen.

Stichwörter